詳細！
Python 3
入門ノート

大重美幸 著

本書中の会社名や商品名は、該当する各社の商標または登録商標です。なお、本文中には™、®マークは明記していません。
本書掲載のソフトウェアのバージョン、URL、それにともなう画面イメージなどは原稿執筆時点のものであり、変更されている可能性があります。本書の内容の操作の結果、または運用の結果、いかなる損害が生じても、著者ならびに株式会社ソーテック社は一切の責任を負いません。本書の制作にあたっては、正確な記述に努めていますが、内容に誤りや不正確な記述がある場合も、当社は一切責任を負いません。
本書で使用しているPythonは、Windows版・Mac版ともにバージョン3.6.0で解説しています。

未来へのドアを開けよう！

本書は今もっとも注目されているプログラム言語 Python 3.6 の入門書です。プログラミングを学ぶベストプラクティスはコードを読み、コードを書くことに尽きます。538 本のサンプルコードと 154 本の Python ファイルを使って、Python の基礎をしっかり学び、その応用として機械学習プログラミングの扉を叩きましょう。

本書は段階的に 3 つのパートに分かれています。

Part 1 準備：Python 3 をはじめよう
まず最初に Python 3 を実行する環境を整えます。NumPy、Matplotlib、Pandas、scikit-learn といった科学計算や機械学習に欠かせない外部ライブラリを同時にインストールすることができる Anaconda ディストリビューションをインストールします。準備ができたならば、対話型インタプリタを使って Python を実行する方法を試し、ファイルに保存した Python コードを実行します。

Part 2 基礎：基本構文を学ぶ
Python プログラミングの基礎となるシンタックスを丁寧に詳細に説明します。コードの書き方、値と変数、演算子、組み込み関数、モジュールの読み込み、メソッドの実行、制御構造、例外処理、リスト、タプル、セット、辞書、ユーザ定義関数、関数オブジェクトとクロージャ、イテレータとジェネレータ、クラス定義・・・と、後半の章では初心者には少し難しい内容まで到達します。わかりにくい概念は図解し、コードにはコメント文だけでなく下線やマーカーで細かく補足説明が書き加えてあります。随所に埋め込まれた関連ページへの参照と充実した索引もしっかりサポートします。

Part 3 応用：科学から機械学習まで
テキストファイルの読み込みと書き出し、Matplotlib を使ってのグラフ描画、NumPy の配列について詳しく解説します。これらは Python を活用する場面で必ず求められる知識です。最終章では、集大成としていよいよ機械学習に取り組みます。機械学習プログラミングの基礎知識に続いて、代表的な 3 つの学習データセット（手書き数字、アヤメの計測データ、ボストン住宅価格）を使って、学習器のトレーニングや評価を行います。

Python は 1991 年に誕生し、Apple、マイクロソフト、Google といった大企業を含めた欧米の企業や研究機関でよく使われているプログラム言語です。Python は機械学習プログラミングに使われることが多いことから、人工知能への期待を反映するように学ぼうという人が増えています。もうそれは遠い SF ではなく、自分に起きる身近な出来事として胸騒ぎがするからでしょう。できれば、手にとって確かめたい。未来への扉をこじ開けて、未来の自分に会ってみたい。Python はそう思わせるプログラム言語です。

2017 年 4 月 25 日　　白波を追って渡ってくる初夏の風は冷たい　／　大重美幸

CONTENTS

まえがき ……………………………………………………………………… 3
本書の読み方 ………………………………………………………………… 7
サンプルプログラムのダウンロードについて ……………………………… 8

Part 1　準備：Python 3 をはじめよう

Chapter 1　Python 3 の準備

Section 1-1　Python 3 のインストール …………………………………… 10
Section 1-2　Anaconda を Windows にインストールする ……………… 12
Section 1-3　Anaconda を Mac にインストールする …………………… 19

Chapter 2　プログラムを試してみよう

Section 2-1　Python で計算する …………………………………………… 28
Section 2-2　変数を使った計算 ……………………………………………… 31
Section 2-3　コードをファイルに書く …………………………………… 34

Part 2　基礎：Python の基本構文を学ぶ

Chapter 3　値と変数

Section 3-1　コードの書き方 ……………………………………………… 44
Section 3-2　値と演算子 …………………………………………………… 48
Section 3-3　変数 …………………………………………………………… 69

Chapter 4　標準ライブラリ

Section 4-1　組み込み関数 ………………………………………………… 74
Section 4-2　モジュールを読み込む ……………………………………… 78
Section 4-3　オブジェクトのメソッド …………………………………… 83
Section 4-4　文字列のメソッド …………………………………………… 86

Chapter 5 条件分岐、繰り返し、例外処理

- Section 5-1　if 文／条件で処理を分岐する　96
- Section 5-2　while 文／条件が満たされている間繰り返す　111
- Section 5-3　for 文／処理を繰り返す　121
- Section 5-4　try 文／例外処理　132

Chapter 6 リスト

- Section 6-1　リストを作る　142
- Section 6-2　リストの連結、スライス、複製、比較　159
- Section 6-3　リストの要素を並び替える　168
- Section 6-4　リストの値を効率的に取り出す、検索する　171

Chapter 7 タプル

- Section 7-1　タプルを作る　184
- Section 7-2　タプルを使う　188

Chapter 8 セット（集合）

- Section 8-1　セットを作る　194
- Section 8-2　セットの集合演算　202

Chapter 9 辞書

- Section 9-1　辞書を作る　214
- Section 9-2　辞書から値を取り出す　223

Chapter 10 ユーザ定義関数

- Section 10-1　関数の定義と実行　232
- Section 10-2　引数のいろいろな受け取り方　243
- Section 10-3　他の Python ファイルの関数を使う　250

Chapter 11 関数の高度な利用

- Section 11-1　関数オブジェクトとクロージャ　256
- Section 11-2　イテレータとジェネレータ　263

CONTENTS

Chapter 12　クラス定義

- Section 12-1　クラス定義　　274
- Section 12-2　クラスの継承　　288
- Section 12-3　プロパティを利用する　　295

Part 3　応用：科学から機械学習まで

Chapter 13　テキストファイルの読み込みと書き出し

- Section 13-1　テキストファイルを読み込む　　302
- Section 13-2　テキストファイルへの書き出し　　311

Chapter 14　グラフを描く

- Section 14-1　基本的なグラフの書き方　　318
- Section 14-2　よく使うグラフ　　327
- Section 14-3　複数のグラフを並べる　　335

Chapter 15　NumPy の配列

- Section 15-1　配列を作る　　344
- Section 15-2　配列の要素へのアクセス　　353
- Section 15-3　配列の演算　　361
- Section 15-4　効率よく配列を作る　　372

Chapter 16　機械学習を試そう

- Section 16-1　機械学習入門　　382
- Section 16-2　手書き数字を分類する　　387
- Section 16-3　3種類のアヤメを分類する　　397
- Section 16-4　ボストンの住宅価格を分析する　　404

INDEX　　410

本書の読み方

Pythonにはコードの入力と実行の方法がいくつかあります。本書では、コードをどこに入力し実行すればよいかを区別できるように、次に示すようにデザインを分けています。

Python インタプリタ

Pythonを起動すると表示される画面に入力して実行するコードです。先頭の >>> は自動的に表示されるので >>> に続いてコードを入力します。色の付いた文字はコメント文と補足説明なので入力する必要はありません。詳しくは「Section 2-1 Pythonで計算する」で説明します（☞ P.28）。

▶コピー＆ペーストして入力できるように、掲載コードを書いたファイルをダウンロードできます。

File

Pythonファイルに記述するコードです。テキストエディタでコードをUnicodeで入力し、.pyの拡張子を付けて保存してください。右肩の << file >> がサンプルファイル名です。

▶サンプルファイルをダウンロードして実行結果を確認することができます。

【実行】

作成した Python ファイルを macOS ならばターミナル、Windows ならばコマンドプロンプトに入力して実行する様子です。OS とカレントディレクトリの違いでプロンプトに表示される文字が異なりますが、本書では $ で統一しています。詳しくは「Section 2-3 コードをファイルに書く」で説明します（☞ P.34）。

【実行】mile20.py を実行する

Windows ならばコマンドプロンプト、
macOS ならばターミナルでファイル名を書いて実行します

▶コードの文字色、マーカー、下線、説明文について

コードのコメント文と補足説明には色が付けてあります。マーカーや下線で強調してある箇所はその節で解説している部分です。

▶コード入力画面の背景色について

通常、初期設定ではコードの入力画面の背景色は黒色ですが、読みやすくするために白色に変更してあります。背景色、文字色、文字サイズなどの設定については「コマンドプロンプトの設定（☞ P.15）」、「ターミナルの環境設定（☞ P.22）」を参照してください。

サンプルプログラムのダウンロードについて

本書で使用したサンプルは、下記のソーテック社 Web サイトのサポートページからダウンロードして使用することができます。サンプルプログラムダウンロードのほか、本書の補足説明、誤植などの訂正などを掲載しています。

「詳細！Python 3 入門ノート」

サンプルプログラムダウンロード・サポートページ URL

http://www.sotechsha.co.jp/sp/1167/

■著作権、免責および注意事項

ダウンロードしたサンプルプログラムの著作権は、大重美幸に帰属します。すべてのデータに関し、著作権者および出版社に無断での転載、二次使用を禁じます。
ダウンロードしたサンプルプログラムを利用することによって生じたあらゆる損害について、著作権者および株式会社ソーテック社はその責任を負いかねます。また、個別の問い合わせには応じかねますので、あらかじめご了承ください。

Part 1　準備：Python 3 をはじめよう

Chapter 1
Python 3 の準備

Anaconda をインストールするだけで、科学計算、統計、機械学習などで必要になるライブラリやツールが Python 3 といっしょにインストールされます。Anaconda Navigator を使えばライブラリの更新も簡単です。準備が整ったら Python 3 のプログラミングをはじめましょう。

Section 1-1　Python 3 のインストール
Section 1-2　Anaconda を Windows にインストールする
Section 1-3　Anaconda を Mac にインストールする

Section 1-1
Python 3のインストール

Pythonをはじめるには、パソコンにPythonをインストールします。PythonにはPython 2系とPython 3系があります。Python 2系はバグ対応以外で今後バージョンアップされることはないため、これからPythonをはじめようという人はPython 3を学びましょう。MacのmacOSにはPython 2が標準でインストールされていますが、Python 3を別にインストールします。

Pythonのオフィシャルサイト

Pythonはオフィシャルサイトから無料でダウンロードできます。オフィシャルサイトには英語のドキュメントがあります。

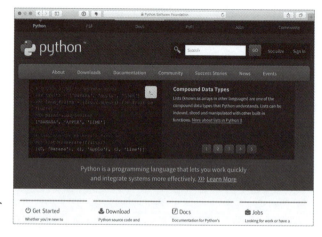

●Python 3のオフィシャルサイト
https://www.python.org

日本語のチュートリアルや言語リファレンスは、Python Japanコミュティの有志によって翻訳されています。

●Python Japanの日本語ドキュメント
http://docs.python.jp/3/index.html

Anacondaディストリビューション

　Pythonは標準でも十分な機能を持ち合わせていますが、それでも不足な機能や、より便利な機能を外部ライブラリからインポートして使うことが通常です。そこで、よく利用されている外部ライブラリを最初から組み込んだ状態で配布されているものがあります。これをディストリビューションと呼びますが、Anaconda（アナコンダ）はデータ分析、グラフ描画、画像処理などを行うためによく利用される外部ライブラリが含まれていることから、多くの開発者が利用しているお勧めのディストリビューションです。そこで本書では、Anacondaをインストールして Python 3 の開発環境を作ります。

　すでに Python 3 がインストールされた環境がある方は、必要に応じて外部ライブラリを追加インストールする方法でも構いません。必要な外部ライブラリは該当箇所で説明します。

▶Anacondaに含まれているパッケージとアプリ

　Anacondaには250以上のパッケージが自動でインストールされます。本書で使う Matplotlib、NumPy、Pandas、scikit-learnもその中に含まれています。そしてさらに7,500以上のオープンソースのパッケージを簡単にインストールすることができます。これらのパッケージは、Anaconda Navigatorという管理アプリで簡単にバージョン更新やインストールができます。また、Pythonの統合開発環境アプリ（IDE）、データ解析や作成のアプリなども Anaconda Navigator から起動やインストールができます。

名称	説明
Matplotlib	グラフを描画するためのライブラリ（パッケージの組み合わせ）
NumPy	科学技術計算のためのライブラリ
Scipy	科学技術計算のためのライブラリ
Pandas	データ解析のためのライブラリ
Flask	Python 用の簡単な Web アプリを作るためのフレームワーク
BeautiflSoup	HTML と XML のパース、スクレイピングをするパッケージ
scikit-learn	初学者向けの機械学習のライブラリ
Jupter Notebook	Web ブラウザで Python を開発、実行ができるツール
Spyder	Python の開発、実行、デバッグができる IDE

●Anaconda Distribution の詳しい説明
https://docs.anaconda.com/anaconda/

Section 1-2
AnacondaをWindowsにインストールする

AnacondaにはWindows、macOS、Linuxの3種類のインストーラが用意されています。まず最初にWindowsにインストールする手順を説明します。インストールが完了したならば、コマンドプロンプトを使ってPythonを確認してみましょう。

Windows用のインストーラをダウンロードする

　Anacondaのダウンロードページ（https://www.anaconda.com/distribution/）を開いて下にスクロールするとインストールするOSを選ぶタブがあります。ここでWindowsを選び、Python 3.7 versionの「Download」ボタンをクリックしてインストーラをダウンロードします。

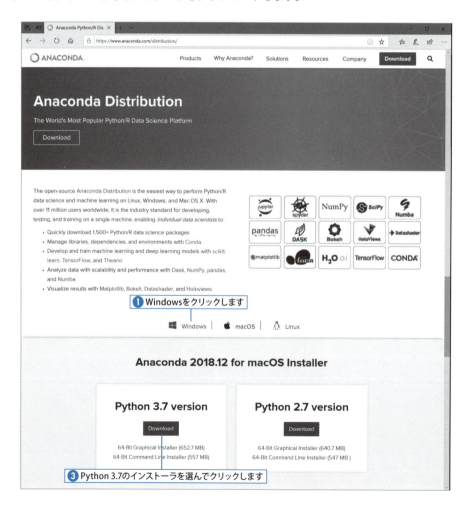

Anacondaのインストーラを実行する

　ダウンロードが完了したならば、インストーラを実行します。インストーラが起動したならば「Next」ボタンをクリックして次に進みます。

　ログインユーザだけで使用する「Just Me」を選び、「Next」をクリックして先に進みます。

　保存先を指定し「Next」をクリックします。両方のオプションをチェックして「Install」をクリックするとインストールが開始します。

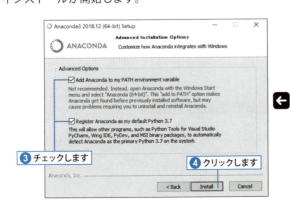

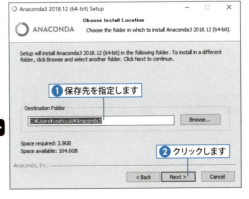

インストールが完了したならば「Finish」をクリックしてインストーラを終了します。

コマンドプロンプトで確認する

それでは、Pythonのインストールが成功したかどうかを確認してみましょう。Windowsではコマンドプロンプトを使ってPythonのプログラムを実行します。「GET THE CHEAT SHEETT」のダイアログが表示されますが、「NO THANKS」を選んでも構いません。

▶コマンドプロンプトを起動する

コマンドプロンプトは検索フィールドにcmdと入力して探します。Windows 10ならばContanaのフィールドにcmdと入力します。検索されたリストから「コマンドプロンプト」を選択します。

コマンドプロンプトが起動すると図のように黒い背景のウインドウが開き、C:¥Users¥yoshiyuki> のように表示されます。このような表示をプロンプトと呼びます。yoshiyukiはログインユーザー名です。

Anaconda を Windows にインストールする　Section 1-2

コマンドプロンプトが起動し、「C:¥Users¥yoshiyuki>」のように表示されます

コマンドプロンプトのプロパティ設定

　コマンドプロンプトのウインドウの左上にあるアイコンをクリックするとメニューが表示されます。メニューの一番下の「プロパティ」を選択すると背景色、文字色、文字サイズなどを指定できるウインドウが表示されます。本書では読みやすさに考慮して背景を白、文字色を黒、文字サイズも大きめに変更して使うことにします。

❶ クリックします

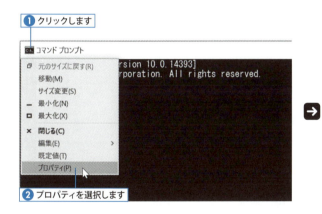

❷ プロパティを選択します

❸ 画面の背景の色、文字の色、フォントなどを設定します

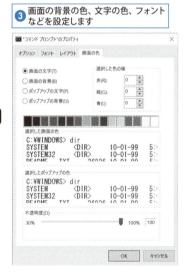

15

Pythonを起動してみる

>に続いてpythonとタイプし、enterキーを入力してください。Python 3.6.0 | Anaconda 4.3.1(64-bit)| といった文に続いて、最後の行に>>>と表示されれば、Anacondaディストリビューションが正しくインストールされています。

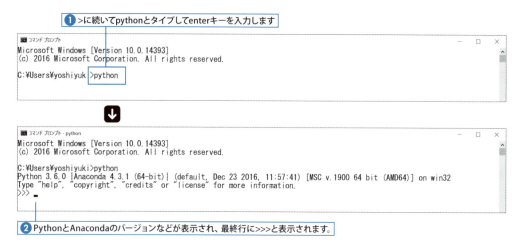

最後の行の>>>はPythonがコードの入力待ち状態になっていることを示しています。ここでは何もせずにexit()と入力してPythonを終了しましょう。Pythonを終了するとC:¥User¥yoshiyuki>のプロンプトに戻ります。

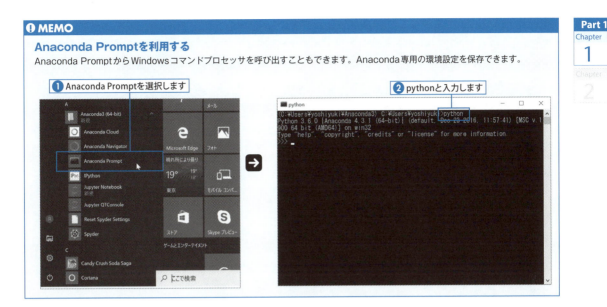

Anaconda Navigatorを利用する

　AnacondaをインストールするとAnaconda Navigatorというアプリもインストールされます。Anaconda NavigatorのHomeにはjupyter notebook（旧IPython Notebook）というWebベースのPython実行環境の呼び出しボタンなどがあります。

▶ Environmentsでライブラリのバージョンを更新する

　Environmentsを開くとAnacondaでインストールされたライブラリを見ることができます。ここでライブラリのバージョンがチェックされ、新しいバージョンがある場合は現在のバージョン番号が青文字で表示され上向きの↑が表示されます。これをクリックすると左のチェックボックスが↑チェックに変わります。下に表示されたApplyボタンをクリックするとライブラリが更新されます。

▶ 学習資料へのリンク

　LearningにはPythonのほか、本書でも活用するPandas、NumPy、SciPy、Matplotlibといった主要ライブラリのサイトへのリンクがあるのか、Anacondaコンファレンスをはじめとしたセミナー等へのビデオ、Pythonの学習資料へのリンクがあります。

Section 1-3

AnacondaをMacにインストールする

AnacondaをMacのmacOSにインストールする手順を説明します。macOSのインストーラは日本語化されています。インストールが完了したならば、ターミナルを使ってPythonを確認してみましょう。

Mac用のインストーラをダウンロードする

Anacondaのダウンロードページ（https://www.anaconda.com/distribution/）を開いて下にスクロールするとインストールするOSを選ぶタブがあります。ここでmacOSを選び、Python 3.7 versionの「Download」ボタンをクリックしてインストーラをダウンロードします。

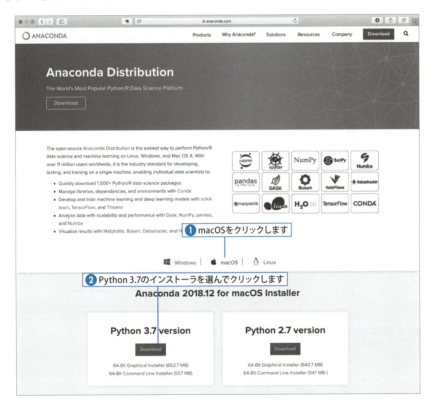

Anacondaのインストーラを実行する

ダウンロードが完了したならば、インストーラを実行します。インストーラが起動したならば「続ける」ボタンをクリックして、大切な情報、使用許諾契約を確認して条件に同意します。

インストール先の指定では、ログインユーザだけで使用するならば「自分専用にインストール」を選択して続けます。最後にそのまま「インストール」をクリックして標準インストールを実行します。

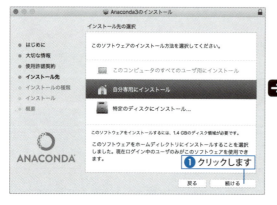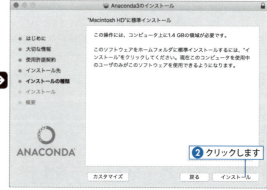

インストールが完了したならば「閉じる」をクリックしてインストーラを終了します。

ターミナルで確認する

それでは、Pythonのインストールが成功したかどうかを確認してみましょう。macOSではターミナルを使ってPythonのプログラムを実行します。

▶ターミナルを起動する

ターミナルはアプリケーションフォルダのユーティリティフォルダの中に入っています。Spotlight検索で「ターミナル」を探せば見つかります。

ターミナルはユーティリティフォルダに入っています

ターミナルが起動すると図のようなウインドウが開き、yo-MacBookPro:~ yoshiyuki$ のように表示されます。このような表示をプロンプトと呼びます。yoshiyukiはログインユーザー名です。

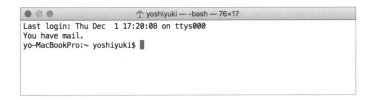

▶ ターミナルの環境設定

ターミナル>環境設定...を選択し、「プロファイル」のタブを選ぶと背景色、文字色、文字サイズなどを指定できます。

プロファイルを開き、画面の背景の色、文字の色、フォントなどを設定します

▶ Pythonを起動してみる

$に続いてpythonとタイプし、returnキーを入力します。「Python 3.6.0 |Anaconda 4.3.1 (x86_64)」といった文に続いて、最後の行に >>> と表示されれば、Anacondaディストリビューションが正しくインストールされています。ここで Python 2.7のバージョンが起動したり、Anacondaのバージョンが表示されなかった場合は「Python3」とタイプして試してみてください。

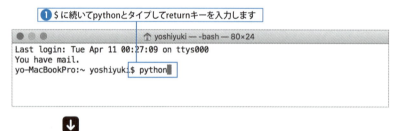

❶ $に続いてpythonとタイプしてreturnキーを入力します

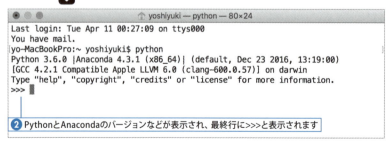

❷ PythonとAnacondaのバージョンなどが表示され、最終行に>>>と表示されます

最後の行の >>> はPythonがコードの入力待ち状態になっていることを示しています。ここでは何もせずにexit()と入力してPythonを終了しましょう。Pythonは、control + Dキーでも終了できます。Pythonを終了すると yo-MacBookPro:~ yoshiyuki$ のプロンプトに戻ります。

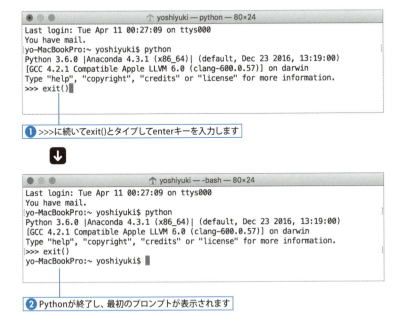

❶ >>>に続いてexit()とタイプしてenterキーを入力します

❷ Pythonが終了し、最初のプロンプトが表示されます

Anaconda Navigatorを利用する

AnacondaをインストールするとAnaconda Navigatorというアプリもインストールされます。Anaconda NavigatorのHomeにはjupyter notebook（旧IPython Notebook）というWebベースのPython実行環境の呼び出しボタンなどがあります。

▶Environmentsでライブラリのバージョンを更新する

　Environmentsを開くとAnacondaでインストールされたライブラリを見ることができます。ここでライブラリのバージョンがチェックされ、新しいバージョンがある場合は現在のバージョン番号が青文字で表示され上向きの↑が表示されます。これをクリックすると左のチェックボックスが↑チェックに変わります。下に表示されたApplyボタンをクリックするとライブラリが更新されます。

▶学習資料へのリンク

　LearningにはPythonのほか、本書でも活用するPandas、NumPy、SciPy、Matplotlibといった主要ライブラリのサイトへのリンクがあるほか、Anacondaコンファレンスをはじめとしたセミナー等へのビデオ、Pythonの学習資料へのリンクがあります。

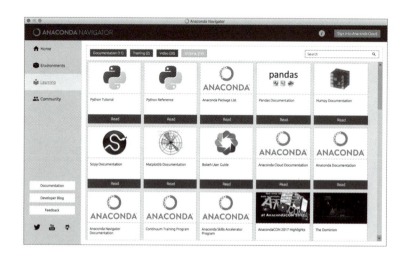

Anacondaに Python 2.7の環境を作る

　Anacondaには複数の環境を作ることができます。環境の追加はAnaconda Navigatorを使うと簡単です。例としてPython 2.7の環境を追加する方法を説明します。

▶ Python 2.7の環境を追加する

　Anaconda NavigatorのEnvironmentsを開き「Create」ボタンをクリックします。表示されたダイアログボックスで環境名を付け、Pythonのバージョンリストから「Python 2.7」を選択します。「Create」ボタンをクリックするとリストに「python2」という名の新しい環境が作られます。

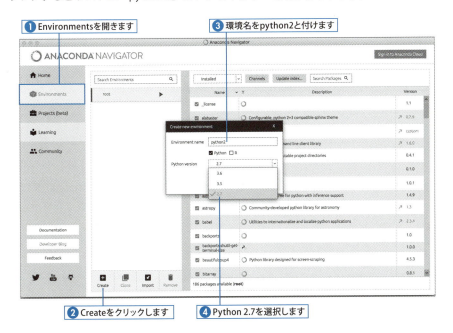

▶ 環境を選んでPythonを起動する

　環境のリストで「root」をクリックするとPython 3の環境、「python2」をクリックするとPython 2の環境になります。▶をクリックすると表示されるメニューから「Open with Python」を選択すると選択した環境のPythonが起動します。

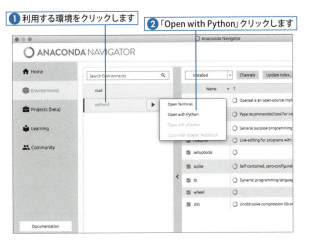

ターミナルから環境を切り替える

　環境の切り替えはターミナル（コマンドプロンプト）からも行えます。macOSのターミナルの場合は「source activate python2」、「source deactivate python2」で追加したpython2環境を出たり入ったりします。Windowsの場合はsourceを付けずに「activate python2」、「deactivate python2」になります。環境に入ると行の先頭に(python2)と追加されます。

【ターミナル】python2環境に入りPython 2.7を起動する

```
yo-MacBookPro:~ yoshiyuki$ source activate python2
(python2) yo-MacBookPro:~ yoshiyuki$ python ──── python2環境に入ります
Python 2.7.13 |Continuum Analytics, Inc.| (default, Dec 20 2016, 23:05:08)
>>>
       └──── Python 2.7が起動します
```

【ターミナル】python2環境から出る

```
(python2) yo-MacBookPro:~ yoshiyuki$ source deactivate python2
yo-MacBookPro:~ yoshiyuki$  ──── root環境に戻ります
```

モジュールを追加する

　Anacondaにモジュールを追加するには、Anaconda NavigatorのEnvironmentsで「Not installed」のリストを表示します。インストールするモジュールをチェックして「Apply」をクリックします。リストにない場合はターミナルからpipコマンドを使います。

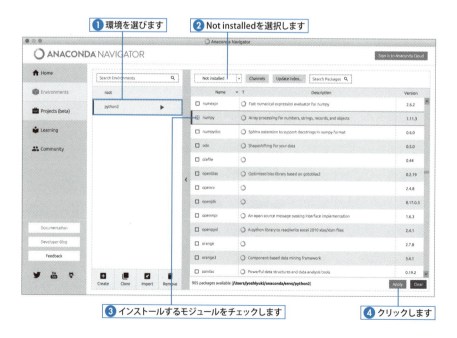

Part 1　準備：Python 3 をはじめよう

Chapter 2
プログラムを試してみよう

Python の準備が整ったところで、さっそくプログラムを試してみましょう。対話型の Python インタプリタを使って簡単な計算式を入力して結果を出力したり、ファイルに保存したプログラムコードを実行する方法を学びます。まずは Python インタプリタに慣れることが一番大事です。

Section 2-1　Python で計算する
Section 2-2　変数を使った計算
Section 2-3　コードをファイルに書く

Section 2-1
Pythonで計算する

Pythonにはプログラムコードを実行する手段として、会話するように1行ずつ実行する対話型インタプリタ、ファイルに書いたプログラムコードを読んで実行の2つの方法があります。ここではコードを簡単に試せる対話型インタプリタを使って簡単な計算を試してみましょう。

対話型インタプリタ

インタプリタ（interpreter）は「通訳」という意味ですが、その意味が示すようにコードを入力すると即座にPythonに通訳されて実行されるモードです。Pythonでの計算を試すために対話型のインタプリタを起動します。

▶Windowsの場合

Windowsの場合はコマンドプロンプトを起動し、> に続いてpythonと入力します。するとPythonが起動して >>> のプロンプトが出て、インタプリタがコードの入力待ちになります。exit()を入力して終了するまで繰り返しコードの実行を試すことができます。Pythonの起動と終了についてはSection 1-2でも説明しました。(☞ P.16)

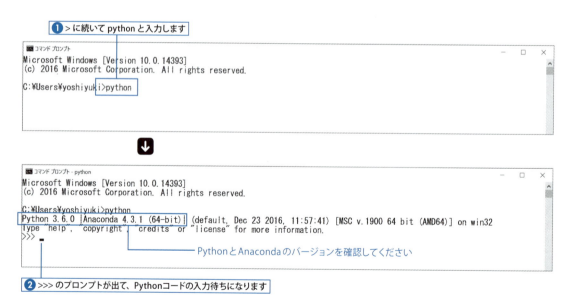

▶ Macの場合

　macOSの場合はターミナルを起動し、$に続いてpythonと入力します。するとPythonが起動して >>> のプロンプトが出て、インタプリタがコードの入力待ちになります。exit()を入力して終了するまで繰り返しコードの実行を試すことができます。Pythonの起動と終了についてはSection 1-3でも説明しました。（☞P.22）

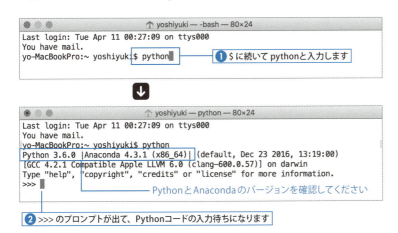

❶ $に続いてpythonと入力します

PythonとAnacondaのバージョンを確認してください

❷ >>> のプロンプトが出て、Pythonコードの入力待ちになります

> **❶ MEMO**
> **Anacondaを使わずにPython 3をインストールした場合**
> www.python.org からPython 3をダウンロードしてインストールした場合は、macOSでは $ python3 で Python 3 を起動します。

本書での書き方：Pythonインタプリタ

　WindowsとmacOSのどちらの場合でもPythonを起動すると表示されるインタプリタのコード待ちのプロンプトは >>> となり共通です。そこで本書では、Pythonのインタプリタに入力する操作を >>> から記述します。たとえば、次のように書きます。これはPythonを起動した状態で >>> に続けて 1 + 2 と入力することを意味しています。

Pythonインタプリタ　Pythonインタプリタに入力する操作
```
>>> 1 + 2
```

簡単な計算

　それではPythonを起動して簡単な計算を実行してみましょう。 >>> に続いて式を入力し、Windowsならenterキー、macOSならreturnキーを入力してください。すると式が実行されて、次の行に計算結果が表示されます。

▶ 1 + 2

　1 + 2 の式を実行してみましょう。空白も含めて文字はすべて半角で入力してください。1+2のように途中の空白を詰めても構いません。次の行に 3 と表示されれば成功です。

Chapter 2　プログラムを試してみよう

Python インタプリタ 式を実行する

```
>>> 1 + 2⏎      ── enter キーまたは return キーで実行します
3               ── 式を入力すると、次の行に計算結果が表示されます
```

▶ 240 * 3

続いて 240 * 3 を計算してみます。* は掛け算の記号（演算子）です。

Python インタプリタ 掛け算を行なう

```
>>> 240 * 3⏎
720
```

プログラムに少し詳しい人はコードを入力した後で run などの実行コマンドを入力しなくてもよいことに気付いたかと思います。このように Python のインタプリタは、コードを入力すると即座に結果が返ってきます。「対話型インタプリタ」のように呼ばれる理由はこのためです。

▶ 4 + 6 / 2

次は割り算を試してみます。割り算の演算子は / です。4 + 6 / 2 を計算すると結果はいくつになるでしょう。文字はすべて半角で入力してください。

Python インタプリタ 割り算を行なう

```
>>> 4 + 6 / 2⏎   ── 6/2 が先に計算されます
7.0
```

答は 7 になりました。入力した式を見るとわかるように、先に 6/2 が計算されて 3 となり、4 を足して結果は 7 になります。足し算より先に割り算を計算することはご存じのとおりです。これは Python の式でも同様です。演算子の説明はあらためて行いますが、これを「演算子の優先順位」と呼びます。

▶ (4 + 6) / 2

それでは先に 4 と 6 の足し算を先にする式はどう書けばよいでしょうか？　次のように先に計算したい部分を (4+6) のように ( ) で囲みます。計算結果は 10 を 2 で割った 5 になります。

Python インタプリタ 足し算を先に行なう

```
>>> (4 + 6)/2⏎   ── (4+6) が先に計算されます
5.0
```

```
Type "help", "copyright", "credits" or "license" for more information.
>>> 1 + 2
3
>>> 240 * 3
720
>>> 4 + 6 / 2
7.0
>>> (4 + 6)/2
5.0
>>>
```

Section 2-2
変数を使った計算

プログラミング経験者ならば、Pythonの変数の使い方が気になるところです。次章であらためて詳しく説明しますが、ここで簡単に変数を使った式の例を示します。

変数を使った式

Pythonでは変数宣言が必要なく、型指定もありません。変数に値をすぐに代入できます。

▶ kosu = 12 * 5

kosu = 12 * 5 の式は変数 kosu に 12 * 5 の結果を代入する式です。変数 kosu の名前は適当に付けた名前です。= は値が等しいことを示す等号ではなく、= の左にある kosu に値を割り当てる代入という操作をするための演算子です。このコードを実行した後で kosu を調べると計算結果の 60 が入っていることを確認できます。kosu に入ってる値は、>>> に続けて kosu と入力するだけで出力されます。

Pythonインタプリタ 乗算でkosuを求める

```
>>> kosu = 12 * 5        ——— 12 * 5の計算結果がkosuに入ります
>>> kosu                 ——— 計算結果を知るにはkosuを出力します
60
```

▶ all = red_ball + white_ball

次の例では変数 red_ball に 5、white_ball に 7 を代入しています。そして、red_ball と white_ball を足し合わせた合計を変数 all に代入しています。all の値は 5 と 7 を足した 12 です。

Pythonインタプリタ 変数を使って合計を求める

```
>>> red_ball = 5
>>> white_ball = 7       ——— 2個の変数に値を入力しておきます
>>> all = red_ball + white_ball   ——— 変数allにはred_ballとwhite_ballの値を
>>> all                           足し合わせた値が入ります
12                       ——— 計算結果を出力します
```

次に red_ball/all を計算してみましょう。全体の個数に占める red_ball の割合がこれでわかります。結果は約 0.417、つまり全体の 41.7% が red_ball です。

Pythonインタプリタ 変数を使って割り算で求める

```
>>> red_ball/all         ——— 変数を使って別の式を計算します
0.4166666666666667
```

このように変数に値を代入しておけば、何度でも計算式で使うことができます。変数の値は、Pythonを終了するまで保たれています。

変数の値を変更する

変数を使った式の便利さが少しわかってきたでしょうか。では次に変数の値を変更して計算してみましょう。

▶ 変数の値を更新する

先の式で使用した変数red_ballの個数を3に変更してみましょう。そして、red_ballとwhite_ballの合計数である変数allの値を確認します。white_ballは7なのでallの値は10になるはずですが、結果は12のままです。いったいなぜこうなるのでしょうか。

```
Python インタプリタ   変数の値を更新する
>>> red_ball = 3          ——— red_ballを3に変更します
>>> all
12                        ——— 合計のallは変化しません
```

allの値を更新するには、allを求める式をもう一度実行する必要があります。式を実行した後でallの値を確認すると正しい値の10が出力されます。

```
Python インタプリタ   更新し再度実行する
>>> all = red_ball + white_ball    ——— 新しい値で再計算します
>>> all                    3         7
10
```

▶ 式を再入力する簡単な方法

このように all の値を更新するには、all を求める式を再入力する必要があります。書いた式をコピー＆ペーストしてもよいですが、先に入力した式を再入力する簡単な方法があります。

実は入力したコードは記録されており、キーボードの↑キーを押すとコードが1行ずつ前に戻って表示され、戻り過ぎたならば↓キーで先に進めます。再入力したいコードが表示されたならば、そこで enter キーまたは return キーを入力すれば式を実行することができます。もちろん表示された式を書き替えて実行しても構いません。変数の値を変更したいといった場合も、変数の代入式を呼び出して値を書き替えて実行すればタイプミスを防げます。式を変更する際は、←、→のキーでカーソルを移動し、delete キーで文字を削除します。

```
yoshiyuki — python3 — 61×11
>>> all
12
>>> red_ball/all
0.4166666666666667
>>> red_ball = 3
>>> all
12
>>> all = red_ball + white_ball
>>> all
10
>>>
```

⬇ ↑キーを押します

```
>>> all = red_ball + white_ball
>>> all
10
>>> all         ——— 以前に入力したコードが表示されます
```

⬇

```
>>> all = red_ball + white_ball
>>> all
10
>>> white_ball = 7   変更したいコードが表示されるまで↑キーを押します
```

エラーはどんどん出そう

　コードを入力すると計算結果ではない英文が数行表示されることがあります。多くの場合、これは入力内容のミスを示すエラーメッセージです。たとえば、次のようなエラーメッセージをよく見ることになるでしょう。

Pythonインタプリタ　エラーメッセージの例

```
>>> redball
Traceback (most recent call last):
  File "<stdin>", line 1, in <module>
NameError: name 'redball' is not defined
>>>
```

　エラーメッセージの最後の行に「NameError:」とあります。これがエラーの種類です。続けて読むと 'redball' という名前が not defined 未定義だと書いてあります。正しくは red_ball という名前の変数でしたので、そこが間違っていたわけです。

　このようなエラーメッセージが出ても何も慌てることはありません。エラーメッセージが出たからと言って、PCやシステムが壊れることはありません。むしろ、エラーメッセージはどんどん出して、どういうエラーを起こしやすいのかをよく知っておくことも大事です。

　もし、実行結果がいつまで経っても戻ってこない状態に陥ったならば、control + C または control + D を押すか、ターミナルを終了すればPythonの実行は止まります。

Section 2-3
コードをファイルに書く

プログラムのコードをファイルに書いておき、それを実行することもできます。コードをファイルに保存することで長く複雑なコードを書けるようになり、コードの手直しや配布なども容易になります。WindowsとmacOSではプロンプトやパス区切りの文字が違いますが、共通した操作です。本書での表記方法なども合わせて説明しますので、実際に試してよく理解してください。

プログラムをファイルに書く

Pythonコードを書くエディタは、Unicode（UTF-8）で保存できるテキストエディタならば何でも構いません。後で紹介しますが、シンタックスカラーが付くものや字下げを自動で行ってくれるエディタが便利です。

▶簡単な計算

手始めに前節で計算した kosu = 12 * 5 のコードをファイルに保存して実行してみましょう。次の2行のコードをテキストファイルに書いてください。

```
File  個数の計算
kosu = 12 * 5
print(kosu)        ——— 変数kosuの値を表示します
```

▶結果を出力する　print()

前節のインタプリタで計算を行ったときは、kosu と入力するだけで kosu の値を調べることができましたが（☞P.31）、ファイルにコードを書く場合には2行目のように print(kosu) で kosu の値を表示します。

▶Pythonファイルを保存する

コードを書いたならば、これを calc.py のファイル名で保存します。ファイル名は何でもいいですが、拡張子は .py にします。.py がPythonのプログラムコードを書いたファイル（Pythonファイル）の拡張子です。

```
File  個数の計算                                    «file» calc.py
kosu = 12 * 5
print(kosu)                                    拡張子を .py にして
                                               保存します
```

拡張子を .py にして保存します

プログラムを実行する

それでは、Pythonファイルのcalc.pyを実行してみましょう。PythonファイルはWindowsならばコマンドプロンプト、macOSならばターミナルで実行します。Pythonのインタプリタで実行するのではないので間違えないでください。

▶ Pythonファイルを実行する（Windowsの場合）

コマンドプロンプトでPythonファイルを実行するには、「python ファイル名.py」のように書いてenterキーを押してプログラムを実行します。

書式 Pythonファイルを実行する（Windowsの場合）

```
>python ファイル名.py
```

しかし、ファイル名だけではファイルがどこにあるかわからないので、正確なパスを指定する必要があります。パスを指定する最も簡単な方法は、Pythonファイルをコマンドプロンプトにドラッグ＆ドロップする方法です。>に続いてpythonとタイプし、空白を入れ、次の位置にcalc.pyをドロップします。すると正確なパスが入ります。たとえば、次のようにパスが入ります。

● コマンドプロンプト

```
C:¥Users¥yoshiyuki>python C:¥Users¥yoshiyuki¥smaple¥calc.py
```
コマンドプロンプトにファイルをドロップして入力します

❶ pythonと空白をタイプします　　❷ 実行するPythonファイルをドロップします

❸ フルパスが入ります

続いて最後にEnterキーを押すとcalc.pyに書かれているプログラムが実行されます。calc.pyは計算結果を出力するプログラムなので、計算した結果の60が出力されます。

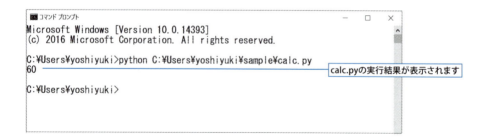

▶ Pythonファイルを実行する（macOSの場合）

ターミナルでPythonファイルを実行するには、「python ファイル.py」のように書いてreturnキーを押してプログラムを実行します。

ファイル名だけではファイルがどこにあるかわからないので、正確なパスを指定する必要があります。パスを指定する最も簡単な方法は、$に続いてpythonとタイプし、空白を入れ、次の位置にcalc.pyをドロップする方法です。すると正確なパスが入ります。たとえば、次のようにパスが入ります。

●ターミナル

続いて最後でreturnキーを押すとcalc.pyに書かれているプログラムが実行されます。calc.pyは計算結果を出力するプログラムなので、計算した結果の60が出力されます。

```
Last login: Sun Apr  9 16:37:55 on ttys000
You have mail.
yo-MacBookPro:~ yoshiyuki$ python /Users/yoshiyuki/Desktop/sample/calc.py
60
yo-MacBookPro:~ yoshiyuki$
```
calc.pyの実行結果が表示されます

> **MEMO**
> **式を再入力する簡単な方法**
> Pythonインタプリタで↑キーを押して先に入力した式を再入力する方法を紹介しましたが（☞P.32）、Windowsのコマンドプロンプト、macOSのターミナルでも同じように↑キーを押して先に入力した式を呼び出すことができます。タイプミスを修正したいときなどで便利です。

カレントディレクトリを移動して実行する

実行するPythonファイルを特定するためにフルパスで指定する例を示しましたが、実行するファイルがカレントディレクトリにあれば、ファイル名だけで実行することができます。

▶カレントディレクトリを移動する（Windowsの場合）

cdに続いて半角空けて C:¥Users¥yoshiyuki¥sampleと入力します。先と同じようにカレントディレクトリにしたいフォルダをドロップする方法もあります。すると、プロンプトの > の前の部分がフォルダまでのパスになります。

●コマンドプロンプト
```
C:¥Users¥yoshiyuki>cd C:¥Users¥yoshiyuki¥sample
C:¥Users¥yoshiyuki¥sample>
```
カレントディレクトリが移動しました

❶ cdに続いて半角空けて C:¥Users¥yoshiyuki¥sampleと入力します

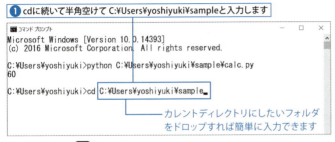

カレントディレクトリにしたいフォルダをドロップすれば簡単に入力できます

Part 1　準備：Python 3をはじめよう
Chapter 2　プログラムを試してみよう

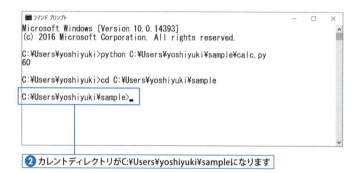

❷ カレントディレクトリがC:¥Users¥yoshiyuki¥sampleになります

sampleフォルダがカレントディレクトリになったので、フルパスで指さなくともpython calc.pyだけでcalc.pyを実行できるようになります。

●コマンドプロンプト

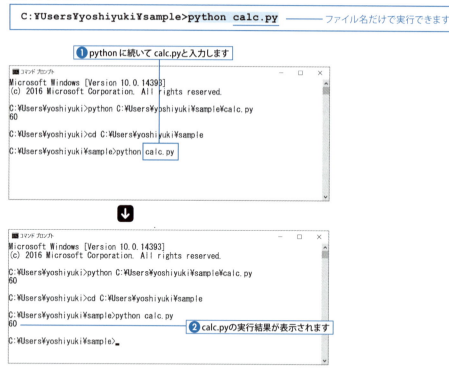

▶カレントディレクトリを移動する（macOSの場合）

　cdに続いて /Users/yoshiyuki/Desktop/sample/ と入力します。先と同じようにカレントディレクトリにしたいフォルダをドロップする方法もあります。すると、プロンプトのyoshiyuki$の前の部分がカレントのフォルダ名になります。yoshiyukiはユーザ名です。

●ターミナル

```
yo-MacBookPro:~ yoshiyuki$ cd /Users/yoshiyuki/Desktop/sample/
yo-MacBookPro:sample yoshiyuki$          ──── カレントディレクトリが移動しました
```

　sampleフォルダがカレントディレクトリになったので、フルパスで指さなくともpython calc.pyだけでcalc.pyを実行できるようになります。

●ターミナル

```
yo-MacBookPro:sample yoshiyuki$ python calc.py     ──── ファイル名だけで実行できます
```

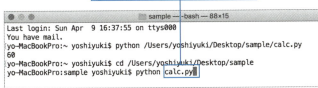

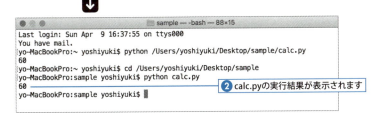

本書での書き方

今見てきたように、Windowsのコマンドプロンプトと macOS のターミナルではコマンド入力待ちプロンプトが少し違っていますが基本的には同じです。本書では Python ファイルの実行を次のように macOS のターミナルの書き方で記述します。次の例は calc.py を実行する場合の書き方です。

●本書での Win・Mac 共通の書き方
```
$ python calc.py
```

ターミナルでは $ の前に「ディスク名：ディレクトリ名 ユーザ名」がありますが、その部分は省略して $ 以降を書いています。また、実際には calc.py が保存されているパスを指定する必要もありますが、カレントディレクトリに移動して実行するという前提です。Windows のコマンドプロンプトで実行する場合は、次のように「$ python」を「> python」と読み替えてください。

●Windows では次のように読み替える
```
> python calc.py
```

Python コードを書くためのエディタ

Python コードは書くために使うテキストエディタは、Unicode（UTF-8）で保存できるならば何でも構いません。エディタによってはシンタックスカラーリング（データ型や用語に応じた色付け。シンタックスハイライト）をしたり、文のインデント（字下げ）を自動的に行ってくれるものがあります。

▶ Atom

Atom には Windows、macOS、Linux の各 OS に対応したバージョンがあります。Python ほか多くのプログラム言語のシンタックスカラーリングに対応しています。利用ユーザが多く、豊富なカスタマイズ機能が人気のエディタです。次のページを開くと OS に応じたダウンロードボタンが表示されます。

●Atom のダウンロード
```
https://atom.io
```

▶ CotEditor

　MacユーザならばCotEditorも選択肢のひとつです。機能が豊富で、日本語テキストエディタとしても優秀です。バージョンアップが頻繁にあり、品質改善に余念がありません。Pythonのほか多くのプログラム言語のシンタックスカラーリングに対応しています。CotEditorはAppストアから無料でダウンロードできます。

▶ 空白が表示される設定にしておく

　ほかの多くのプログラミング言語と違って、Pythonでは空白によるインデントが重要な意味を持ちます。そこで、テキストエディタでは半角スペースが何個入っているかがわかる表示にしておくと安心です。

　Atomの場合は Preferences... > Settings のEditorタブのInvisibles項目にある Show Invisibles をチェックするとスペースやタブコードが見えるようになります。

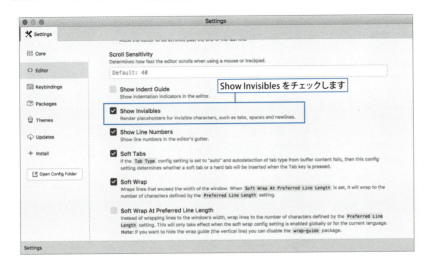

macOSのCotEditorならば、環境設定... の表示タブにある不可視文字の項目で表示したい不可視文字をチェックします。

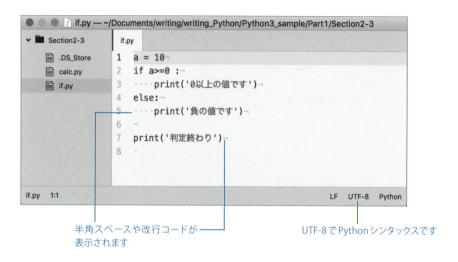

半角スペースや改行コードが表示されます

UTF-8でPythonシンタックスです

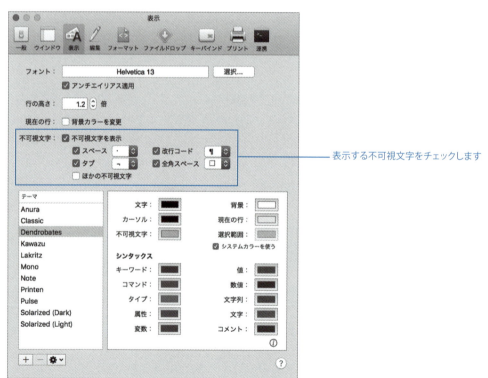

表示する不可視文字をチェックします

Part 2　基礎：Pythonの基本構文を学ぶ

Chapter 3
値と変数

この章ではステートメントの区切りやコメント文の書き方などのコードの書き方に加えて、演算子を使った式、変数への値の代入などについて説明します。プログラミングをはじめて行う人は、演算子を使った式、変数への代入、変数を使った式、文字列、比較演算、論理演算といった考え方に慣れてください。

Section 3-1　コードの書き方
Section 3-2　値と演算子
Section 3-3　変数

Section 3-1
コードの書き方

プログラムのコードは、処理手順を箇条書きのように行単位で書いた命令文です。命令文の各行をステートメントといいます。この節ではステートメントの区切りやコメント文について説明します。

ステートメント（命令文）の区切り

　料理や業務などの一連の作業が複数の命令文で指示されるように、プログラムコードもまた複数の命令文で書かれています。この命令文の単位をステートメントと呼びます。日本語の文の区切りは句点「。」ですが、Pythonのステートメントの区切りは改行かセミコロン「;」です。
　次の例ではPythonインタプリタで4行のステートメントを実行しています。

Pythonインタプリタ　4行のステートメント
```
>>> a = 10
>>> b = 20
>>> ans = a + b
>>> ans
30
```

　ステートメントの区切りにセミコロン「;」を使うと、同じコードを次のように書くことができます。最初の3行を1行で書いています。

Pythonインタプリタ　ステートメントを;で区切ったコード
```
>>> a = 10; b = 20; ans = a + b
>>> ans
30
```

　これはPythonファイルに書く場合も同じです。次のコードは改行で区切られた4行のステートメントです。変数ansの値はprint(ans)で出力します。

File　改行で区切られた4行のステートメント

《file》 statement_1.py
```
a = 10
b = 20
ans = a + b
print(ans)
```
ファイルに保存してあるコードです

　ステートメントの区切りにセミコロンを使って書いたコードは次のようになります。

> **File** セミコロンをステートメントの区切りに利用したコード
>
> 《file》 statement_2.py
>
> ```
> a = 10; b = 20; ans = a + b
> print(ans)
> ```

どちらのファイルも実行するとaとbの値を足し合わせた30を出力します。（Pythonファイルを実行する☞P.35）

【実行】 statement_1.pyとstatement_2.py を実行する

```
$ python statement_1.py ─── Pythonファイルを実行します
30
$ python statement_2.py
30
```

▶ ステートメントの改行

　1行が長いステートメントが読みやすくなるように、行を途中で折り返すこともできます。ステートメントを折り返すには、改行したい行の最後で \ を入力します（Windowsでは ¥ と表示されます）。

　Pythonインタプリタでは次の行には ... と表示され、ステートメントが続いていることが示されます。... に続けて式を書いて最後で改行するとステートメントが終了します。... はタイプするのではなく >>> と同様に自動的に表示されます。

　次の例では1から10の整数を足し算する式を3行に折り返して書いています。最初の2行は \ で折り返し、最後の + 10 を書いた行で終了しているので、次の行には足し算の結果の 55 が表示されています。

> **Pythonインタプリタ** ステートメントを折り返す
>
> ```
> >>> 1 + 2 + 3 + 4 + 5 \      ─── 改行します。Windowsでは¥を入力します
> ... + 6 + 7 + 8 + 9 \
> ... + 10
> 55        ─── ステートメントが続いていることを示しています
> ```

　Pythonファイルに書く場合も同じように書くことができます。次の例では足し算の結果を変数ansに入れて最後で出力しています。見た目は4行ですが、足し算の行は1行のステートメントです。Pythonインタプリタでは折り返した次の行の前に ... と表示されますが、ファイルに保存するコードに書き込む必要はありません。

> **File** Pythonファイルに書くコードでステートメントを折り返す
>
> 《file》 statement_3.py
>
> ```
> ans = 1 + 2 + 3 + 4 + 5 \
> + 6 + 7 + 8 + 9 \
> + 10
> print(ans)
> ```

コメント

コメントはプログラムコードの注釈として利用するほか、動作チェックのために一時的にコードをコメントにしてコードを単純化する（コメントアウトといいます）目的などで利用されます。

コメントは、#に続けて書きます。行の先頭に#があれば、その行全体がコメント文です。行の途中に#があれば、#から後ろがコメントです。

次はPythonインタプリタでコメントを使用している例です。コメントを使って式の注釈を書いています。

Pythonインタプリタ コメント文を付けたコード

```
>>> r = 25        # 半径
>>> pi = 3.14     # 円周率
>>> len = 2 * pi * r    # 円周の長さ
>>> len                  #の後ろがコメントになります
157.0
```

次の例はPythonファイルのコードでコメント文が使われている例です。#から始まる行はコメントです。h = 5はコメントアウトされているので実行されず、h = 10の式で設定された10がそのまま使われて計算されます。

File 台形の面積を求める

«file» **daikei.py**

```
# 台形のサイズ
a = 30    # 上辺
b = 50    # 下辺
h = 10    # 高さ
# h = 5 ——— コメントアウトされているので実行されません
# 面積
area = (a+b)*h/2
print(area)
```

これを実行するとhは10なので、(30+50)*10/2を計算して結果は400です。

【実行】 daikei.pyを実行する

```
$ python daikei.py
400.0
```

▶改行がある場合のコメント

ステートメントを \ で折り返すことができることを説明しましたが、その場合、\ の後ろにコメントを書くことはできません。次の例では1行目の \ の後ろにコメントは付けられませんが、折り返した次の行にはコメントを付けることができます。次はPythonインタプリタでの例です。

```
Pythonインタプリタ  ステートメントを途中で改行する
>>> price = 1200 + 400 + 680 \
... + 500    # 手数料 ──── 改行後のステートメントにはコメントを付けることができます
>>> price
2780
```

▶ 複数行のコメント

　Pythonにはコメントの開始と終了を指定して複数行をコメントアウトする機能はありませんが、3個続けたダブルクォートまたはシングルクォートで前後を囲むことで複数行のコメントとして使えます。これはPythonコードの中に何も出力しない文字列や式があってもエラーにならないという仕様を利用したものです。（複数行の文字列 ☞ P.56）

```
File  複数行の文字列を利用したコメント文
                                                    «file» statement_4.py
a = 10
b = 20
"""
この範囲はコメントとして
実行時には無視されます。
"""
ans = a + b
print(ans)
```

大文字と小文字の区別

　Pythonでは、変数、関数、ifやforなどの大文字小文字を区別します。サンプルのコードなどを入力する場合には、大文字小文字の違いに注意してください。たとえば、変数aと変数Aは別の変数です。print(123)をPRINT(123)と書くとエラーになります。
　次の例では変数aには10、変数Aには20を代入しています。それぞれの値を確認すると変数aと変数Aは違う変数だということがわかります。

```
Pythonインタプリタ  変数aと変数A
>>> a = 10
>>> A = 20
>>> a
10
>>> A ──── 小文字の変数aと大文字の変数Aは別の値です
20
```

Section 3-2
値と演算子

プログラムで処理するのは数値だけではありません。この節では数値、文字列、論理値などの値の種類と関連する演算子、さらに値の型と型変換についても解説します。

値を表示する

これまで見てきたようにPythonインタプリタでは計算式の結果や変数の値が、式を入力しただけで次の行に値が表示されますが、ファイルに書くプログラムコードではprint()を使って値を出力して表示します。()の中に出力したい値を書くとそれが出力されます。名前に()が付いているものは関数です。( )の中に入れる値は「引数（ひきすう）」と呼ばれます。

print()はPythonインタプリタでも試せるので、まずはPythonインタプリタで動作を確認してみましょう。最初は直接100という値を引数で指定した場合です。次の例は変数aの値を出力しています。

Pythonインタプリタ print()で値を表示する
```
>>> print(100)
100
>>> a = 200
>>> print(a)
200
```

()の中に式を書けば、式の結果が出力されます。最初の例は 1+2 の式を実行するので、結果は3。次の例はa+b の変数同士の足し算です。

Pythonインタプリタ print()で式の結果を表示する
```
>>> print(1+2)
3
>>> a = 100; b = 200
>>> print(a+b)
300
```

print()は複数の引数を指定できます。引数は , で区切ります。次の例ではa、b、cの3つの値を出力しています。

Pythonインタプリタ print()で複数の値を表示する
```
>>> a = 100; b = 200; c = 300
>>> print(a, b, c)
100 200 300
```

Pythonファイルでprint()を実行するとわかりますが、print()は出力の後で改行を行います。たとえば、次のようにa、b、cの値をそれぞれprint()で出力するコードがあるとします。

File a、b、cの値を出力する

«file» print_abc.py

```
a = 100
b = 200
c = 300
print(a)
print(b)
print(c)
```

これを実行すると次のようにprint()出力ごとに改行されて3行で出力されます。

【実行】print_abc.pyを実行する

```
$ python print_abc.py
100
200
300
```

▶値の区切り文字、改行を指定する

print()では、複数の値の区切り文字や行の最後の文字を指定することができます。この2つを指定する書式は次のとおりです。sep（separator）を省略すると半角空白、endを省略した場合は改行（\n）になります。

書式 値の区切り文字、改行を指定する

print(値1, 値2, ... , **sep =**" 区切り文字 ", **end =** " 行末文字 "**)**

次のように最初のprint()でsepとendの値を指定すると、値は読点（、）で区切られ、行末には「／以上」と表示されます。そして、そのまま改行せずに次のprint()で出力されるabcの値が表示されます。

File 値の区切り文字と行末文字を指定する

«file» print_sep_end.py

```
a = 100
b = 200
c = 300
abc = a + b + c
print(a, b, c, sep = "、", end = " ／以上 ")
print(abc)
```
　　　　　　　　　　区切り文字　　改行の代わりに出力する文字

これを実行した結果は次のとおりです。

【実行】

```
$ python print_sep_end.py
100、200、300 ／以上 600
```

数値

Pythonでは整数と浮動小数点（小数点がある数値）に加えて、複素数を扱うことができます。

▶ 整数

実数のうち、小数点以下がない値が整数です。整数には0と負の値も含みます。つまり、-3、0、5などが整数です。

Pythonインタプリタ　整数を使った計算

```
>>> a = -3
>>> b = 0
>>> c = 5
>>> a + b + c
2
```

> **MEMO**
> **正負を示す符号**
> 厳密には数値には符号が含まれていません。マイナスの符号 - は負を示す演算子です。正の値も同様で、+5 のように + 演算子を付けて表現することもできます。

▶ 浮動小数点

小数点がある数値は浮動小数点数と呼んで区別します。たとえば、0.08、98.5、-3.5といった数値です。

Pythonインタプリタ　浮動小数点（小数点がある数値）

```
>>> a = 0.08
>>> b = 98.5
>>> c = -3.5
>>> print(a, b, c)
0.08 98.5 -3.5
```

整数部が0あるいは小数点以下が0ときは、次のように0を省略できます。

Pythonインタプリタ　整数部または小数点以下の0を省略した書き方

```
>>> a = .99
>>> b = 10.
>>> print(a, b)
0.99 10.0
```

大きな桁数の値には指数表記も利用できます。たとえば、12300000を指数表記すると1.23e+7です。小数点以下の数値は桁をマイナスで指定します。0.00096を指数表記すると9.6e-4です。eは大文字でもかまいません。

Pythonインタプリタ　指数表記の浮動小数点

```
>>> 1.23e+7
12300000.0
>>> 9.6e-4
0.00096
```

> **❶ MEMO**
>
> **指数表記**
> 指数表記のeはExponetのことで10を底とした指数です。e+4ならば10の4乗の10000です。したがって 1.2e+4 は 1.2 に 10000 を掛けた12000.0 です。e-4ならば1/10000となり 1.2e-4 は 0.00012 です。

▶ 浮動小数点の計算

浮動小数点同士の計算だけでなく、浮動小数点と整数との計算結果は浮動小数点になります。

Pythonインタプリタ 整数と浮動小数点の計算
```
>>> 10.3 + 0.5
10.8
>>> 10 - 1.23
8.77
>>> 120 * 0.1
12.0
>>> 1.08 * 100
108.0
```

ただし、// 演算子で割り算を行うと小数点以下を切り捨てた整数を返します。（☞ P.54）
整数同士の割り算では、値が割り切れても結果は浮動小数点になります。

Pythonインタプリタ 整数同士の割り算
```
>>> 120 / 2
60.0
```

小数点以下の数値を丸めるにはround()を使います。これは四捨五入とは少し異なります。たとえば、2.5に近い整数は2または3ですが、どちらも0.5の差なので、round(2.5)では偶数の2に丸めます。2.6は3に近いので3に丸めます。（☞ P.75）

Pythonインタプリタ 小数点以下を丸めた整数にする
```
>>> round(1.4)          ——— 1に近いので1に丸めます
1
>>> round(2.5)          ——— 2のほうが近い偶数なので2に丸めます
2
>>> round(2.6)          ——— 3に近いので3に丸めます
3
```

round(数値, 桁) の書式で丸める桁を指定することもできます。

Pythonインタプリタ 小数点以下1位に丸める
```
>>> round(23.574, 1)
23.6
```

> **❶ MEMO**
>
> **小数点以下の切り上げ、切り捨て**
> 切り上げはceil()、切り捨てにはfloor()の関数があります。この関数を使うにはmathモジュールをインポートする必要があります。（☞ P.79）

▶ 2進数、8進数、16進数

通常、整数は10進数で扱いますが、2進数、8進数、16進数でも扱うことができます。2進数は0bを付けて0と1の数字、8進数は0oを付けて0〜8の数字、16進数は0xを付けて0〜9A〜Fで数値を表します。Pythonインタプリタで出力すると10進数に換算された値が出力されます。

Python インタプリタ 2進数、8進数、16進数の数値
```
>>> 0b0101      # 2進数
5
>>> 0o011       # 8進数
9
>>> 0xFF        # 16進数
255
```

2進数の0b0101に0b0010を足す簡単な計算をしてみましょう。10進数で0b0101は5、0b0010は2なので足した値は7になります。

Python インタプリタ 2進数の足し算
```
>>> 0b0101 + 0b0010
7   ──── 結果は10進数で表示されます
```

bin()を使うことで値を2進数の文字列で出力できるので、計算結果が2進数ではどうなっているかを確認してみます。これを見るとビットが足されているのがよくわかります。

Python インタプリタ 2進数の計算結果を文字列で出力する
```
>>> bin(0b0101 + 0b0010)
'0b111'
```

```
   0b0101
+) 0b0010
─────────
   0b0111
```

▶ 複素数（虚数）

複素数（虚数）には馴染みがないかもしれませんが、Pythonでは複素数も扱えます。複素数を利用することがなければ、以下の説明は読まなくてもかまいません。

複素数は「実部 + 虚部」で表現し、虚部にはjまたはJの虚数単位（2乗すると-1になる値）を付けます。数学では虚数単位をiで表記にするのが一般的ですがPythonではjを使います。たとえば、(1+2j)のように書きます。

次のように1j * 1jの式を試すと結果は(-1+0j)となり、1jの2乗が-1になることを確かめることができます。

Python インタプリタ 1jの2乗が-1になるかどうか確かめる
```
>>> 1j * 1j
(-1+0j)
```

複素数も整数や浮動小数点と同じように計算できます。

> Python インタプリタ　複素数同士の足し算
```
>>> a = (1.5 + 3j)
>>> b = (2 + 1j)
>>> a + b
(3.5+4j)
```

次の例は複素数同士の掛け算です。(2j * 5j)が -10 になるので、次の計算は (20 + 50j + 4j - 10) のように展開されて、結果は(10+54j)になります。

> Python インタプリタ　複素数同士の掛け算
```
>>> (10+2j) * (2+5j)
(10+54j)
```

複素数の実部はreal、虚部はimagで個別に取り出すことができます。次のように変数vに複素数が入っているならば、v.realが実部、v.imagが虚部の値になります。

> Python インタプリタ　複素数の実部と虚部を取り出す
```
>>> v = 3 + 2j
>>> v.real      ─── 複素数の実部の値
3.0
>>> v.imag      ─── 複素数の虚部の値
2.0
```

複素数はcomplex(re, im)で作ることができます。(3+2j)ならば、complex(3, 2)で作ります。

> Python インタプリタ　複素数をcomplex(re, im)で作る
```
>>> v = complex(3, 2)
>>> v
(3+2j)
```

complex("3+2j")、complex("3-2j")のように文字列から複素数を作ることもできます。この場合、complex("3 + 2j")のように +、- の前後に空白があるとエラーになります。

Part 2 基礎：Pythonの基本構文を学ぶ

Chapter 3　値と変数

数値演算子

加減乗除などの数値計算には + や - などの記号を使います。これらの記号を演算子と呼びます。そして、これらは数値の演算を行う演算子なので数値演算子といいます。数値演算子には、加減乗除のほかに余りや商の整数値を求める演算子などがあります。

▶ 数値演算子

数値演算子には次のようなものがあります。

演算子	例	説明
+	a + b	足し算
-	a - b	引き算
*	a * b	掛け算
/	a / b	割り算
//	a // b	a を b で割った商の整数値（小数点以下を切り捨て）
%	a % b	a を b で割って、割り切れなかった余り（剰余）
**	a ** n	a を n 回掛けた値（べき乗、累乗）

次の例では350個のボールを12個ずつ箱に入れるとき、何箱できて何個余るかを計算しています。何箱できるかは // で商の整数値を計算し、割り切れずに余る個数は % で求めます。

Python インタプリタ　350個のボールを12個ずつ箱に入れる

```
>>> all = 350    # 全部の個数
>>> per = 12     # 1箱に12個入れる
>>> all // per   # 完成する箱数
29
>>> all % per    # 余る個数
2
```

べき乗の ** 演算子は、2の3乗（2を3回掛け合わせる）ならば 2**3 のように計算します。なお、xのy乗は pow(x, y)で計算することもできます。（☞ P.75）

Python インタプリタ　2の3乗

```
>>> 2**3
8
```

> **ⓘ MEMO**
> **浮動小数点の余りの計算**
> % は整数の余りの計算で使い、浮動小数点は math モジュールにある fmod(x, y) を利用します。（☞ P.80）

文字列

　プログラミングでは文字の値も処理します。文字の値は文字列、またはストリングといいます。"～" または '～' のようにダブルクォートかシングルクォートで囲って作ります。

　たとえば、"こんにちは"、"箱根"、"Python 3" などが文字列です。"123" は文字列で、クォートで囲まない 123 は数値です。"apple" ならば文字列ですが apple は変数として判断されます。

> Python インタプリタ　文字列の例
```
>>> msg = " こんにちは "
>>> where = " 箱根 "
>>> language = "Python 3"
>>> print(msg, where, language)
こんにちは 箱根 Python 3
```

　先に書いたようにシングルクォートで囲っても文字列になります。シングルクォートは、ダブルクォートを含んだ文字列を作りたいときに全体を囲む場合に使用します。

> Python インタプリタ　ダブルクォートを含んだ文字列
```
>>> ai = ' いわゆる " 人工知能 " です。'
>>> print(ai)
いわゆる " 人工知能 " です。
```

　逆にシングルクォートを文字列の中に入れたい場合は全体をダブルクォートで囲みます。

> Python インタプリタ　シングルクォートを含んだ文字列
```
>>> ai = " いわゆる ' 人工知能 ' です。"
>>> print(ai)
いわゆる ' 人工知能 ' です。
```

　なお、ダブルクォートとシングルクォートは次に説明するエスケープシーケンスを使って埋め込むこともできます。

▶ エスケープシーケンス

　文字列の中に改行やタブを埋め込みたい場合にバックスラッシュ \ を使ったエスケープシーケンスを利用します。なお、\ は Windows では ￥ と表示されます。改行コードのエスケープシーケンスは \n です。次の例では文字列に 2 個の改行が含まれています。

> Python インタプリタ　改行を含んだ文字列
```
>>> colors = " 選んだ色は \n 緑 \n 黄色 "
>>> print(colors)           ← 改行のエスケープシーケンス
選んだ色は
緑
黄色
```

次の例はダブルクォートで囲った文字列にエスケープシーケンスを使ってダブルクォートを埋め込んだ例です。\" がダブルクォートのエスケープシーケンスです。

> **Pythonインタプリタ**　ダブルクォートを含んだ文字列
> ```
> >>> msg = "それは\"Python 3\"です。"
> >>> print(msg)
> それは"Python 3"です。
> ```

よく使うエスケープシーケンス字は次のとおりです。先にも書いたように \ は Windows では ¥ と表示されます。

エスケープシーケンス	説明
\n	改行
\t	水平タブ
\r	キャリッジリターン

エスケープシーケンス	説明
\"	ダブルクォート "
\'	シングルクォート '
\\	バックスラッシュ \

▶ 複数行の文字列

クォートを3個続けて '''〜''' あるいは """〜""" のように囲むと複数行の文字列を作ることができます。次の例では3個続けたダブルクォートで複数行の文字列を囲っています。Pythonインタプリタで変数の値をそのまま出力すると改行位置にエスケープシーケンスの \n が入っているのがわかります。

> **Pythonインタプリタ**　"""で囲んだ複数行の文字列
> ```
> >>> poem = """ほとどぎす
> ... 鳴きつる方をながむれば
> ... ただ有明の月ぞ残れる"""
> >>> poem
> 'ほとどぎす \n 鳴きつる方をながむれば \n ただ有明の月ぞ残れる'
> ```

これを print() で出力すると画面でも改行して表示されます。

> **Pythonインタプリタ**　複数行の文字列を print() で出力する
> ```
> >>> print(poem)
> ほとどぎす
> 鳴きつる方をながむれば
> ただ有明の月ぞ残れる
> ```

もちろん、改行したい位置に \n を直接入力することでも複数行の文字列を作ることができます。

> **Pythonインタプリタ**　\n を入力した複数行の文字列
> ```
> >>> neko = "我が輩は猫である。\n名前はまだ無い。"
> >>> print(neko)
> 我が輩は猫である。
> 名前はまだ無い。
> ```
> ここで改行する

MEMO

文字列を折り返して入力する

ステートメントの折り返しと同じように、長い文字列は \ を入れた位置で折り返して入力することができます。この折り返しは改行の \n とは違い、出力では無視されます。（ステートメントの折り返し☞P.45）

文字列演算子

数値演算子で足し算や掛け算ができるように文字列演算子を使って文字列の連結や繰り返し文字を作ることができます。なお、関数などを使った文字列を扱う複雑な処理は「文字列に使う関数（☞P.76）」、「文字列のメソッド（☞P.86）」を参照してください。

文字列演算子には次のようなものがあります。+= 演算子については後述します（☞P.72）。

演算子	例	説明
+	"a" + "b"	文字列 "a" と "b" の連結。文字列 "ab" になる
*	"abc" *n	文字列 "abc" を n 回繰り返す。n が 2 ならば "abcabc" になる

▶文字列の連結

+ 演算子を使うと、文字列を足し算するように 2 つの文字列を連結することができます。たとえば、"鈴木"と"さん"で"鈴木さん"の文字列を作ることができます。

Python インタプリタ　文字列を連結する

```
>>> name = "鈴木" + "さん"
>>> name
'鈴木さん'
```

次の例では変数 a、b、c に入っている文字列を連結してできた新しい文字列を変数 d に入れています。

Python インタプリタ　変数に a、b、c に入れた文字列を連結した文字列を作る

```
>>> a = "Pen"
>>> b = "Pine"
>>> c = "Apple"
>>> d = a + b + c
>>> d
'PenPineApple'
```

文字列の連結は += を利用すると便利です。+= を使った例は複合代入演算子の説明で紹介します。（☞P.71）

▶数値と文字列を連結する

数値と文字列を連結したい場合は、数値を文字列型に変換する必要があります。数値と文字列をそのまま連結するとタイプエラー（TypeError）になります。次の例では数値の 2500 と文字列の"円"を連結しているためエラーになっています。

> **Python インタプリタ** 数値と文字列を連結するとエラーになる

```
>>> price = 2500 + "円"　───── 数値と文字列を連結しようとしている
Traceback (most recent call last):
  File "<stdin>", line 1, in <module>
TypeError: unsupported operand type(s) for +: 'int' and 'str'
```

タイプエラーにならないようにするには、数値2500を文字列に変換する必要があります。変換にはstr()を使います。先のコードを次のように直すとエラーになりません。

> **Python インタプリタ** 数値を文字列に変換して連結する

```
>>> price = str(2500) + "円"
>>> price            ───── 数値を文字列に変換する
'2500円'
```

これを利用すると次の式で単価と個数から値段の文字列を作ることができます。

> **Python インタプリタ** 計算結果を文字列に変換して連結する

```
>>> tanka = 80
>>> kosu = 3
>>> price = str(tanka * kosu) + "円"
>>> price            ───── 数値計算の式全体をstr()で囲む
'240円'
```

▶ 繰り返し文字

同じ文字列が繰り返す文字列は、掛け算のように * 演算子で作ることができます。次の例で示すように1文字の繰り返しだけでなく、複数文字の繰り返しを作ることができます。

> **Python インタプリタ** 複数文字の繰り返しを作る

```
>>> "a" * 3
'aaa'
>>> "abc" * 3
'abcabcabc'
```

次の例ではsymbolの文字を繰り返すことで、数値を簡易的な棒グラフとして表示しています。

> **Python インタプリタ** 文字の繰り返しを棒グラフ代わりにする

```
>>> symbol = "*"
>>> print("東京", symbol * 12)
東京 ************      ───── *を12個
>>> print("金沢", symbol * 6)
金沢 ******            ───── *を6個
```

[ ]で文字列を取り出す

文字列から文字を取り出すには[ ]を利用します。[ ]には、取り出す文字の位置を指定します。文字の位置は1文字目を0と数え、マイナスは後ろから数えます。-1が最後の文字です。位置を0から数える数え方は、いろいろな場面で使われているので必ず慣れてください。位置を指す値はインデックス番号といいます。

インデックス番号	0	1	2	3	4	5	6	7	8
	a	b	c	d	e	f	g	h	i
後ろからカウントしたインデックス番号	-9	-8	-7	-6	-5	-4	-3	-2	-1

> **書式** 文字を取り出す
>
> 文字列 [文字位置]

次の例では文字列の3文字目と最後の文字を取り出しています。2を指定すると先頭から3文字目、-1は最後から1文字目です。文字を取り出しても元の文字列は変化しません。

Python インタプリタ 文字を取り出す

```
>>> id = "ab1cd9x"
>>> id[2]          ——— 先頭から3文字目
'1'
>>> id[-1]         ——— 後ろから1文字目
'x'
```

ただし、文字列[位置]に文字を代入して変更することはできません。これは文字列が状態を変更できないイミュータブル（immutable）と呼ばれる属性のオブジェクトだからです。したがって、id[2]の文字を"w"に変更しようとするとエラーになります。

Python インタプリタ 文字位置の値を変更できない

```
>>> id[2] = "w"    ——— 文字を取り出すことはできても、書き替えることはできません
Traceback (most recent call last):
  File "<stdin>", line 1, in <module>
TypeError: 'str' object does not support item assignment
```

▶ 部分文字列を取り出す(スライス)

[ ]は範囲を指定して部分文字列(文字列の一部)を抜き出すこともできます。この操作はスライスと呼ばれます。抜き出す範囲は開始位置と終了位置で指定しますが、開始位置〜(終了位置 - 1)の範囲になるので注意してください。マルチバイト文字にも対応しています。

> **書式 文字列のスライス**
>
> 文字列 **[** 開始位置 **:** 終了位置 **]**

開始位置と終了位置は省略が可能です。文字列[:]は文字列全体を返します。文字列[開始位置:]ならば開始位置から最後まで、文字列[:終了位置]ならば最初から終了位置の手前までを抜き出します。

Python インタプリタ 部分文字列を取り出す

```
>>> s = "The quick brown fox jumps."
>>> s[:]            ——— 全部
'The quick brown fox jumps.'
>>> s[4:]           ——— 5文字目から最後まで
'quick brown fox jumps.'
>>> s[4:4+5]        ——— 5文字目から5文字
'quick'
>>> s[:-7]          ——— 先頭から、後ろから数えて7文字目の手前まで
'The quick brown fox'
```

スライスでは、文字列の長さを超えた範囲を指定してもエラーになりません。例で使っている文字列の長さをlen()で調べると44文字ですが、終了範囲を50で指定してもエラーになっていません。逆に言えば、最長の文字数を指定できるわけです。

Python インタプリタ 文字列の長さを超えた範囲を指定する

```
>>> s = "The quick brown fox jumps over the lazy dog."
>>> len(s)   #文字列の長さを調べる
44
>>> s[:50]   #文字列の長さを越えた範囲
'The quick brown fox jumps over the lazy dog.'
```

▶ ステップがある書式

これに加えてステップ(増分)があるオプションもあります。ステップは1文字おき、2文字おきのように文字を取り出したい場合に便利なオプションです。開始位置、終了位置で処理範囲も指定できます。

> **書式 飛び飛びで抜き出す**
>
> 文字列 **[** 開始位置 **:** 終了位置 **:** ステップ **]**

次の例ではステップを2にしているので、1文字目、3文字目、5文字目のように取り出します。

Pythonインタプリタ 文字列から1つ飛ばしで文字を取り出す
```
>>> num = "0123456789"
>>> num[::2]
'02468'
```

次の例では開始位置を指定しています。開始位置が3でステップが2なので、4文字目から1文字飛ばしで取り出します。

Pythonインタプリタ 4文字目から1文字飛ばしで取り出す
```
>>> data = "abc0123456789"
>>> data[3::2]
'02468'
```

ステップをマイナスで指定すると文字を後ろから取り出します。最初の例は後ろから1つ飛ばしで文字を取り出します。後ろから取り出すので、文字は元の文字列とは逆の並びになります。ステップを-1にすれば逆順の文字列を簡単に作ることができます。ただし、マイナスのステップは間違いの元なので注意が必要です。

Pythonインタプリタ 文字列の後ろから1つ飛ばしで文字を取り出す
```
>>> num = "0123456789"
>>> num[::-2]  # 後ろから1文字飛ばし
'97531'
```

Pythonインタプリタ 文字列を逆順にする
```
>>> s = "あいうえおかきくけこ"
>>> s[::-1]
'こけくきかおえういあ'
```

論理値（ブール値）

論理値とは真／偽、表／裏、ON／OFF、YES／NOなどのように、2択の値のうちどちらかをとる値です。論理値は真理値、ブール値（bool）ともいいます。Pythonの論理値では真をTrue、偽をFalseの2つの値を使います。さらに、論理式において数値の1はTrue、0はFalseと同じ値として扱われます（1と0 ☞ P.64）。

比較演算子

aとbの値が等しいか、aがbより大きいか、bより小さいかといった比較を行う演算は比較演算子で行います。比較した結果は論理値で示されます。たとえば、変数aとbに入っている値が等しいかどうかはa == bの式で比較できます。比較した結果、等しければTrue、等しくなければFalseになります。= ではなく == なので注意してください。

次の例では、aとbは等しいのでa == bはTrue、aとcは等しくないのでa == cはFalseになります。

Pythonインタプリタ 値が等しければTrue、等しくなければFalse
```
>>> a = 3 ; b = 3 ; c = 5
>>> print(a == b)
True
>>> print(a == c)
False
```

逆に比較した値が等しくないときにTrueになる演算子は != です。a、b、cの値を != で比較すると == で比較した結果と逆になります。

Pythonインタプリタ 値が等しくないときTrue、等しいときFalse
```
>>> a = 3 ; b = 3 ; c = 5
>>> print(a != b)
False
>>> print(a != c)
True
```

大きさの大小の比較は >、< で行います。a > b の式はbよりaが大きいときにTrueです。aとbが等しいか、bのほうが大きければFalseです。>=、<= は等しい場合もTrueに含める演算子です。たとえば、a >= 50 はaが50以上のときにTrue、50未満のときFalseです。

Pythonインタプリタ aがbより大きいときTrue
```
>>> a = 60 ; b = 45
>>> print(a > b)
True
```

Pythonインタプリタ aが50以上のときTrue
```
>>> a = 50
>>> print(a >= 50)
True
```

比較演算子をまとめると次のとおりです。<=、>=、!=の演算子は2個の記号で1つの演算子です。<= を =< のように逆に書くとエラーです。記号の順番にも注意してください。

演算子	例	説明
==	a == b	a と b が等しいとき True
!=	a != b	a と b が等しくないとき True
>	a > b	a が b より大きいとき True
>=	a >= b	a が b 以上のとき True
<	a < b	a が b より小さいとき True
<=	a <= b	a が b 以下のとき True

> **MEMO**
> **is、is not**
> 比較演算子には、同一オブジェクトかどうかを比較する is、is not の演算子があります。詳しくは「リストを比較する」で説明しています。(☞ P.164)

▶ 1個の変数の値を比較する場合

Pythonでは、1個変数に対して次のような比較式を使うことができます。次の例では変数ageの値が13以上20未満の時にTrueになります。

Python インタプリタ ── age が 16 なので True

```
>>> age = 16
>>> 13 <= age < 20
True
```

論理演算子

論理演算子には、and、or、notの3種類があります。それぞれ、論理積、論理和、否定の演算をします。論理演算子が使ってある式を論理式といいます。

演算子	例	説明
and	a and b	論理積。a かつ b の両方が True のとき True。一方でも False ならば False。
or	a or b	論理和。a または b のどちらか一方でも True ならば True。両方とも False ならば False。
not	not a	否定。a が True ならば False。a が False ならば True。

論理演算子がどういうものか、TrueとFalseの値をそのまま使って演算結果を確認したいと思います。

Python インタプリタ 論理積

```
>>> True and True
True
>>> True and False        ── 片方が False なので False
False
```

Python インタプリタ 論理和

```
>>> True or True
True
>>> True or False         ── 片方が True なので True
True
>>> False or False
False
```

> **Pythonインタプリタ** 否定
> ```
> >>> not True          ── Trueの反対
> False
> >>> not False         ── Falseの反対
> True
> ```

　論理値のTrue／Falseは、比較演算式の結果として返ってくるので、これを利用した論理演算を行ってみましょう。論理演算子を活用することで、単純な論理式を複雑な論理式にすることができます。

　次の例では変数aの値が50以上かつ100以下のときにTrueになる論理積の式をandを使って書いています。aが80ならば(a >= 50)と(a <= 100)のどちらもTrueなので結果はTrueになります。

> **Pythonインタプリタ** 変数aが50以上かつ100以下のときTrue。80なのでTrue
> ```
> >>> a = 80
> >>> (a >= 50) and (a <= 100)
> True         └─50以上    └─100以下
> ```

　同じ式でaが110ならば、(a >= 50)はTrueでも(a <= 100)がFalseなので、論理積はFalseです。

> **Pythonインタプリタ** 変数aが50以上かつ100以下のときTrue。110なのでFalse
> ```
> >>> a = 110
> >>> (a >= 50) and (a <= 100)
> False
> ```

　次の例はa、bのどちらかが "OK" ならばTrueになる論理和の式です。aが "NG" でもbが "OK" なので、式の結果はTrueになっています。

> **Pythonインタプリタ** 変数a、bのどちらかが"OK"ならばTrue。変数bが"OK"なのでTrue
> ```
> >>> a = "NG" ; b = "OK"
> >>> (a == "OK") or (b == "OK")
> True
> ```

> **❶ MEMO**
>
> **1と0**
> 数値処理でTrueとFalseが使われたときは、それぞれ1、0と同値として扱われます。たとえば、True + Trueは数値の2になります。逆に論理式で1と0が使われたときは、それぞれTrue、Falseと同値として使われます。
>
> **Pythonインタプリタ** True、Falseを数値式で使ったときと0、1を論理式で使ったとき
> ```
> >>> True + False      # 1 + 0 で計算
> 1
> >>> True + True       # 1 + 1 で計算
> 2
> >>> 1 and 1           # True and True と同じ
> 1
> >>> 1 or 0            # True or False と同じ
> 1
> ```

❶ MEMO
True、False、1、0以外の値が論理式で使われたとき
True、False、1、0以外の値が論理式で使われたとき、値の大きさに関わらず or では左項、and では右項が式の値になります。

Python インタプリタ | True、False、1、0以外の値が論理式で使われたとき

```
>>> 2 or 3        # 左項を採用
2
>>> 2 and 3       # 右項を採用
3
```

ビット演算子

ビット演算子では2進数の値をビットごとに演算します。ビット演算子には次にあげるような種類があります。ビット演算を使えば、ビットの合成や打ち消しなどができるので画像の合成などで活用されています。

▶論理積、論理和、排他的論理和

ビット演算子には次のようなものがあります。ビット演算の論理積（AND）、論理和（OR）、排他的論理和（XOR）では2つの値の桁同士を演算します。反転（NOT）では各ビットの1、0を反転します。

演算子	例	説明
&	a & b	論理積（AND。両ビットともに1のとき1）
|	a | b	論理和（OR。どちらかのビットが1ならば1）
^	a ^ b	排他的論理和（XOR。比較したビットの値が異なるとき1）
~	~a	ビット反転（NOT。ビットの1、0を反転させます）

たとえば、0b0101、0b0011のAND、OR、XORのビット演算は次の図で示すように行われます。ANDならば、各桁を比較してどちらも1の桁が1になります。ORはどちらか一方でも1ならば1です。ORは2つのビットを合成したことになります。XORは一致しない桁が1になります。NOTはビットの反転なので、a が 0b0101 ならば ~a は 0b1010 になります。

```
    0101              0101              0101
 &) 0011           |) 0011           ^) 0011
    ────              ────              ────
    0001              0111              0110
    AND               OR                XOR
両方とも1の桁だけ1   どちらかが1の桁は1    一致しない桁は1
```

▶左シフト、右シフト

左シフト、右シフトは10進数で考えるとよくわかります。たとえば、12を120、1200のように桁を左にシフトすると10倍、100倍になり、逆に右にシフトすると1/10、1/100になります。2進数も同様に考えると、

桁を左にシフトすると2倍、4倍になり、右にシフトすると1/2、1/4になります。シフトしてあふれた桁は消え、空いた桁には0が入ります。

演算子	例	説明
<<	a << 1	左シフト。ビットを左にずらす。値は2倍になる。
>>	a >> 1	右シフト。ビットを右へずらす。値は1/2になる。

次の例では0b001011（10進数で11）を左へ1桁シフトしています。Pythonインタプリタでは演算結果が10進数で出力されるので、結果は22と表示されます。

Pythonインタプリタ 左に1桁シフトすると値が2倍になる

```
>>> a = 0b001011
>>> a
11
>>> a << 1 ──── 左に1桁シフトします
22
```

bin()を使うと数値を2進数の文字列で表示できます。これを利用してビットがシフトされるようすを確認してみましょう。

Pythonインタプリタ 左にシフトされた値を2進数表記で確認する

```
>>> a = 0b001011
>>> bin(a << 1)
'0b10110'
```

▶ ビットマスク

必要な部分を1にした値とANDすることで、数値から必要なビットを抜き出すことができます。これをビットマスクと言います。次の例では下3桁を取り出しています。

Pythonインタプリタ ビットマスクで下3桁を取り出す

```
>>> a = 0b100110
>>> bin(a & 0b111)
'0b110'
```

途中のビットを抜き出したいときは値をシフトしてビットマスクします。次の例では右へシフトして、途中の2ビットを取り出しています。つまり、0b10101を0b1010にしておいて0b11とビットマスク演算をします。こうすることで元の数値の3-2桁である10を取り出せます。

Pythonインタプリタ 途中の2ビットを取り出す

```
>>> a = 0b10101
>>> bin((a>>1) & 0b11)
'0b10'          ──── 先に右へ1桁シフトしておきます
```

型を変換する

Pythonの場合、通常の計算では値の型についてさほど意識する必要がありませんが、型について最低限のことは知っておく必要があります。

▶ 型を調べる

値の型はtype()で調べることができます。たとえば、数値の1の型を調べると<class 'int'>のように出力されます。これは、数値の1がint型（整数型）であることを示しています。intはintegerの略です。

Pythonインタプリタ　値の型を調べる
```
>>> type(1)
<class 'int'>  ——— 整数はint型
```

浮動小数点の型はfloat、文字列の型はstrと表示されます。strはstringの略です。

Pythonインタプリタ　float型とstr型
```
>>> n = 12.3 ; name = "山田"
>>> type(n)
<class 'float'>  ——— 浮動小数点はfloat型
>>> type(name)
<class 'str'>  ——— 文字列はstr型
```

▶ 数値を文字列に型変換する

計算で求めた数値を "長さ12.3cm" のように文字列と連結したい場合、文字列同士ならば +演算子で連結できますが、数値と文字列を連結しようとするとエラーになります。

Pythonインタプリタ　文字列と数値を +演算子で連結しようとするとエラーになる
```
>>> len = 10 * 1.23
>>> ans = "長さ" + len + "cm"  ——— 文字列と数値を連結するとエラーになります
Traceback (most recent call last):
  File "<stdin>", line 1, in <module>
TypeError: Can't convert 'float' object to str implicitly
```

この場合、次のようにstr()を使って数値を文字列に型変換することで問題を解決できます。

Pythonインタプリタ　数値をstr()で文字列にして連結する
```
>>> ans = "長さ" + str(len) + "cm"
>>> ans                    └——— 数値を文字列に変換して連結すればエラーになりません
'長さ12.3cm'
```

str()は数値を文字列に型変換するだけでなく、ほかの型の値も文字列に変換できます。次の例では論理値のTrueを文字列に変換しています。

Chapter 3 値と変数

> **Python インタプリタ**　str()で論理値を文字列に型変換する
> ```
> >>> ans = "5<10 は " + str(5<10) + " です "
> >>> ans
> '5<10 は True です '
> ```
> 　　　　　　　　　　　　　　　論理値Trueを文字列に変換します

> **❶ MEMO**
> **format()を使って文字列に埋め込む**
> format() を使って数値を文字列に埋め込むことができます。詳しくは「Section 4-4 文字列のメソッド」で説明します。(☞ P.90)

▶ いろいろな型変換

str()で値を文字列に型変換できるように、整数値への型変換はint()、浮動小数点への型変換はfloat()、論理値への型変換はbool()で行えます。int()、float()を使えば、文字列を数値計算で使えるようになります。

> **Python インタプリタ**　文字列を数値に型変換して数値計算する
> ```
> >>> int("250") * 3      # 整数に型変換
> 750
> >>> float("1.5") + 0.2  # 浮動小数点に型変換
> 1.7
> ```

int()で浮動小数点を整数化すると小数点以下は切り捨てられます。

> **Python インタプリタ**　浮動小数点を整数にする
> ```
> >>> int(12.9)
> 12
> ```

> **❶ MEMO**
> **2進数、8進数、16進数の文字列に換算する**
> bin()、oct()、hex() を使うと、数値を2進数、8進数、16進数の文字列に変換できます。
>
> > **Python インタプリタ**　数値を2進数、8進数、16進数で表記した文字列に変換する
> > ```
> > >>> bin(10)
> > '0b1010'
> > >>> oct(10)
> > '0o12'
> > >>> hex(10)
> > '0xa'
> > ```

Section 3-3

変数

すでに変数を使って簡単な計算を行ってきましたが、この節ではあらためて変数について説明します。変数名の付け方や変数に値の代入する方法などを整理します。

変数とは

変数は値を一時的に保管する箱のようなものと説明されることがありますが、変数の大きな役割は変数を使って式を書けるという点にあります。

たとえば、「1200 * 3」では、この式が何を計算しているかわかりませんが、「tanka * kosu」と書くことで式の意味を読み取ることができるようになります。また、変数を使えば単価や個数の値が決まっていなくても式が書けます。さらに、個数が10個以上ならば割引するといった条件分岐なども組み込むことができるようになります。つまり、変数を使うことでアルゴリズムを書けるようになります。これが変数を使う、もっとも大きな理由と言えるでしょう。

> **MEMO**
> 定数
> Pythonには定数がありません。慣習として大文字で書いた変数を定数として使います。

変数を作る

Pythonの変数には宣言文がなく手軽に利用できます。値を代入することで変数が作られ、使い始めることができます。「代入」とは変数に値を設定することです。変数に値を代入するために使う = を代入演算子といいます。

Pythonインタプリタ 変数に値を代入して使い始める
```
>>> width = 20.0
>>> hight = 10.0
>>> area = width * hight / 2
>>> print(area)
100.0
```

▶ 変数名の付け方

変数名は半角英数と _ （アンダースコア）で付けます。ひらがなや漢字などのマルチバイト文字を使うこともできますが、一般的には使いません。また、慣例として変数名は小文字で付けます。

変数名はa、bといった汎用的なものではなく、何を示す値かがわかる名前を付けるようにします。そうすることでコードが読みやすくなり、コードの確認や修正を効率よく行えるようになります。

●変数名の例

```
id、name、tax、width、speed、lines、img1、img2
```

わかりやすい変数名にするために、複数の単語や数字を組み合わせることが多くあります。その場合、myNameのように単語の区切りを大文字にする付け方がありますが、Pythonではmy_nameのように _ で連結する付け方が多く使われています。

●単語を連結して作る変数名の例

```
color_green、ball_weight、id_list、doll_yen_rate、
```

> **❶ MEMO**
> キャメルケースとスネークケース
> myNameはラクダのこぶのように見えるのでキャメルケース、my_nameはヘビのように見えるのでスネークケースといいます。Pythonでは変数名にスネークケースを使います。

▶ 使えない変数名

変数名の1文字目には数字が使えません。また、+、-、/、%、(、{、#などの演算子や記号は使えません。

●使えない変数名の例

```
7eleven、4_peeks、you+i、green-card、red/box、[a]、pin#1、pen&apple
```

Pythonの予約語を変数名に使うことはできません。予約語には次のようなものがあります。

●Pythonの予約語

```
and、as、assert、break、class、continue、def、elseif、else、except、False、finally、for、
from、global、if、import、in、is、lamda、None、nonlocal、not、or、pass、raise、return、
True、try、while、with、yield
```

▶ 大文字小文字

大文字と小文字は区別されます。たとえば、point_a と point_A という変数があったとき、2つは似た名前の別の変数です。

▶ 変数の型

変数の値には型がありますが、変数には型がありません。たとえば、文字列が入っている変数に数値を代入しても値が置き換わるだけでエラーにはなりません。

Pythonインタプリタ 文字列が入っていた変数に数値を代入する

```
>>> price = "未定"
>>> price = 120 * 2
>>> price
240
```

複合代入演算子

まず、次のコードを見てください。これはどのような計算を行っているのでしょうか？ 2 行目の式では左右の両辺に age があります。

Python インタプリタ　変数自身を計算に使う式
```
>>> age = 19
>>> age = age + 1
>>> age
20
```

2 行目の式では、= よりも先に + の演算子が実行されるため、まず、age + 1 が計算されます。この時点では age の値は 19 なので結果は 20 です。そしてこの値が age に代入されます。つまり、age の値は 20 になります。

このように、変数の値を更新するために変数自身に演算を行うことはよくあります。そこで変数への演算と代入の両方を行う複合代入演算子（簡単に代入演算子と呼ぶこともあります）というものが用意されています。

先のコードは、複合代入演算子の += を使って、次のように書き替えることができます。2 行目に注目してください。

Python インタプリタ　複合代入演算子 += を利用した場合
```
>>> age = 19
>>> age += 1
>>> age
20
```

次の例では *= を使って、point を 2 倍にしています。

Python インタプリタ　point を 2 倍にする
```
>>> point = 10
>>> point *= 2
>>> point
20
```

▶ 複合代入演算子

複合代入演算子には次のようなものがあります。演算の内容については数値演算子の説明も参考にしてください。（☞ P.54）

演算子	例	説明
+=	a += b	a = a + b と同じです。a に b を足した値を代入。
-=	a -= b	a = a - b と同じです。a から b を引いた値を代入。
*=	a *= b	a = a * b と同じです。a に b を掛けた値を代入。
/=	a /= b	a = a / b と同じです。a を b で割った値を代入。
//=	a //= b	a = a // b と同じです。a を b で割った整数値を代入。
%=	a %= b	a = a % b と同じです。a を b で割った余りを代入。
**=	a **= b	a = a ** b と同じです。a を b 回掛け合わせた値を代入。

▶ += を使って文字列を連結する

+= を使うと文字列を効率よく連結できます。次の例の変数textは最初は "" つまり空ですが、+= で "我が輩は"、whoの値、"である。"を連結した文字列になっています。このコードの注意点としては、最初に変数textに "" を代入するところです。これによって変数textが作られて初期化されます。

| Python インタプリタ | 文字列を += で連結する |

```
>>> who = "猫"
>>> text = ""
>>> text += "我が輩は"
>>> text += who
>>> text += "である。"
>>> text
'我が輩は猫である。'
```

変数に値を代入するとは

ここであらためて変数に値を代入すると値がどのように受け渡されるかを見ておきましょう。次の式では変数wallet1に100を代入しています。wallet1の中身を確かめると、確かに100が入っています。これはwallet1に100を入れるという感覚と一致しています。

| Python インタプリタ | 変数wallet1に100を入れる |

```
>>> wallet1 = 100
>>> wallet1
100
```

次に変数wallet2にwallet1を代入します。wallet2の中身を確認すると100が入っています。

| Python インタプリタ | 変数wallet2にwallet1を代入する |

```
>>> wallet2 = wallet1
>>> wallet2
100
```

さて、このときwallet1の値はどうなったでしょうか？ wallet1の中身をwallet2に移したのでwallet1は空っぽになっているのではないでしょうか？ では、実際に調べてみましょう。

| Python インタプリタ | wallet1の中身を確認する |

```
>>> wallet1
100
```

するとwallet1の値をwallet2に入れたにもかかわらず、wallet1には100が入ったままです。つまり、代入は値を移しているわけではないことがわかります。この点を勘違いしないようにしてください。

> **❶ MEMO**
> **リテラルとリファレンス（参照）**
> リテラルとは、10、20、"abc"など、コードに値を直接書いたものです。これに対しリファレンスは値が記録されているアドレスへの参照です。値を変数に代入すると変数には値への参照が入ります。リストや辞書を扱う際に気を付けなければならない重要なポイントです。

Part 2　基礎：Pythonの基本構文を学ぶ

Chapter 4
標準ライブラリ

Pythonの標準ライブラリには、すぐに利用できる組み込み関数とモジュールを読み込むと使えるようになる関数があります。モジュールの読み込みはPythonを使いこなす上で欠かせない基礎知識なのでしっかり習得してください。ここでは関数の使い方も学ぶことになります。

Section 4-1　組み込み関数
Section 4-2　モジュールを読み込む
Section 4-3　オブジェクトのメソッド
Section 4-4　文字列のメソッド

Chapter 4　標準ライブラリ

Section 4-1
組み込み関数

Pythonをインストールすると標準でインストールされるライブラリのうち、いつでもどこからでも呼び出せる関数が組み込み関数です。この節では組み込み関数にはどのようなものがあるかを紹介します。

関数とは

一般によく利用する処理のコードは、呼び出すだけで使えるようにコードに名前を付けて定義してあります。たとえば、max()という関数は複数の数値の中から一番大きな値を返す関数です。max()が内部でどのようにして最大値を選んでいるのかは知らなくてもmax()は便利に利用できます。

Python インタプリタ　　一番大きな値を返すmax()関数
```
>>> max(3,5,2)          3,5,2では5が最大値です
5
```

関数は関数名に()を付けて呼び出します。()の中には関数で処理したい値を入れます。これを「引数（ひきすう）」と呼びます。複数の引数がある場合は、引数をカンマで区切って与えます。どのような引数を与えるかは関数によって違い、引数をとらない関数もあります。なお、関数から返ってくる値を「戻り値」「返り値」と呼びます。

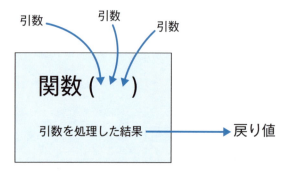

組み込み関数とは

組み込み関数はいつでもどこからでも呼び出せる関数です。これまでにもいくつかの組み込み関数をすでに使ってきています。値を出力するprint()、型を調べるtype()、型変換で使うstr()、int()、float()、bool()、数値を2進数、8進数、16進数の文字列に変換するbin()、oct()、hex()、小数点以下を四捨五入するround()などはすべて組み込み関数です。

数値計算に使う関数

数値計算に使う組み込み関数には次のようなものがあります。

関数	説明
abs(数値)	数値の絶対値を求める
divmod(数値 a, 数値 b)	a を b で割った結果を (商 , 余り) のタプルで返す（タプル☞ P.184）
max(数値 1, 数値 2, 数値 3, ...)	最大値を求める
min(数値 1, 数値 2, 数値 3, ...)	最小値を求める
pow(x, y)	x の y 乗を求める
pow(x, y, z)	x の y 乗を z で割った余りを求める
round(数値 , 桁数)	数値を指定の桁数に丸める。桁数を省略すると整数に丸める。なお、切り上げ、切り捨ての差が同じ場合は偶数側に丸める（例：2.5 は 2 になる）

abs()は数値の絶対値を求めたいときに使います。

Python インタプリタ　絶対値を求める
```
>>> abs(-3.5)
3.5          絶対値になります
```

max()、min()には、大きさを比較したい数値をカンマで区切って入力します。引数の個数は2個以上ならば何個でも構いません。

Python インタプリタ　最小値を求める
```
>>> min(5, 9, -2, 1, -3)          -3が最小値です
-3
```

次のコードでは、xの値を5〜10に制限しています。xが13ならばmin(10, x)で10が選ばれ、max(5, 10)では10のほうが大きいのでxには10が代入されます。

Python インタプリタ　xの値を5〜10の値にする
```
>>> x = 13
>>> x = max(5, min(10, x))          上限が10になります
>>> x                               下限が5になります
10
```

次は数値を丸めるround()を試した例です。最初の例は桁数を省略しているので、小数点以下が丸められて整数になります。

Python インタプリタ　round()を使って数値を整数に丸める
```
>>> round(3.65)
4
```

次のコードでは桁数を指定して小数点以下1位に丸めています。一般的な四捨五入では3.7になるところですが、3.6も3.7も3.65との差は0.05と同じなので、偶数側の3.6に丸められます。

> **Python インタプリタ** 桁を指定して数値を丸める

```
>>> round(3.65, 1)
3.6
```

文字列に使う関数

関数	説明
chr(整数)	整数が示す Unicode を文字列で返す（i は 0 〜 1,114,111）
ord(1文字)	文字に対応する Unicode を調べる
len(文字列)	文字列の文字数を求める。2 バイト文字も 1 文字で数える
str(値)	値を文字列に変換する

chr() と ord() は逆の変換をします。ord() で文字を Unicode に変換し、chr() で文字に戻してみましょう。

> **Python インタプリタ** Unicode に対応する文字を調べる

```
>>> ord("a")
97              ── Unicode
>>> chr(97)
'a'
>>> ord("海")
28023           ── Unicode
>>> chr(28023)
'海'
```

文字数は len() で数えることができます。半角英数字だけでなく、かな漢字などの 2 バイト文字も 1 文字として数えます。なお、len() はリストや辞書などの要素の数を数えることもできます。（☞ P.149、P.215）

> **Python インタプリタ** 文字数を調べる

```
>>> len("Python")
6              ── 文字数
>>> len("パイソン")
4
```

str() は値を文字列に変換します。求めた数値を文字列と連結して出力したいときなどに利用します。

> **Python インタプリタ** len() で求めた長さを文字列と連結する

```
>>> kosu = len("Python")
>>> ans = "文字数は " + str(kosu) + " 個"
>>> print(ans)
文字数は 6 個
```
数値を文字列に変換すれば、文字列同士は + で連結できます。

少し難しい話になりますが、文字列は文字列型（str クラス）のオブジェクトであることから、str クラスのさまざまな文字列メソッドを使って操作することもできます。詳しくは「Section 4-4 文字列のメソッド」で解説します。（☞ P.86）

入出力に使う関数

　入出力に使う関数もあります。input()はキーボードからの入力を受け取ります。open()はファイルの読み書きに使う関数です。open()については「Chapter 13 テキストファイルの読み書き」で詳しく取り上げます。

関数	説明
input(文字列)	キーボードからの入力を受け取る。文字列はプロンプトとして表示される
open()	テキストファイルを開く（☞ P.302）
print(値 , sep= 文字列 , end= 文字列)	値を出力する（☞ P.49）

　input()を実行するとキーボードからの入力待ちになり、入力した値を受け取ります。Pythonインタプリタで次のようにinput()を書いて実行すると、次の行には引数の「好きな言葉を入力してください。：」がプロンプトとして表示され、キーボードからの入力待ちになります。

> **Pythonインタプリタ**　キーボードからの入力待ちになる
> ```
> >>> value = input("好きな言葉を入力してください。：")
> 好きな言葉を入力してください。：    ── キーボードからの入力待ちになります
> ```

　キーボードから文を入力すると変数valueに入ります。出力して確認してみましょう。

> **Pythonインタプリタ**　キーボードから入力し、入力された値を確かめる
> ```
> >>> value = input("好きな言葉を入力してください。：")
> 好きな言葉を入力してください。：こんにちは    ── 表示キーボードから「こんにちは」と入力します
> >>> print(value)
> こんにちは    ── キーボードから入力された文字列が入ります
> ```

> **❶ MEMO**
> **組み込み定数、組み込み型、組み込み例外**
> 組み込み関数と同じように、組み込み定数、組み込み型、組み込み例外があります。数値や文字列などの標準で使える値の型は組み込み型です。True、False は組み込み定数の値です。

Section 4-2
モジュールを読み込む

標準でインストールされていても、組み込み関数以外の関数は利用を開始する前にモジュールを読み込む必要があります。この節ではモジュールの読み込みと関数の利用方法をmathモジュールとrandomモジュールを使って説明します。（datetimeモジュール☞P.312）

モジュールを読み込む

標準ライブラリには数多くの関数がありますが、それらの関数は数学関数のmathモジュール、疑似乱数を生成するrandomモジュール、日付と時間のdatetimeモジュールというように、目的に応じてモジュール別になっています。これらを使うには利用を開始する前にモジュールを読み込む必要があります。

また、複数のPythonファイルに分けてコードを保存しているとき、ほかのPythonファイルで定義している関数や変数などもモジュールとして読み込んで使うことができます。

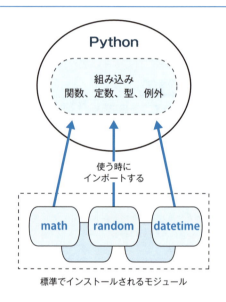

▶モジュールを読み込む書式

モジュールの読み込みにはimportを使います。カンマで区切ることで複数のモジュールを読み込むことができます。as 別名のオプションを追加すれば、読み込んだモジュールに別名を付けて利用することもできます。これはモジュール名が長かったり、モジュール名がバッティングしていたりする場合に問題を解決する有効な手段です。

> **書式 モジュール全体を読み込む**
>
> import モジュール名, モジュール名, …
> import モジュール名 as 別名

読み込んだ関数を使うには、モジュール名と関数を指定して呼び出します。

> **書式** 読み込んだモジュールの関数を使う
>
> モジュール名.関数()

mathモジュールを読み込んで使う

それでは実際にmathモジュールを読み込んで関数を使ってみましょう。mathモジュールには、切り上げ、切り捨て、ラジアンの換算、三角関数といった関数が入っています。

まず、import mathを実行してmathモジュールを読み込みます。次にmathモジュールにあるceil()を実行します。ceil()は小数点以下を切り上げる関数です。このとき、ceil()がmathモジュールにあることを示すためにmath.ceil(15.2)のように呼び出します。

続いてfloor()を実行します。floor()は切り捨ての関数です。すでにmathモジュールは読み込んでいるので再読み込みの必要はありませんが、ceil()の場合と同じようにfloor()がmathモジュールの関数であることを示さなければなりません。

Pythonインタプリタ mathモジュールを読み込んでceil()とfloor()を使う

```
>>> import math          ── mathモジュールを読み込みます
>>> math.ceil(15.2)       # 切り上げ
16         ── モジュールを指定して関数を呼び出します
>>> math.floor(15.2)      # 切り捨て
15
```

三角関数のsin()、cos()、tan()なども同様に使います。三角関数の引数の角度はラジアンという単位です。ラジアンと度は「360度 = 2πラジアン」という関係ですが、degrees(ラジアン)、radians(度)という換算の関数があります。πはmath.piで定数として定義してあります。

Pythonインタプリタ 定数piとラジアンを度に換算するdegrees()を使う

```
>>> import math
>>> math.pi          ── 定数
3.141592653589793
>>> math.degrees(math.pi/4)     # ラジアンを度に換算
45.0
```

次のコードではtan()を使って距離（20m）と角度（32度）から木の高さを計算しています。結果は小数点以下第2位で切り捨てます。floor()は小数点以下を切り捨てるので、100倍して切り捨てた後に100で割って元の桁に戻します。

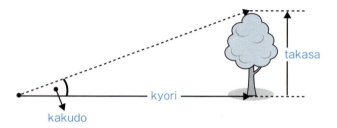

> Python インタプリタ　tan()を使って、距離と角度から木の高さを求める

```
>>> import math
>>> kyori = 20
>>> kakudo = math.radians(32)      # ラジアンに換算する
>>> takasa = kyori * math.tan(kakudo)     # 高さを計算する
>>> takasa = math.floor(takasa * 100)/100    # 小数点以下第2位で切り捨て
>>> print(str(takasa) + "m")     # 計算結果を文字列に変換して出力
12.49m
```

▶ mathモジュールの関数と定数

mathモジュールには多くの関数および定数があります。代表的なものを次に列挙します。

関数	説明
ceil(x)	小数点以下を切り上げて整数にする
copysign(x, y)	xの大きさで、yと同じ正負の値を作る
fabs(x)	xの絶対値
factorial(x)	xの階乗
floor(x)	小数点以下を切り捨てて整数にする
fmod(x, y)	xをyで割った余り。xとyが浮動小数点の場合に用いる
fsum(iterable)	iterable（タプル、リスト、辞書、集合など）の値の浮動小数点数の和
gcd(a, b)	整数aとbの最大公約数
exp(x)	指数関数。eのx乗
log(x, base)	baseを底とした対数。baseを省略するとeを底とする自然対数
log2(x)	2を底とした対数
log10(x)	10を底とした対数（常用対数）
pow(x, y)	xのy乗
sqrt(x)	xの平方根
e	自然対数
inf	浮動小数点の無限大
nan	浮動小数点の非数

次は三角関数に関する関数および定数です。θはラジアン単位の角度です。

関数	説明
acos(x)	逆余弦。cos(θ)がxになるθを返す
asin(x)	逆正弦。sin(θ)がxになるθを返す
atan(x)	逆正接。tan(θ)がxになるθを返す
atan2(y, x)	原点から点(x, y)へのベクトルの角度
cos(θ)	θの余弦
sin(θ)	θの正弦
tan(θ)	θの正接
degrees(θ)	ラジアンを度に換算する
radians(x)	度をラジアンに換算する
pi	円周率

関数を指定して読み込む

モジュール全体ではなく特定の関数を指定して読み込むこともできます。その場合は次の書式を使います。as 別名のオプションを追加することで、読み込んだ関数に別名を付けて利用することもできます。関数名が長かったり、関数名がバッティングする場合に問題を解決したり、全体のコードを変更せずに利用する関数を入れ替えたい場合に有効な手段です。関数名には()を付けずに指定します。

> **書式 モジュール内の特定の関数を読み込む**
>
> **from** モジュール名 **import** 関数名
> **from** モジュール名 **import** 関数名 **as** 別名

読み込んだ関数を使うには、モジュール全体を読み込んだときと違って、モジュールを指定せずに関数名だけで利用できます。

> **書式 読み込んだ関数を使う**
>
> 関数 **()**

▶ randomモジュールの関数を読み込む

randomモジュールには乱数の作成や値をシャッフルするといった関数があります。複数の値からランダムに値を選ぶ、値をシャッフルする関数についてはリストと合わせて説明します（☞ P.170）。

次のコードでは、その中から整数の乱数を作成するrandint()だけを読み込んで使います。randint()関数を指定する際にカッコを付けずにrandintと指定している点に注意してください。randint(1, 6)では、サイコロの目を出すように1～6の整数の中から1つの値を選び出します。randint(1, 6)を実行する度に値が変わるのがわかります。

> **Pythonインタプリタ**　randomモジュールからrandint()を読み込んで使う

```
>>> from random import randint
>>> randint(1, 6)     # 1～6の乱数
6                     モジュール名を付けなくてもrandint()だけで実行できます
>>> randint(1, 6)
5
>>> randint(1, 6)
1
```

0.0～1.0の浮動小数点の乱数が欲しい場合はrandom()を使います。引数は不要です。

> **Pythonインタプリタ**　randomモジュールからrandom()を読み込んで使う

```
>>> from random import random
>>> random()
0.07962074139508624
```

▶関数に別名を付けて使う

　読み込む関数に別名を付けて利用する例も示しましょう。次のコードではrandintにdiceの名前を付けています。randint(1, 6)をdice(1, 6)のように実行できます。

> **Pythonインタプリタ**　randint()をdiceの名前で読み込む

```
>>> from random import randint as dice
>>> dice(1, 6)
3
```

Section 4-3
オブジェクトのメソッド

Pythonの値はすべてオブジェクトです。オブジェクトには、実行できる関数（メソッド）が定義されています。オブジェクト指向プログラミングについては「Chapter 12 クラス定義」で詳しく解説しますが、この節でオブジェクトと型（クラス）の概念に触れておくと、今後のプログラミングの理解度が大きく違ってきます。

オブジェクトのメソッド

オブジェクトとはデータ（属性）とメソッドをもったものです。データは変数で保持し、メソッドは関数で定義します。これまでに説明してきた関数は、誰に命令することもなくlen("abc")のように関数を呼び出せば実行されました。しかし、これから説明するオブジェクトのメソッドは、対象のオブジェクトを指してメソッドの実行を命令します。

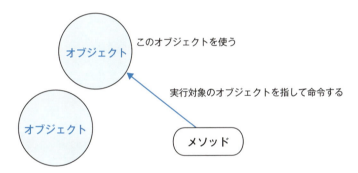

これは人や機器に命令することと同じですが、何かを命令したとして、それが理解され実行できるのか？という問題があります。洗濯機に食品の温めを命令しても実行できないように、オブジェクトにメソッドを命令しても実行できるとは限りません。次のオブジェクトがcalc()を知らなければエラーになります。

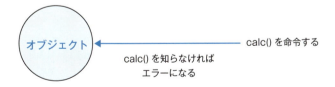

> **MEMO**
> インスタンスメソッドとクラスメソッド
> クラスから作ったオブジェクト（インスタンス）に対して実行するメソッドはインスタンスメソッド、クラスに対して実行するメソッドはクラスメソッドといいます。（☞ P.282）

オブジェクトの型と実行できるメソッド

オブジェクトがメソッドを命令されたとき、そのメソッドをどう処理すればよいかはオブジェクト自身が知っている必要があります。逆に言えば、オブジェクトが知っているいくつかのメソッドの中から、実行したいメソッドを命令します。次のオブジェクトにa()、b()、c()のメソッドが定義してあるならば、b()を命令すれば実行できます。

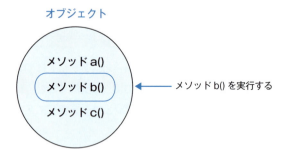

車や機器の型式を見れば機能がわかるように、オブジェクトの型を見れば実行できるメソッドを知ることができます。たとえば、文字列であればstr型（テキストシーケンス型）で定義されているメソッドを実行できます。

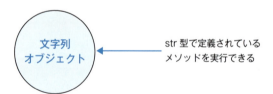

オブジェクトのメソッドを実行する

オブジェクトのメソッドを実行するには、次のようにドットシンタックスを使います。

> **書式** オブジェクトのメソッドを実行する
> オブジェクト.メソッド()

では、str型のオブジェクトである文字列を例にとってオブジェクトのメソッドを実行してみます。まず、変数sに文字列の"Hello Python"を代入しておきます。メソッドを実行する前に変数がstr型であることを確認しておきましょう。変数の型（変数に入っている値の型）はtype()で調べます。結果は<class 'str'>です。文字列を代入した変数がstrクラスのオブジェクトすなわちstr型だとわかります。

> **Python インタプリタ**　オブジェクトの型を調べる

```
>>> s = "Hello Python"
>>> type(s)
<class 'str'>    ──── str型（文字列型）
```

それでは、変数sに対してupper()を実行してみます。upper()はstr型のオブジェクトに対して利用できるメソッドの1つで、半角英字を大文字に変換するメソッドです。変数sに文字列を代入してあるので、s.upper()のようにメソッドを実行します。すると変数の値である"Hello Python"が大文字に変換されて出力されます。

> **Python インタプリタ**　str型なのでupper()が使える

```
>>> s = "Hello Python"
>>> s.upper()
'HELLO PYTHON'
```

もちろん、文字列を変数に入れずに直接メソッドを実行することもできます。結果は同じです。

> **Python インタプリタ**　文字列に対してメソッドを直接実行する

```
>>> "Hello Python".upper()
'HELLO PYTHON'
```

Section 4-4
文字列のメソッド

この節では文字列オブジェクトが実行できるいろいろなメソッドを紹介します。すべてを覚える必要はありませんが、文字列の処理はさまざまな場面で必要となるので、どのようなことができるのかをざっと知っておいてください。

大文字小文字の変換

半角英字は大文字小文字の相互変換ができます。upper()はすべてを大文字に変換し、lower()はすべてを小文字に変換します。swapcase()は大文字と小文字を入れ替えます。

Pythonインタプリタ 大文字小文字を変換する
```
>>> s = "Apple iPhone と Google Android"
>>> s.upper()
'APPLE IPHONE と GOOGLE ANDROID'
>>> s.lower()
'apple iphone と google android'
>>> s.swapcase()
'aPPLE IpHONE と gOOGLE aNDROID'
```

capitalize()は文字列の1文字目だけを大文字にし以降をすべて小文字にします。title()は各単語の1文字目を大文字にし、単語の2文字目以降を小文字にします。ただし、"it's" のようにアポストロフィがある文はうまく処理できません。そのようなケースにも対応するには正規表現を使用する必要があります。

Pythonインタプリタ 1文字目を大文字にする
```
>>> s = "may the force be with you!"
>>> s.capitalize()
'May the force be with you!'
>>> s.title()
'May The Force Be With You!'
```

文字列を検索する

count()は文字列を検索して、引数で指定した文字列が何個含まれているかを返します。マルチバイト文字も正しくカウントできます。

> **書式** 文字列が含まれる個数を返す
>
> **count(** 文字列 **)**

文字列のメソッド　Section 4-4

Python インタプリタ 文字列に含まれる"p"、"どど"の文字を数える

```
>>> s = "apple pie"
>>> s.count("p")          ――― "p"の個数を数えます
3
>>> "どっどどどどうど".count("どど")   ――― "どど"が連続していますが、同じ文字は数えないので結果は2個です
2
```

次のように検索範囲を指定することもできます。検索範囲は、開始位置から終了位置の手前までで、終了位置は範囲に入らないので注意してください。終了位置を省略すると最後までが検索範囲になります。

書式 検索範囲を指定して文字を数える

count(文字列 , 開始位置)
count(文字列 , 開始位置 , 終了位置)

Python インタプリタ 先頭から4文字目までに含まれる"p"の個数

```
>>> s = "apple pie"
>>> s.count("p", 0, 4)
2
```

find()は文字が見つかった最初の位置を返します。見つからなかった場合は -1を返します。count()と同じように検索範囲を指定できます。

書式 文字列を検索して位置を返す

find(文字列 , 開始位置 , 終了位置)

```
インデックス番号   0   1   2   3   4   5   6   7   8
                 a   p   p   l   e       p   i   e
                -9  -8  -7  -6  -5  -4  -3  -2  -1   後ろからカウントした
                                                     インデックス番号
```

Python インタプリタ 文字が見つかった位置を返す

```
>>> s = "apple pie"
>>> s.find("e")
4                ――― 最初に見つけた位置を返します
>>> s.find("x")
-1               ――― 見つからなかった
```

rfind()で検索すると最後に見つかった位置を返します。つまり、後ろから検索します。見つからなかった場合は -1 を返します。

> **Python インタプリタ** 文字を後ろから検索する
> ```
> >>> s = "apple pie"
> >>> s.rfind("e")
> 8
> ```
> 　　　 末尾のeの位置を返します

> **❶ MEMO**
> **index()、rindex()**
> find() と index()、rfind() と rindex() はそれぞれ同じ機能ですが、検索した文字が見つからなかったときに -1 を返すのではなく、例外のValueErrorを発します。（例外 ☞ P.132）

文字列を置換する

replace()は文字列を置換するメソッドです。元の文字列を書き替えずに、置換後の新しい文字列を作ります。個数はオプションで置換する個数（回数）を指定できます。

> **書式** 置換する
>
> **replace(** 検索文字列 , 置換文字列 , 個数 **)**

次の例では"e"を"x"の置換しています。3個の"e"を"x"に置換した新しい文字列を作ります。

> **Python インタプリタ** "e"を"x"に置換する
> ```
> >>> s = "employee"
> >>> s.replace("e", "x")
> 'xmployxx'
> ```

次の例は置換個数を2に指定した場合です。最後の"e"は置き換わっていません。

> **Python インタプリタ** "e"を2個だけ"x"に置換する
> ```
> >>> s.replace("e", "x", 2)
> 'xmployxe'
> ```
> 　　　 2個だけ置換されます

マルチバイト文字も置換できます。次の例では"咲く"を"舞う風"に置き換えています。このように置換前と置換後の文字数は同じでなくても構いません。

> **Python インタプリタ** "咲く"を"舞う風"に置換する
> ```
> >>> sj = "サクラ咲く"
> >>> sj.replace("咲く", "舞う風")
> 'サクラ舞う風'
> ```

前後の余分な文字を取り除く

文字列の前後にある空白や改行コードなどを取り除きたいときにstrip()、rstrip()のメソッドが役立ちます。文字を指定できるので、最後のピリオドやカンマなどを取り除くこともできます。strip()は文字列の先頭と末尾にある余分な文字を取り除き、rstrip()は末尾にある余分な文字を取り除きます。

たとえば、先頭に余分な空白があり、末尾には改行コード（\n）が付いている文字列があるとき、この両方をstrip()で取り除くことができます。取り除く文字は先頭と末尾の1文字ですが、次の例のように空白を削除するとまた空白があるというように不要な文字が連続している場合は、順に不要な文字を削っていきます。

Python インタプリタ　文字列の前後にある空白と改行コードを取り除く

```
>>> t = "   hello   \n"  ——— 先頭と末尾に不要な空白と改行コードがあります
>>> t.strip()
'hello'  ——— 不要な文字が取り除かれています
```

取り除く文字を指定することもできます。たとえば、"abc......"の末尾の連続した"."をrstrip(".")で取り除くことができます。

Python インタプリタ　末尾にある連続した"."を取り除く

```
>>> t = "abc......"
>>> t.rstrip(".")  ——— 末尾の連続したピリオドが取り除かれます
'abc'
```

複数の種類の文字を取り除きたい文字があれば、それを一度に指定できます。たとえば、rstrip(".,\n")のように指定すれば、末尾にあるカンマ、ピリオド、改行コードを取り除くことができます。

Python インタプリタ　末尾にあるカンマ、ピリオド、改行コードを取り除く

```
>>> t1 = "2, 3, 4,"
>>> t1.rstrip(".,\n")
'2, 3, 4'  ——— 末尾のカンマが取れています
>>> t2 = "Hello World.\n"
>>> t2.rstrip(".,\n")
'Hello World'  ——— 末尾のピリオドと改行コードが取り除かれています
```

ただし、このような利用には注意も必要です。たとえば、rstrip(".jpeg")を実行すると末尾の".jpeg"が取り除かれますが、実際には"dog.peg.jp"は"do"になるというように".jpeg"に含まれている文字は末尾からすべて取り除かれてしまいます。

Python インタプリタ　".jpeg"に含まれる文字を末尾からすべて取り除いてしまう

```
>>> t = "dog.peg.jp"
>>> t.rstrip(".jpeg")
'do'  ——— ".jpeg"に含まれていた文字がすべて削除されてしまいました
```

文字列に値を埋め込む

計算結果を単に数値だけ表示するのではなく、文の中に数値を埋め込んで表示することがよくあります。このような場合には数値を文字列に型変換して前後の文字列と連結する方法がありますが、format()を利用することで文字列の中に手軽に値を埋め込むことができます。そして、Python 3.6からはfプリフィックスを使ってf"{値}" または F"{値}"の簡単な書式で値を文字列に埋め込むことができるようになりました。以前のバージョンのコードを目にすることもあるでしょうから、どちらの書き方も知っておきましょう。

▶ 文字列内の { } の位置に引数を埋め込む

文字列に埋め込みたい値をformat()の引数にすると、その値が順に文字列の中の置換フィールドである{}の位置に入ります。では、次の例を見てください。format("赤", "青", "黄色")のように引数に赤、青、黄色の3色を指定しています。元の文字列内の{}にこの引数の3色が順に入っています。

```
Pythonインタプリタ   文字列に引数の値を埋め込む
>>> s = "チューリップは{}と{}と{}でした."         ── {}の中に順に"赤"、"青"、"黄色"が入ります
>>> s.format("赤", "青", "黄色")
'チューリップは赤と青と黄色でした.'
```

次の例では引数が文字列、整数、浮動小数点が入っている変数の場合です。数値を文字列に変換をしなくても文字列に埋め込まれています。

```
Pythonインタプリタ   埋め込む値に数値がある場合
>>> name = "高橋"
>>> age = 23
>>> point = 102.5
>>> s = "{}選手、年齢{}、得点{}でした."         ── {}の中に順にname、age、pointの値が入ります
>>> text = s.format(name, age, point)
>>> print(text)
高橋選手、年齢23、得点102.5でした.
```

このコードはf"{値}"の書式を使うと次のように書くことができます。Python 3.6からこの書式が使えます。

```
Pythonインタプリタ   f"{値}"の書式で文字列に値を埋め込む
>>> name = "高橋"
>>> age = 23
>>> point = 102.5
>>> text = f"{name}選手、年齢{age}、得点{point}でした."   ── fを付けた文字列には変数を
>>> print(text)                                                      埋め込むことができます
高橋選手、年齢23、得点102.5でした.
```

▶引数の順番を指定する

　format()を使う場合は置換フィールドに{0}、{1}のように引数の番号を指定して、対応する引数を指定することができます。引数の番号は0、1、2と数えます。

　次の例では埋め込む側の文字列で"得点{2}、{0}、{1}歳"のように引数に対応する埋め込み位置を番号で指定しています。format()での引数の並びは(name, age, point)ですが、値はpoint、name、ageの順で埋め込まれます。先の例と結果を見比べてみてください。

Pythonインタプリタ 対応する引数を番号で指定する
```
>>> name = "高橋"
>>> age = 23
>>> point = 102.5
>>> s = "得点{2}、{0}、{1}歳"
>>> text = s.format(name, age, point)
>>> print(text)
得点102.5、高橋、23歳
```

　ユーザ関数定義の方法であらためて説明しますが、キーワード引数という方法を使うと、引数を番号ではなくキーワードで指定できます。次の例では引数に値を設定する格好で引数を与えています。このような書式でformat()の引数を指定した場合、{name}、{age}、{point}のように名前を使って埋め込む引数を指定できるようになります。

Pythonインタプリタ 埋め込む引数をキーワード引数で指定する
```
>>> s = "{name}選手、年齢{age}、得点{point}でした。"
>>> text = s.format(name="高橋", age=23, point=102.5)
>>> print(text)
高橋選手、年齢23、得点102.5でした。
```

値の書式指定

　値を埋め込む際に型指定、3桁位取り、小数点以下の桁数などの書式を指定できます。書式の指定は埋め込み側の置換フィールド{}で指定します。

書式 書式付きの置換フィールド
{ 値 : 書式 }

　まず最初の例では数値の3桁位取りです。置換フィールドを{:,}と指定するだけで、数値が位取りされてカンマで区切られます。

format()を使って書く場合は置換フィールドに{:,}のように書式指定だけを書きます。

```
>>> tokyo = 123456000
>>> kyoto = 53900
>>> print(f"東京{tokyo:,}、京都{kyoto:,}")
東京123,456,000、京都53,900
```
3桁位取り

```
>>> tokyo = 123456000
>>> kyoto = 53900
>>> s = "東京{:,}、京都{:,}"
>>> s.format(tokyo, kyoto)
'東京123,456,000、京都53,900'
```
format()を使う場合

値の型は文字列をs、整数をd、浮動小数点をfで指定できます。浮動小数点は.桁fで小数点以下の桁数も指定できます。値は表示桁数に合わせて丸められます。なお、値と型が一致しない場合はエラーになるので注意してください。

次の例ではlengthは小数点以下1位までを表示し、thicknessは小数点以下を表示していません。

```
>>> length = 25.34
>>> thickness = 5.62
>>> text = f"長さ{length:.1f}cm、厚み{thickness:.0f}mm"
>>> print(text)
長さ25.3cm、厚み6mm
```
小数点以下1位まで / 小数点以下を表示しない

format()を使う場合は次のように書きます。

```
>>> length = 25.34
>>> thickness = 5.62
>>> s = "長さ{:.1f}cm、厚み{:.0f}mm"
>>> s.format(length, thickness)
'長さ25.3cm、厚み6mm'
```
format()を使う場合

位取りと小数点以下の桁数指定を行いたい場合は{:,.2f}のように両方の書式を指定します。

```
>>> num = 2345.032
>>> print(f"{num:,.2f}")
2,345.03
```

▶ 値の位置揃え

　置換フィールドの文字数と位置揃え（左詰め、中央揃え、右詰め）を指定できます。位置揃えは、左詰め<、中央揃え^、右詰め>で指定します。文字数は位置揃えに続いて指定します。このような書式は複数の値を表組みで出力したいときに利用されます。

　次の例は10文字の右詰で小数点以下1までを表示しています。文字列の長さが10文字となり、num1、num2、num3の桁が右揃えで揃っています。

Python インタプリタ 10文字フィールドに右詰で表示する

```
>>> num1 = 123.4
>>> num2 = 56.9
>>> num3 = 3040.1
>>> print(f"{num1:>10.1f}")         ← 全体が10文字の幅で右詰
     123.4
>>> print(f"{num2:>10.1f}")
      56.9
>>> print(f"{num3:>10.1f}")
    3040.1
```

❶ MEMO

%形式の文字列フォーマット

C言語のsprintfと同等の%を使った文字列フォーマット式もあります。これは古いPythonから使われている書式ですが、Python 3でも利用できます。

Python インタプリタ %形式の文字列フォーマット

```
>>> "%s %s%s" % ('Hello', "Python", 3.6, )
'Hello Python3.6'
>>> "計算 %s%s%f" % ('10/4', "は", 10/4, )
' 計算 10/4 は 2.500000'
```

Part 2　基礎：Pythonの基本構文を学ぶ

Chapter 5

条件分岐、繰り返し、例外処理

条件分岐や繰り返し処理を行う文を制御構造と呼びます。制御構造は、問題を処理解決するアルゴリズムを組み上げるために欠かせない重要な機能です。プログラミング経験者にとって制御構造は常識的な内容に違いありませんが、インデントがブロック分けを決定するPythonの仕様には戸惑うに違いありません。このスタイルはPythonコードのもっとも特徴的な部分と言えるでしょう。この章では例外処理についても説明します。

Section 5-1　if文　／　条件で処理を分岐する
Section 5-2　while文　／　条件が満たされている間繰り返す
Section 5-3　for文　／　処理を繰り返す
Section 5-4　try文　／　例外処理

Section 5-1
if文／条件で処理を分岐する

if文を使うと「もし〜ならばAを実行する。そうでなければBを実行する」のように、条件を満たしているかどうかで処理を分岐させることができます。if文には条件の数に応じるために複数の書式があります。Pythonではif文をインデントを使ってブロック分けするので、他のプログラミング経験者はこの仕様に慣れる必要があります。

条件に合えば実行する　if

ある条件を満たすならば実行するという処理にはif文を使います。条件は論理式で記述し、式の結果がTrueならばif文のブロック内に書いたステートメントを実行します。ブロックには複数行のステートメントを書くことができます。条件の論理式がFalseならばif文のブロックを実行せずに以降のステートメントへと実行が移ります。条件式は比較演算子や論理演算子を使って書きます。また、関数やプロパティの値が論理値になるものを条件式として指定することもできます。

if文の分岐の流れを図に示すと次のように表すことができます。

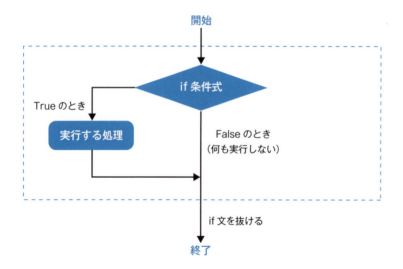

if文の書式は次のとおりです。「if 条件式 :」を書いたら改行し、条件式がTrueだった場合に実行する処理A（複数行のステートメント）を書きます。このとき、半角空白4個で字下げしてインデントを入れます。次の行でもインデントすればTrueの場合の処理が続きます。複数のステートメントを入力するとき、インデントの文字数が同じでなければならない点に注意してください。インデントを行わずにステートメントを書き始めることでif文が終了します。

> **書式** if文　条件に合えば実行する
>
> if 条件式：
> 　　# インデントの開始（半角空白4個下げ）
> 　　ステートメント1
> 　　ステートメント2
> 　　ステートメント3
> # インデントの終了（if文の終了）

▶ インタラクティブモードでのif文の書き方

次の例のif文では変数vの値がマイナスの値ならば0に置き換えています。その後でvを2倍にして出力します。次の図では、最初に変数vの値を-1に設定しています。

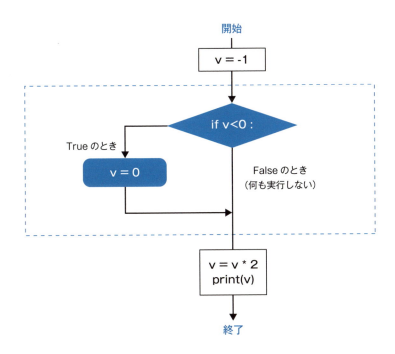

それではインタラクティブモードでif文を入力する例を示します。まず最初に変数vに値を代入する式を書きます。次に「if v<0 :」まで入力して改行すると、次の行には … と表示されてif文が続いていることが分かります。

…に続いて半角空白を4個入れてインデント（字下げ）し、v = 0 の式を入力します。このインデントで何文字下げるかが重要で、複数行のステートメントを書く場合には文字数を同じにしなければなりません。

次の行にも … と表示されますが、ここでは何も入力せずに改行します。すると次の行は >>> の表示に戻りif文が終了します。if文を抜けたところでvの値を2倍にして出力するコードを追加します。

最初の例はvには -1 が代入してあるので、if文の条件式 v<0 がTrueです。したがって、if文の v = 0 の処理が実行されて出力結果は0になります。

Pythonインタプリタ　vが-1の場合（vがマイナスなので0が代入される）

```
>>> v = -1
>>> if v<0 :
...     v = 0         ── v<0がTrueなので実行されます
...                    ── 半角空白を4個入れてインデントします
>>> v = v * 2         ── インデントがないのでif文を抜けます
>>> print(v)
0                      ── 最初vは-1でしたが、if文で0に置き換えられました
```

次の例はvが3の場合です。条件式 v<0 がFalseなのでif文では何も実行されずに2倍された6が出力されます。

Pythonインタプリタ　vが3の場合（vがプラスなので値がそのまま2倍される）

```
>>> v = 3
>>> if v<0 :
...     v = 0         ── v<0がFalseなので実行されません
...
>>> v = v * 2         ── vの値は3のままです
>>> print(v)
6
```

> **❶ MEMO**
> **半角空白4個のインデントを入れる**
> 他のプログラム言語ではインデントはあってもなくても構わないのが普通です。その点、Pythonの場合はプログラマが意識してインデントを入れる必要があります。仕様ではインデントの文字数は決まっていませんが、インデントを揃えることが重要なので、他のプログラマとの調整の意味でも半角空白4個にすることが推奨されています。

▶ Pythonファイルに if 文を書く場合

このようにif文をインタラクティブモードで実行することができますが、コードの修正などを考えるとPythonファイルに書く方が実用的です。if文をPythonファイルに書く場合も基本は同じです。先のコードをPythonファイルに書くと次のようになります。if文で実行するステートメントの前には半角空白4個を入れてインデントし、インデントしないことでif文を終了します。

このPythonファイルif.pyを実行すると結果が0と表示されます。

【実行】if.pyを実行する

```
$ python if.py
0
```

条件に合う場合の処理と合わない場合の処理　if 〜 else

　条件に合うときの処理と合わないときの処理を別々に用意したい場合には、if 〜 elseの書式を使います。次に示す書式で言うならば、条件式がTrueのときに処理A、Falseのときには処理Bが実行されます。先のif文の場合と同じように、半角空白4個を使ったインデントでTrueのブロックとFalseのブロックをグループ化します。Trueのブロックとfalseのブロックのインデントの文字数が同じでなければならない点に注意してください。インデントせずにステートメントを書くとif 〜 else文が終了します。

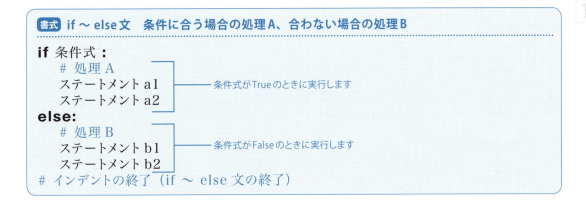

if 〜 else の分岐の流れを図に示すと次のように表すことができます

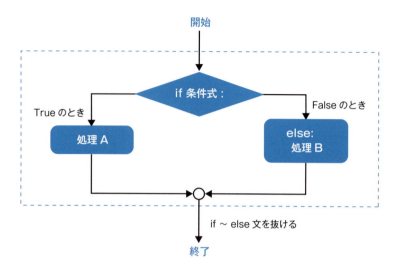

▶ 合否の判定

次の例は変数sumの値が100以上ならば合格、100未満なら不合格の処理を行うコードです。limitに100を代入しておき、条件式の sum>=limit がTrueの場合はresultに"合格"と代入します。条件式がFalseならばresultには"不合格"を代入し、さらに不足のポイントを追加します。判定のif～elseを抜けたところでsumの値と判定結果を出力します。

File sum が 100 以上ならば合格、100 未満なら不合格

«file» if_else.py

```
sum = 50 + 37 + 10
limit = 100
if sum>=limit :
    result = "合格"          ← sum>=limit がTrueのとき実行します
else:
    result =  "不合格"
    result += "／" + str(sum-limit)   ← sum>=limit がFalseのとき実行します

print(sum)           # 合計点
print("-" * 20)      # 区切り線
print(result)        # 判定結果
```

これを実行するとsumの値が97で100未満なので、elseブロックが実行されて判定結果resultには"不合格／-3"が入ります。

【実行】if_else.pyを実行する

```
$ python if_else.py
97
--------------------
不合格／-3
```

3つ以上の選択肢がある場合　if ～ elif ～ else

　if ～ elif ～ else ～の書式を利用することで、複数の条件式をつなげて処理方法を分岐させることができます。次に示す書式で言うならば、条件式1がTrueのときに処理Aを実行し、Falseならば続いて条件式2を評価します。そして条件式2がTrueならば処理Bを実行し、Falseならば処理Cを実行します。これまでと同じように、半角空白4個を使ったインデントで各ブロックをグループ化し、インデントせずにステートメントを書くとif ～ elif ～ else ～文が終了します。if ～ elif ～ elif ～ elif ～ else のようにelifを条件の数だけ連結することができます。elifはelse ifのことです。

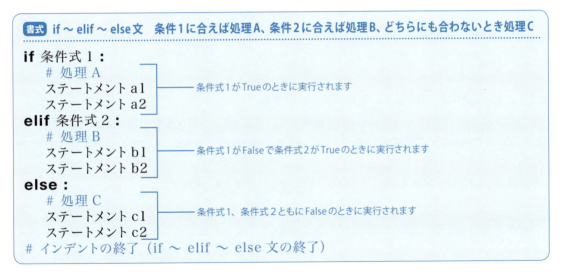

　if ～ elif ～ else の分岐の流れを図に示すと次のように表すことができます。

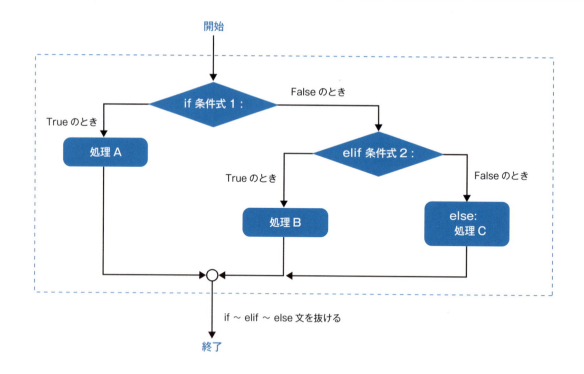

▶ 80以上、60以上、30以上、それ以下で判定する

次の例ではrandomモジュールのrandint関数を使って0〜100の値を乱数で作ってpointに代入し（☞P.81）、pointの値によって判定結果を振り分けています。値が80以上ならば「Aクラス」、60以上ならば「Bクラス」、30以上ならば「Cクラス」、それ以下の場合は「不適合」の判定にします。

判定結果は変数resultに代入し、if〜elif〜else文を抜けた後で出力します。

File 乱数で作った値を判定して結果を出力する

«file» if_elif_else.py

```
# random モジュールの randint 関数を読み込む
from random import randint
point = randint(0,100)  # 0 〜 100 の乱数 ──── 実行する度にpointが乱数で決まります
# 判定
if point >= 80 :
    result = "A クラス"  ──── pointが80以上のときに実行されます
elif point >= 60 :
    result = "B クラス"  ──── pointが60以上80未満のときに実行されます
elif point >= 30 :
    result = "C クラス"  ──── pointが30以上60未満のときに実行されます
else:
    result = " 不適合 "   ──── pointが30未満のときに実行されます
```

```
# 結果の出力
print(f"{point} 点：{result}")         ────── すべてのケースでif文を抜けた後で実行されます
```

では、このコードを試してみましょう。pointの値は乱数で決まるので、if_elif_else.pyを実行するたびに結果が変わります。得点に応じて判定が下されていることに注目してください。

【実行】if_elif_else.pyを繰り返し実行した結果

```
$ python if_elif_else.py
78 点：B クラス          ────────── プログラムを実行する度に得点（point）が決まり、その点数が判定されます
$ python if_elif_else.py
19 点：不適合
$ python if_elif_else.py
24 点：不適合
$ python if_elif_else.py
59 点：C クラス
$ python if_elif_else.py
88 点：A クラス
```

if文のネスティングと論理演算

　if文の中でif文を使うことで、より複雑な条件分岐ができます。if文を入れ子にして使うことを「if文のネスティング」と言います。次の例ではサイズ（size）が10以上で重量（weight）が25以上のものを合格にしています。この判定を行うために、まず最初のif文でsize >= 10 の条件式を判定します。この結果がTrueならば、さらに内側のif文でweightを判定します。

　この流れを図に示すと次のように表すことができます。

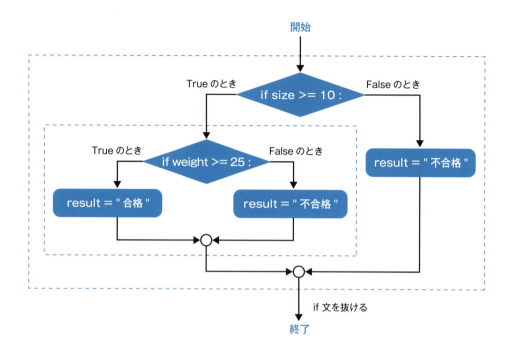

　コードにすると次のように書くことができます。ここで注意したいのはif文の中にある内側のif文のインデントです。内側のif文はインデントされている高さから開始するので、そのifブロックとelseブロックはさらに半角空白4文字だけ下がっていなければなりません。

File if文のネスティングを使ってsizeとweightを判定する

«file» if_nest.py

```python
# randomモジュールのrandint関数を読み込む
from random import randint
size = randint(5, 20)   # 5～20の乱数
weight = randint(20, 40) # 20～40の乱数
# 判定
if size >= 10 :
    if weight >= 25 :
        result = " 合格 "
    else:
        result = " 不合格 "
else:
    result = " 不合格 "

# 結果の出力
text = f" サイズ {size}、重量 {weight} : {result}"
print(text)
```

内側のif文全体が4文字だけインデントされています

if_nest.pyを繰り返し実行するとサイズが10以上かつ重量が25以上の場合だけ合格になることを確かめることができます。

【実行】if_nest.pyを繰り返し実行した結果

```
$ python if_nest.py
サイズ 15、重量 25：合格
$ python  if_nest.py
サイズ 8、重量 26：不合格 ──── サイズが足りません
$ python  if_nest.py
サイズ 14、重量 23：不合格 ──── 重量が足りません
```

▶ 論理演算 and を使った条件式

if文のネスティングは素直な考え方と言えなくもないですが、実際には間違いを犯しやすい書き方です。先のコードは論理演算子andを使って条件式を (size >= 10) and (weight >= 25) と書くことで、ネスティングを使わずにコードを書くことができます。次のようにコードは短くなり、はるかに読みやすくなります。

File 条件式を and を使って書いた場合：両方の条件が True のとき合格

«file» if_and.py

```python
# random モジュールの randint 関数を読み込む
from random import randint
size = randint(5, 20)    # 5～20 の乱数
weight = randint(20, 40)  # 20～40 の乱数
# 判定（両方の条件が True のとき合格）
if (size >= 10) and (weight >= 25) :      # 2つの条件を1個の論理式にしたので、if文を
    result = "合格"                          ネスティングする必要がなくなりました
else:
    result = "不合格"

# 結果の出力
text = f"サイズ {size}、重量 {weight} : {result}"
print(text)
```

if_and.pyを繰り返し実行するとif_nest.pyと同じようにサイズが10以上かつ重量が25以上の場合だけ合格になるように判定されていることがわかります。

【実行】if_and.pyを繰り返し実行した結果

```
$ python if_and.py
サイズ 8、重量 27：不合格 ──── サイズが足りません
$ python if_and.py
サイズ 12、重量 27：合格
$ python if_and.py
サイズ 19、重量 23：不合格 ──── 重量が足りません
```

次の例では3つの条件を満たしているかどうかを評価しています。a、bともに40以上で、aとbの合計が120以上ならば合格です。

File a、bともに40以上で、a+bが120以上ならば合格

«file» if_and_and.py

```python
# randomモジュールのrandint関数を読み込む
from random import randint
a = randint(0, 100)  # 0～100の乱数
b = randint(0, 100)
# 判定（3つの条件がTrueのとき合格）
if a >= 40 and b >= 40 and (a+b) >= 120 :        ——— 3つの条件をandで連結します
    result = "合格"
else:
    result = "不合格"

# 結果の出力
text = f"a {a}、b {b}、合計 {a+b}：{result}"
print(text)
```

では実際にコードを試してみましょう。合計が120以上でもa、bの値がどちらも40以上でないと合格にはなりません。

【実行】if_and_and.pyを繰り返し実行した結果

```
$ python if_and_and.py
a 47、b 40、合計 87：不合格    ——— 合計点が足りません
$ python if_and_and.py
a 18、b 58、合計 76：不合格    ——— aと合計点が足りません
$ python if_and_and.py
a 90、b 84、合計 174：合格
$ python if_and_and.py
a 51、b 77、合計 128：合格
$ python if_and_and.py
a 35、b 87、合計 122：不合格   ——— aの点数が足りません
```

▶ 論理演算子orを使った条件式

　論理演算子のandをorに入れ替えるだけで、if文の判定結果は大きく違ってきます。条件式が(size >= 10) or (weight >= 25)になると、sizeが10以上またはweightが25以上ならば判定がTrueになります。つまり、どちらか片方でも比較結果がTrueならばそれで合格です。この判定をorを使わずに書くと複雑なコードになってしまうことからも、論理演算子を使って条件式をうまく記述することの重要性がわかります。

if文／条件で処理を分岐する　Section 5-1

| File | 条件式を or を使って書いた場合：どちらか片方でも True ならば合格 |

«file» if_or.py

```python
# random モジュールの randint 関数を読み込む
from random import randint
size = randint(5, 20)      # 5 ～ 20 の乱数
weight = randint(20, 40)   # 20 ～ 40 の乱数
# 判定（どちらか片方でも True ならば合格）
if (size >= 10) or (weight >= 25) :
    result = " 合格 "
else:
    result = " 不合格 "

# 結果の出力
text = f" サイズ {size}、重量 {weight}：{result}"
print(text)
```

orで連結しているので、2つの条件のどちら
か一方でもTrueならば式はTrueになります

if_or.pyを繰り返し実行してみると、サイズが10以上または重量が25以上のどちらか一方の条件でも満たされているときに合格になっています。

【実行】if_or.pyを繰り返し実行した結果

```
$ python if_or.py
サイズ 20、重量 27：合格     ── サイズも重量も合格
$ python if_or.py
サイズ 7、重量 21：不合格
$ python if_or.py
サイズ 5、重量 37：合格      ── 重量が合格なので合格
$ python if_or.py
サイズ 10、重量 22：合格     ── サイズが合格なので合格
```

▶Falseと見なされる値

　変数や関数の戻り値をそのまま条件式として使用することができます。この場合、値が 0 のときはFalse、それ以外の数値ならば Trueとして判断するというように、値をどう評価するかが決まっています。次に挙げるものはFalseと見なされる値です。これら以外の値はTrueと見なされます。

● Falseと見なされる値

```
False
None
数値の 0、0.0、0j
空の値    ""、()、[]、{}
```

　次の例では論理演算子notを使って論理値を反転させているので、変数nameが空のときに not name がTrueになります。したがって、nameが空の場合に " 匿名 " が代入されます。

> **File** 変数 name が空ならば " 匿名 " を代入する

«file» **if_empty.py**
```
name = ""
if not name :          ──── name が空のときに True になります
    name = " 匿名 "
print(name)
```

では、if_empty.py を実行してみましょう。name の値は""、つまり空なので「匿名」と出力されます。

【実行】if_empty.py を実行する
```
$ python if_empty.py
匿名
```

次の例では数値が 0 のときに False、それ以外が True と見なされることを利用しています。num%2 は num を 2 で割ったときの余りを求める式ですが、num が偶数なら余り 0、奇数なら余り 1 になります。数値の 0 は False と見なされるので num が奇数のとき True、偶数のとき False になります。

> **File** 2 で割った余りが 0、False になることを使って奇数か偶数かを振り分ける

«file» **odd_even.py**
```
from random import randint
num = randint(0, 100)  # 0 〜 100 の乱数
# 奇数か偶数かを判定する
if num%2 :          ──── 2 で割り切れる偶数は余り 0 で False、奇数は余り 1 で True です
    result = " 奇数 "
else:
    result = " 偶数 "
print(num, result)
```

実行して動作を確認してみましょう。繰り返し実行すると値が奇数、偶数と判定されます。

【実行】odd_even.py を実行する
```
$ python odd_even.py
45 奇数
$ python odd_even.py
72 偶数
$ python odd_even.py
21 奇数
```

> **🛈 MEMO**
>
> **Python に switch 文はない**
>
> 多くのプログラム言語には switch と case を使って値で処理を振り分ける構文が用意されています。しかし、switch 文を使って行う処理は if 文などほかの方法を使って書くことができるので、Python には switch 文がありません。

条件式を簡略化して書く

　Pythonには比較演算や条件分岐の式を簡略化して書く、他のプログラミング言語では見ない書き方がいくつかあるので紹介しておきます。ただ、慣れないと間違うので無理に使うことはありません。

▶and演算を簡略化して書く

　Pythonでは同じ変数に対して2つの条件を設定した (5<=a) and (a<=8)の式を 5 <= a <= 8 のように簡単に書くことができます。この式ならば変数aの値が5以上、8以下のときにTrueです。ではコードを書いて試してみましょう。

File 5以上、8以下のときにTrue

«file» if_op_op.py

```
from random import randint
a = randint(0, 10)    # 0〜10の乱数 ──── 実行する度にaの値が変わります
# 判定
if 5 <= a <= 8    :
    print(a, " 合格 ")
else:
    print(a, " 不合格 ")
```

　これを繰り返し実行すると次のように5〜8の数値が合格になっています。

【実行】if_op_op.pyを実行する

```
$ python if_op_op.py
6 合格
$ python if_op_op.py
3 不合格
$ python if_op_op.py
5 合格
$ python if_op_op.py
9 不合格
$ python if_op_op.py
4 不合格
python3 if_op_op.py
8 合格
```

▶三項演算子?:と同等の書き方

　他のプログラミング言語の経験者は三項演算子の?:を知っていることでしょう。Pythonには?:演算子がありませんが、その代わりにif 〜 elseを使った書き方があります。まず最初に普通にif 〜 elseを使って書いたコードを見てみましょう。aとbの値を比較して、大きな方の値をbiggerに代入して出力します。

> **File** if～else を使って大きな値のほうを出力する

«file» **bigger_1.py**
```python
from random import randint
a = randint(0, 100)  # 0～100 の乱数
b = randint(0, 100)
# 大きな方の値を代入する
if a>b :
    bigger = a
else :
    bigger = b

# 結果の出力
text = f"{a} と {b} では、{bigger} が大きい "
print(text)
```

　このコードはif～elseの部分を簡略化して、次のように1行で書くことができます。条件式がTrueの場合に実行する式をifの前に置きます。ただ、このif文の構文はわかりにくいので使わないほうがよいと言われています。

> **File** if～else を1行で書く

«file» **bigger_2.py**
```python
from random import randint
a = randint(0, 100)  # 0～100 の乱数
b = randint(0, 100)
# 大きな方の値を代入する
bigger =  a if a>b else b
# 結果の出力
text = f"{a} と {b} では、{bigger} が大きい "
print(text)
```
———— a>bがTrueならばa、Falseならばbを代入します

　bigger_1.pyとbigger_2.pyを実行して結果を比べてみましょう。どちらのコードでも2つの値で大きな値のほうを見つけています。

【実行】bigger_1.pyとbigger_2.pyを実行する
```
$ python bigger_1.py
75 と 69 では、75 が大きい
$ python bigger_2.py
57 と 78 では、78 が大きい
```

> **ℹ MEMO**
> 三項演算子?:
> ?: で書くと bigger = a>b ? a : b です。Pythonでは動きません。

Section 5-2
while文／条件が満たされている間繰り返す

while文は条件が満たされている間、処理を繰り返すループ処理の構文です。ループ処理を途中で中断したり、スキップしたりすることもできます。if文と同様にPythonではインデントを使ってwhile文のブロックを解釈するので、他のプログラミング経験者はこの仕様にも注意してください。

条件に合えば実行を繰り返す　while

ある条件を満たす間、繰り返し実行するという処理にはwhile文を使います。条件は論理式で記述し、式の結果がTrueならばwhile文のブロック内に書いたステートメントを実行します。処理が終わったならば、再び最初に戻って条件式をチェックしTrueならば処理を実行します。

このループを条件式の値がFalseになるまで繰り返します。そして、条件式の値がFalseになったならば、処理を行わずにwhile文を終了します。もし、最初の条件チェックの際に値がFalseならば、処理を1回も実行することなくwhile文を終了することになります。

while文の繰り返しを図に示すと次のように表すことができます。

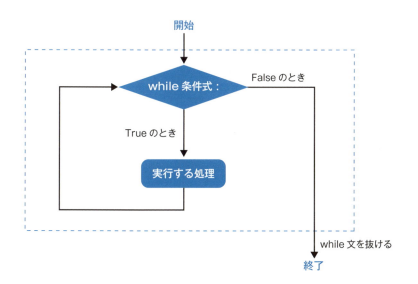

while文の書式は次のとおりです。「while 条件式:」を書いたら改行し、条件式がTrueだった場合に実行する処理（複数行のステートメント）を書きます。このとき、半角空白4個で字下げしてインデントを入れます。次の行でもインデントすればTrueの場合の処理が続きます。複数のステートメントを入力するとき、インデントの文字数が同じでなければならない点に注意してください。インデントを行わずにステートメントを書き始めることでwhile文が終了します。

> **書式** while文　条件を満たす間繰り返し実行する
>
> **while** 条件式：
> 　　# インデントの開始（半角空白4個下げ）
> 　　ステートメント1　┐
> 　　ステートメント2　├── 条件式がTrueの間、繰り返し実行されます
> 　　ステートメント3　┘
> # インデントの終了（while文の終了）

▶インタラクティブモードでのwhile文の書き方

　まず最初にwhile文をインタラクティブモードで実行する場合を説明します。基本的にはif文をインタラクティブモードで実行するのと同じです。「while 条件式 :」まで入力して改行すると、次の行に ... と表示されるので、...に続いて半角空白を4個入れてインデントして繰り返し実行するステートメントを入力します。インデントを終了するとwhile文も終了し、インデントされている行までが繰り返しのブロックになります。

　次のコードは変数countは最初1からはじまり、while文の条件式count<=5がTrueの間は処理を繰り返します。ループ内ではcountの値を出力し、countに1を加算します。5回繰り返してcountが6になった時点でwhile文を終了します。

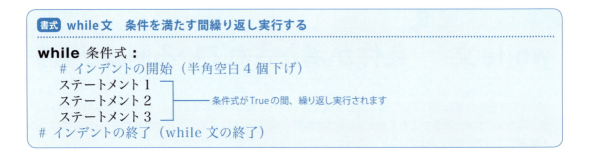

▶Pythonファイルにwhile文を書く場合

　while文のコードはPythonファイルに書いて実行する方が修正変更が簡単です。インタラクティブモードと同じようにインデントに注意して書きます。

　次の例では変数ticketsの値が0以下になるまでwhileループを繰り返します。whileループでは繰り返す度にticketsから1を引き、pointには乱数1〜20の値を加算します。ticketsは最初5から開始するので、繰り返すたびに1ずつ減って5回目の繰り返しで0になり、条件式がFalseになってwhile文が終了します。while文を抜けたならばpointの合計値を出力します。出力ではformat()を使って3桁の右詰めにしています（☞ P.93）。

| File | チケットの枚数だけループして、乱数を足し合わせた値を作る |

«file» while.py

```python
from random import randint
tickets = 5
point = 0
fmt = "{:>3}"    #3桁右詰
# tickets が正の間は繰り返す
while tickets>0 :
    v = randint(1, 20)
    print(fmt.format(v))
    point += v
    tickets -= 1 #チケットを1枚減らす
#出力
print("-" * 3)
print(fmt.format(point))
```

ticketsが0になるまで繰り返します

では、while.pyを実行してみましょう。結果を見ると値が5回選ばれて、最後に合計が出力されています。

【実行】while.pyを実行する

```
$ python while.py
 18
  6
 16
 13
  2
---
 55
```

繰り返しを中断して終了する break

　breakを実行することで、while文の繰り返しを中断して終了することができます。意図的に無限ループを作っておき、ある条件になったならば処理を中断して終了する、途中で割り込み的に処理を中断して終了したいといった場合に利用します。無限ループを利用する場合には、確実にbreakが実行されるコードを書かなければばなりません。

> **ⓘ MEMO**
> **無限ループを止める**
> 誤って無限ループに陥った場合には、control＋Zキーで中断することができます。

　breakがあるwhile文の繰り返しを図に示すと次のように表すことができます。

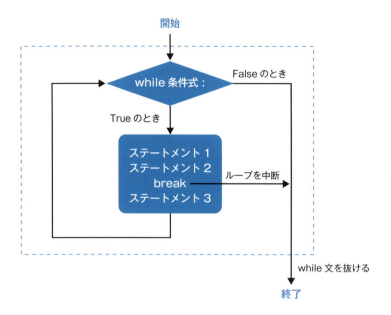

▶解が見つかったら無限ループを抜ける

次の例は無限ループを使って、1～13で合計が21になる3個の整数を見つけています。組み合わせが見つかるまで処理を繰り返し、見つかった時点でwhile文をブレイクして3個の整数を出力します。

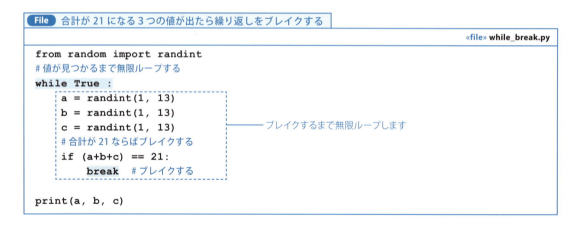

実際に試してみましょう。実行する度に合計が21になる3個の値が出力されます。

while文／条件が満たされている間繰り返す　Section 5-2

【実行】while_break.pyを実行する

```
$ python while_break.py
6 4 11 ─────── 合計が21になる3つの数字が出力されます
$ python while_break.py
7 9 5
$ python while_break.py
4 11 6
```

▶ 3回間違えるかqで終了する

次のコードは足し算の問題を出すプログラムです。問題の解答はinput()を使ってキーボードから入力を受け取ります。入力された値を計算結果と比較して正解数correctと間違った数missをカウントし、3回間違えるまで繰り返し出題します。3回間違えるか、解答の代わりに "q" と入力されたならばwhileループを終了して正解数と間違えた数を表示します。

なお、input()で入力される値は文字列なので、計算結果はstr(ans)で文字列に変換して比較しなければなりません。

File 3回間違えるか、"q" と入力されるまで出題を繰り返す

«file» while_break_input.py

```python
from random import randint
miss = 0 # 間違えた数
correct = 0 # 正解数
print(" 問題！3回間違えたら終了。qで止める ")
while miss<3 :                          ── missが3になるまで繰り返します
    a = randint(1, 100)
    b = randint(1, 100)
    ans = a + b
    # 問題を出題し、キーボードからの入力待ちにする
    question = f"{a}+{b} は？ "
    value = input(question)             ── キーボードからの入力をvalueに代入します
    # qと入力されたら中断する
    if value == "q":
        break    # ブレイクする          ── "q"が入力されたらブレイクします
    # 解答が正解かどうか判定する
    if value == str(ans) :
        correct += 1
        print(" 正解です！ ")
    else :
        miss += 1                       ── 間違いをカウントアップします
        print(" 間違い！ ", "×" * miss) # 間違いの数だけ × を表示する
print("-" * 20)                         ── 区切り線
print(" 正解 :", correct)
print( " 間違い :", miss)
```

それではwhile_break_input.pyを実行して問題に挑戦してみます。最初は3回間違えて終了した場合です。

【実行】while_break_input.pyを実行する

```
$ python while_break_input.py
問題！3回間違えたら終了。qで止める
51+87 は？ 138
正解です！
83+68 は？ 141
間違い！ ×
83+10 は？ 94
間違い！ ××
5+88 は？ 93
正解です！
20+92 は？ 102
間違い！ ×××        ——— 3回間違えたので終了
--------------------
正解 ： 2
間違い ： 3
```

次は"q"と入力して繰り返しをブレイクして終了した場合です。1問しか間違っていませんが、最後の出題の入力待ちで"q"と入力して終了しています。

【実行】問題！3回間違えたら終了。qで止める

```
$ python while_break_input.py
54+46 は？ 100
正解です！
32+99 は？ 121
間違い！ ×
32+32 は？ 64
正解です！
99+40 は？ 139
正解です！
53+67 は？ q   ——— "q"が入力されたので終了
--------------------
正解 ： 3
間違い ： 1
```

> **❶ MEMO**
>
> question = f"{a} + {b}は？ "
> Python 3.5以前ではformat()を使って次のように書きます。(☞ P.90)
>
> `question = "{}+{}は？ ".format(a, b)`

繰り返しをスキップする continue

continueはwhileの今の繰り返しを中断して次の繰り返しに移ります。breakは繰り返しを中断してwhile文を終了しますが、continueはwhile文を続行する点が大きく違います。

continueがあるwhile文の繰り返しを図に示すと次のように表すことができます。

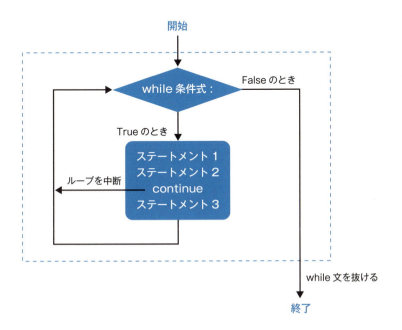

▶値が重複しないリストを作る

次の例では、これまでに説明していないリストを利用しています。リストについては「Section 6-1 リストを作る」で詳しく説明しますが（☞ P.142）、continueを利用する例として次のコードを見てください。他のプログラム経験者は配列と同じと理解すればよいでしょう。

リストは["blue", "yellow", "red"]のように複数の値を1個の値のようにまとめて扱うことができます。リストには文字列でも数値でも何でも入れることができますが、次の例では重複しない数値を入れたリストを作るためにwhile文を利用しています。

whileの条件式の len(numbers)<10 はリストnumbersの値の個数が10個未満ならばTrueです。while文の繰り返しの処理では0〜100から1個の整数を選び、選んだ値nがnumbersに含まれていないかどうかを if n in numbers でチェックします。nがnumbersに含まれていたならば条件式がTrueになるので、continue を実行して続く処理をスキップして繰り返しを実行します。nがnumbersに含まれていなかったならば、numbers.append(n)を実行してnumbersにnを追加します。そして、numbersの値の個数が10個になったところでwhileループを終了します。その結果として、numbersには重複しない10個の値が入っています。

> **File** 重複しない値が10個入ったリストを作る

«file» while_continue.py

```
from random import randint
numbers = []      # 空のリスト
# numbers の値が 10 個になるまで繰り返す
while len(numbers)<10 :
    n = randint(0, 100)   # 0 〜 100 の乱数
    if n in numbers :
        # n が numbers に含まれていたらスキップする
        continue ────────── すでに含まれている値は追加せずに処理をスキップします
    # numbers に n を追加する
    numbers.append(n)  ────── はじめての数値ならば numbers リストに追加します

print(numbers)
```

　それでは実行結果を確認しましょう。実行する度に重複しない10個の値が入ったリストが作られているのがわかります。

【実行】while_continue.pyを実行する

```
$ python while_continue.py
[40, 57, 61, 7, 86, 48, 3, 52, 49, 34]
$ python while_continue.py
[61, 19, 32, 7, 3, 52, 45, 50, 74, 49]
$ python while_continue.py
[27, 90, 0, 25, 34, 91, 92, 43, 48, 96]
```

繰り返した後で実行する　while 〜 else

　Pythonのwhile文には繰り返しを終了した後で実行するelseブロックを追加することができます。breakを実行して繰り返しを中断した場合にはelseブロックは実行されません。途中でbreakされた場合は処理が完結しなかったという扱いです。breakには注意するというよりも、elseブロックはbreakと組み合わせてこそ意味があると言えます。
　elseブロックがあるwhile文の分岐の流れを図に示すと次のように表すことができます。breakした場合にelseブロックが実行されない点に注目してください。

while 文／条件が満たされている間繰り返す　Section 5-2

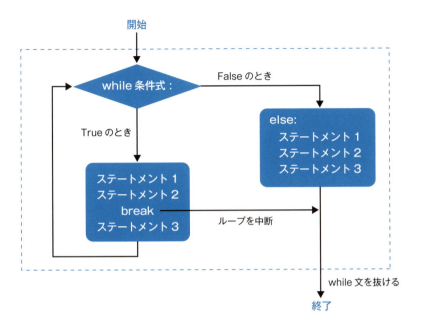

書式は次のようになります。書式を見るとelseブロックがいつ実行されるのか疑問をもつ人が少なくないでしょう。elseブロックがあるコードは、プログラムを惑わせる原因となりうるので利用には注意が必要です。

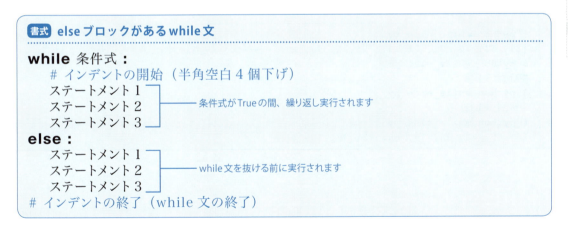

▶マイナスの値が出たら中断する

それではelseブロックがどのように動作するかをコードを書いて確かめてみましょう。先の重複しない値のリストを作るコード（while_continue.py）を少し書き替えて、-10～90から値を選び、マイナスの値が出たら処理をブレイクするコードにします。途中でブレイクしなかったときだけリストが出力されます。

> **File** 重複しない値が10個入ったリストを作る。ただし、マイナスが出たら中断する

«file» while_else.py

```
from random import randint
numbers = []      # 空のリスト
# numbers の値が 10 個になるまで繰り返す
while len(numbers)<10 :
    n = randint(-10, 90)   #-10 ～ 90 の乱数
    if n<0 :
        # n がマイナスならブレイクする
        print(" 中断されました ")
        break          ——— elseブロックを実行せずに終了します
    if n in numbers :
        # n が numbers に含まれていたらスキップする
        continue
    # numbers に n を追加する
    numbers.append(n)
else:
    print(numbers)     ——— 繰り返しが終わったら実行します
```

　それではwhile_else.pyを実行して確かめてみましょう。結果を見ると、whileの繰り返しが無事に終了した場合はelseブロックによってリストが出力され、途中でブレイクした場合はelseブロックが実行されていないことがわかります。

【実行】while_else.pyを実行する

```
$ python while_else.py
[31, 57, 50, 71, 21, 37, 25, 1, 74, 8]   ——— ブレイクしなかったときだけリストが出力されます
$ python while_else.py
中断されました
$ python while_else.py
中断されました
$ python while_else.py
[6, 66, 22, 58, 79, 85, 72, 90, 12, 0]
```

Section 5-3

for文 ／ 処理を繰り返す

for文は指定した回数だけ処理を繰り返したり、リストやタプルから値を順に取り出したりするループ処理に使う構文です。if文と同様にPythonではインデントを使ってfor文のブロックを解釈するので、他のプログラミング経験者はこの仕様にも注意してください。リストやタプルについてはChapter 6で解説します。

指定回数繰り返す　for in

本来、for文は複数の値が入っているリスト、タプル、辞書といったイテラブル（☞ P.173）から値を1個ずつ繰り返し取り出すための構文です。たとえば次のコードを見てください。このコードではリストcolorsに入っている色を順に取り出しています。

Python インタプリタ　リストcolorsに入っている色を順に取り出す

```
>>> colors = ["blue", "pink", "green", "red"]
>>> for name in colors :
...     print(name)
...
blue
pink
green
red
```

colorsから順に取り出されています

この機能を指定回数だけ繰り返し処理を行うことに利用します。処理を繰り返す回数はrange()を使って指定します。処理をn回繰り返す書式は次のようになります。while文と同じように繰り返すブロックをインデントを使って区切ります。

書式 n回繰り返すfor文

```
for i in range(n) :
    # インデントの開始（半角空白4個下げ）
    ステートメント1
    ステートメント2
    ステートメント3
# インデントの終了（for文の終了）
```

このfor文の繰り返しを図に示すと次のように表すことができます。

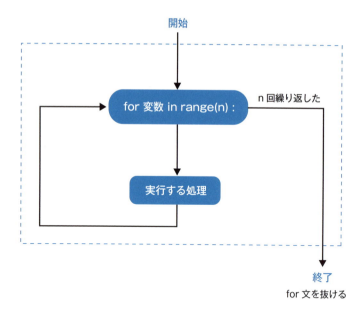

for 文を抜ける

　変数iには繰り返す度に 0、1、2、…n-1 の数値が入ります。0からn回繰り返すので最後の値はn-1です。実際にコードを書いて試してみましょう。行数が短いのでインタラクティブモードで試します。次のコードでは変数iの値を出力するprint(i)を10回繰り返しています。

Pythonインタプリタ　処理を10回繰り返す

```
>>> for i in range(10):
...     print(i)         ——— 10回繰り返します
...
0
1
2
3
4
5
6
7
8
9
```

▶range()関数

　この例ではiは繰り返しを数えるカウンタのように見えますが、実際にはそうではなく、range(10)が作る0〜9のシーケンスから値を1つずつ取り出してiに代入しています。range()は次のような書式をもっています。

> **書式** range()
>
> **range(開始値 , 終了値 , ステップ)**

　先のコードをrange(5, 10)とすれば、5〜9の値（5〜10ではありません）が出力されることからiが繰り返し回数のカウンタではないことがわかります。range()では開始値とステップを省略することができ、開始値を省略すると0、ステップを省略すると1になります。ステップをマイナスにすると開始値から値が引かれていきます。

Python インタプリタ 5〜9の範囲から整数を1個ずつ取り出す

```
>>> for i in range(5, 10):
...     print(i)
...
5
6
7
8
9         最後は10ではなく9なので注意してください
```

> **! MEMO**
>
> **カウンタを使うfor文**
> 多くのプログラミング言語にはカウンタを使って繰り返す for (i=0;i<10;i++){} といった構文がありますが、Pythonにはありません。

for文のネスティング

　for文のネスティング、つまりfor文の繰り返しの中に入れ子のようにfor文を書く手法はよく使われます。次に示す例は外のfor文の繰り返しが3回、中のfor文の繰り返しが2回あります。

File for文のネスティング

«file» **for_nesting.py**

```
for i in range(3) :
    print("i =", i)
    for j in range(2) :         for文の中にあるfor文です
        print(" ", "j =", j)
```

　では、このコードを実行してみましょう。実行結果を見比べて、どのような順番で繰り返しが行われるかを注意深く確認してください。iの値を出力する外の繰り返し1回に対して、jの値を出力する中の繰り返しが2回実行されているのがわかります。

【実行】for_nesting.pyを実行する

```
$ python for_nesting.py
i = 0
    j = 0     ─ iの繰り返しの中でjを繰り返します
    j = 1
i = 1
    j = 0
    j = 1
i = 2
    j = 0
    j = 1
```

▶ 4行3列の点の座標を求める

for文のネスティングを利用すると水平方向2、垂直方向3の間隔で並ぶ4行3列の点の座標を求めるといったことが簡単にできます。次のように外側のiを行、内側のjを列にすると、x座標はj*2、y座標はi*3になります。

File 4行3列の点の座標を求める

«file» for_nesting_xy.py

```
for i in range(4) :    # 4行
    print()    # 各行の改行
    for j in range(3) :    # 3列
        x = j*2
        y = i*3                              ─ 内側の繰り返し
        print(f"({x}, {y})", end="")
print()    # 最後の改行
```

【実行】for_nesting_xy.pyを実行する

```
$ python for_nesting_xy.py
(0, 0)(2, 0)(4, 0)  ─── 外側の繰り返しのタイミングで改行されます
(0, 3)(2, 3)(4, 3)
(0, 6)(2, 6)(4, 6)
(0, 9)(2, 9)(4, 9)
```

繰り返しを中断して終了する　break

breakを実行することで、for文の繰り返しを中断して終了することができます。処理不能な値が混ざっていた場合に中断するといった使い方をします。while文のbreakと同じなので合わせて覚えてください（☞ P.113）。breakがあるfor文の繰り返しを図に示すと次のように表すことができます。

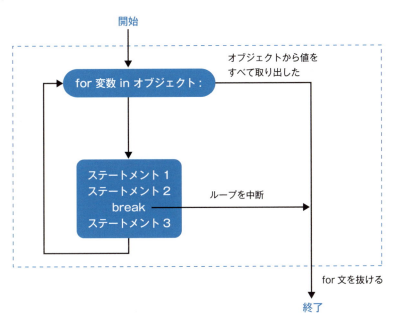

▶数値ではないとき中断する

次の例はリストnumlistから取り出した値とそれまでの合計を出力しています。このとき、数値ではない値が含まれていたならば、その時点でブレイクして繰り返しを中断して終了します。次のコードではnumlistの中に文字列の"x"が含まれているのでここでブレイクします。（数値ではないときスキップする☞ P.127）

なお、値が数値（intかfloat）を判断するにはisinstance(num, (int, float))を使います。この式ではnumが数値のときにTrueとなるので、notで論理値を反転して数値ではないときにbreakが実行されるようにしています。

File リスト numlist から取り出した値が数値でなければブレイクする

《file》**for_break.py**

```
numlist = [3, 4.2, 10, "x", 1, 9]   # 文字列が含まれている
sum = 0
for num in numlist :
    # num が数値ではないときブレイクする
    if not isinstance(num, (int, float)) :      ── intかfloatではないとき
        print(num, " 数値ではありません。")
        break   # ブレイクする
    sum += num
    print(num, "/", sum)
```

実行して試すと"x"を読み込んだ時点でブレイクしているのがわかります。

【実行】for_break.pyを実行する

```
$ python for_break.py
3 / 3
4.2 / 7.2 ——— 3+4.2
10 / 17.2
x 数値ではありません。
```

▶ネスティングのブレイク

ネスティングしているfor文でブレイクすると繰り返しはどうなるでしょうか。内側のfor文でブレイクすると内側のfor文の繰り返しを中断して終了し、外側のfor文の繰り返しに戻って続行します。外側のfor文でブレイクすると外側のfor文の繰り返しを中断し、for文のネスティング全体が終了することになります。

ネスティングしているfor文でブレイクした場合の流れを図に示すと次のようになります。

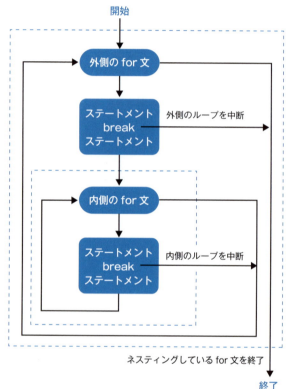

次の例ではネスティングしている内側のfor文でbreakを実行しています。breakを実行の条件は内側の繰り返し回数jが外の繰り返し回数iを越えたときです。breakで中断する際には繰り返し回数jと同じ数の"."を出力しています。

【File】ネスティングしている内側のfor文でbreakを実行する

«file» for_break_nesting.py

```
for i in range(4) :
    for j in range(4) :
        if i<j : ——— iよりjが大きくなったらブレイク
            print("." * j)
            break    # ブレイクする
        print(f"i={i}, j={j}")
```

結果を見るとbreakで中断される繰り返しがよくわかります。内側のfor文でブレイクすると内側のfor文の繰り返しは終了しますが、そのまま外側のfor文の繰り返しが続行されているのが分かります。iとjの値を出力しているprint()は内側のfor文です。

【実行】for_break_nesting.pyを実行する

```
$ python for_break_nesting.py
i=0, j=0
.          ← ブレイク
i=1, j=0
i=1, j=1
..         ← ブレイク
i=2, j=0
i=2, j=1
i=2, j=2
...        ← ブレイク
i=3, j=0
i=3, j=1
i=3, j=2
i=3, j=3
```

繰り返しをスキップする　continue

continueによる繰り返しのスキップもwhile文の場合と同様です。for文でcontinueを実行すると、今の繰り返しを中断して次の繰り返しに移ります。continueがあるfor文の繰り返しを図に示すと次のように表すことができます。

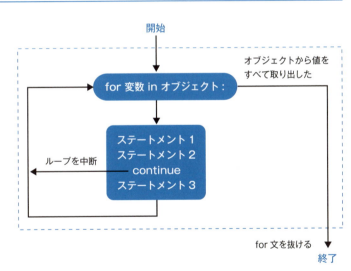

▶数値ではないときスキップする

先のfor_break.pyでは、リストnumlistから取り出した値が数値ではないときにbreakを実行していました（☞ P.125）。次のfor_continue.pyでは値が数値ではないときにbreakではなくcontinueを実行します。for_break.pyでは数値ではない値を取り出したところで処理が終わりますが、for_continue.pyでは数値ではない値は無視して繰り返しを続行し、数値だけをすべて合計した値を出力します。

> **File** 数値ではない値を取り出したら無視して、数値だけを処理する
>
> «file» **for_continue.py**
>
> ```python
> numlist = [3, 4.2, 10, "x", 1, 9]    # 文字列が含まれている
> sum = 0
> for num in numlist :
>     # num が数値ではないときは処理をスキップする
>     if not isinstance(num, (int, float)) :
>         print(num, " 数値ではありません。")
>         continue    # スキップする
>     sum += num
>     print(num, "/", sum)
> ```

それではfor_continue.pyを実行してみましょう。文字列の"x"を取り出した後も繰り返しを続けているのが分かります。先のfor_break.pyとの違いを確認してください。

【実行】for_continue.pyを実行する

```
$ python for_continue.py
3 / 3
4.2 / 7.2
10 / 17.2
x 数値ではありません。　　──── 数値ではない値は加算せずにスキップします
1 / 18.2
9 / 27.2
```

▶ ネスティングのスキップ

ネスティングしているfor文でcontinueを実行すると繰り返しはどうなるでしょうか。ネスティングしているかどうかは関係なく、continueすると現在処理中の繰り返しをスキップし、現在繰り返し処理を行っているfor文の次の繰り返しを続行します。

ネスティングしているfor文でcontinueを実行した場合の流れを図に示すと次のようになります。

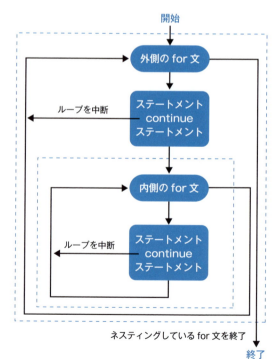

128

次の例はネスティングしている内側のfor文でbreakを実行した場合の説明で使ったコードfor_break_nesting.py（☞ P.126）のbreakをcontinueに置き換えたものです。breakするのとcontinueするのでは結果がどう変わってくるかを考えてください。

File ネスティングしている内側の for 文で continue を実行する

«file» **for_continue_nesting.py**

```
for i in range(4) :
    for j in range(4) :
        if i<j :
            print("." * j)
            continue    #スキップする
        print(f"i={i}, j={j}")
```

continueでスキップする際には繰り返し回数jと同じ数の"."を出力しています。これを見てわかるように、continueでは現在の繰り返しが中断して次の繰り返しに進むだけなので、内側のfor文も必ず4回実行されています。先のfor_break_nesting.pyを実行した結果と比較してみてください。

【実行】for_continue_nesting.pyを実行する

```
$ python for_continue_nesting.py
i=0, j=0
.          ← continue
..         ← continue
...        ← continue
i=1, j=0
i=1, j=1
..         ← continue
...        ← continue
i=2, j=0
i=2, j=1
i=2, j=2
...        ← continue
i=3, j=0
i=3, j=1
i=3, j=2
i=3, j=3
```

繰り返した後で実行する for in 〜 else

　Pythonではfor文にもelseブロックを追加できます。while文のelseブロックと同様に、繰り返しが終了した時点で実行されます。breakを実行して繰り返しを中断した場合にはelseブロックは実行されません。途中でbreakされた場合は処理が完結しなかったという扱いです。breakには注意するというよりも、elseブロックはbreakと組み合わせてこそ意味があると言えます。

　elseブロックがあるfor文の分岐の流れを図に示すと次のように表すことができます。breakした場合にelseブロックが実行されない点に注目してください。

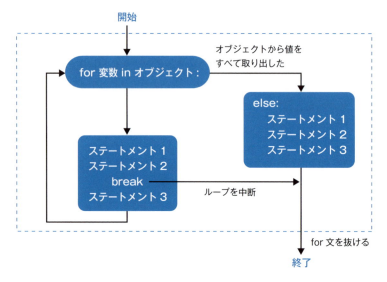

　書式は次のようになります。elseブロックがいつ実行されるのか直感的に把握できない書式なので、利用には注意が必要です。

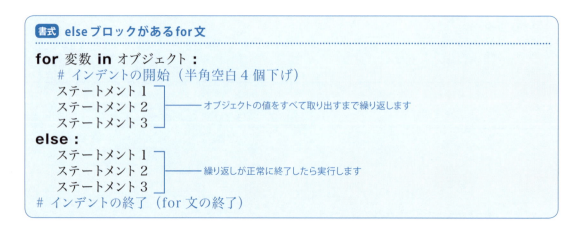

▶breakでは実行されないelseブロックの活用

先にも書いたように繰り返しの終了後に実行されるelseブロックですが、途中でbreakした場合には実行されません。これを活用すると次のようなコードを書くことができます。

このコードではfor文を使ってリストnumlistから数値を取り出して合計します。ただし、取り出した値が数値でなければその時点でブレイクしてfor文を終了します。合計値を出力するのは、途中でブレイクせずにすべての値を合計できたときだけです。このコードは先のfor_break.pyを書き換えたものなので違いを確かめてください（☞ P.125）。

> **File** for 文が途中で break されなかったならば else ブロックを実行して終わる
>
> «file» for_else_break.py
>
> ```
> numlist = [3, 4.2, 10, "x", 1, 9]   # 文字列が含まれている
> sum = 0
> for num in numlist :
>     # num が数値ではないときは処理をブレイクする
>     if not isinstance(num, (int, float)) :
>         print(num, " 数値ではない値が含まれていました。")
>         break     # ブレイクする
>     sum += num
> else :
>     # break されなかったときは合計した値を出力する
>     print(" 合計 ", sum)
> ```

それではこのコードを試してみます。numlistには文字列"x"が含まれているので、途中でブレイクする場合の結果が表示されます。

【実行】numlistに文字列"x"が含まれているfor_else_break.pyを実行する

```
$ python for_else_break.py
x  数値ではない値が含まれていました。    ──── ブレイクした場合はelseブロックが実行されません
```

次にnumlistの値を [3, 4.2, 10, 1, 9] にして試してみると最後までの値が合計されて出力されます。あらためてコードは掲載しませんが、for_else_break2.pyとして別に保存して実行しています。

【実行】numlistがすべて数値のfor_else_break2.pyを実行する

```
$ python for_else_break2.py
合計 27.2    ──── 繰り返しが正常に終わった場合はelseブロックが実行されます
```

Section 5-4
try文／例外処理

メソッドを実行すると結果がエラーとして戻ってきてしまう場合があります。そこで実行結果によってはエラーが予測される場合には、エラーが戻った場合の対処方法をあらかじめ用意してからメソッドを実行します。このようなエラー対応を組み込んだ構造を例外処理と呼びます。

エラーが発生するケース

インタラクティブモードでコードを実行したとき、エラーが発生することがあります。エラーの原因はさまざまです。たとえば、初期化されていない変数を使った（NameError）、ゼロの割り算を行った（ZeroDivisionError）、型を変換できなかった（ValueError）、空のリストから値を取り出そうとした（IndexError）、指定したファイルが見つからなかった（FileNotFoundError）といった具合です。

Pythonインタプリタ 初期化されていない変数bを使ったエラー（NameError）
```
>>> a = 10
>>> a/b
Traceback (most recent call last):
  File "<stdin>", line 1, in <module>
NameError: name 'b' is not defined
```

Pythonインタプリタ ゼロで値を割った（ZeroDivisionError）
```
>>> b = 0
>>> a/b
Traceback (most recent call last):
  File "<stdin>", line 1, in <module>
ZeroDivisionError: division by zero
```

Pythonインタプリタ "100個"を整数値に変換できなかった（ValueError）
```
>>> num = int("100個")
Traceback (most recent call last):
  File "<stdin>", line 1, in <module>
ValueError: invalid literal for int() with base 10: '100個'
```

Pythonインタプリタ 空のリストから値を取り出そうとした（IndexError）
```
>>> nums = []
>>> nums.pop()
Traceback (most recent call last):
  File "<stdin>", line 1, in <module>
IndexError: pop from empty list
```

| Python インタプリタ | 開こうとしたファイルが見つからなかった（FileNotFoundError） |

```
>>> filein = open("myfile", "rt")
Traceback (most recent call last):
  File "<stdin>", line 1, in <module>
FileNotFoundError: [Errno 2] No such file or directory: 'myfile'
```

例外処理を組み込む　try 〜 except

　実行時にエラーが発生したとき、プログラムが止まらないように対応するコードを組み込んだ構文を例外処理と呼びます。例外処理は次のような仕組みで行います。

　まず、エラーが発生する可能性があるステートメントをtryブロックで実行します。もしtryブロックで実行したステートメントがエラーになったならば、そのエラーを通知するために送出される例外オブジェクトをexceptブロックで受け止めて例外処理を実行します。エラーが発生しなければexceptブロックは実行されません。例外を受け止めるexceptブロックは、例外ハンドラとも呼ばれます。

　後述するように例外処理の書式はいくつかありますが、基本的な書式は次のとおりです。

| 書式 | 例外処理 |

```
try :
    例外が発生する可能性がある処理
except :
    例外を受けて実行する処理
```

　tryで実行したステートメントがエラーになり、エラーが送出する例外オブジェクトを受け取ったexceptブロックが実行される流れを図にすると次のようになります。

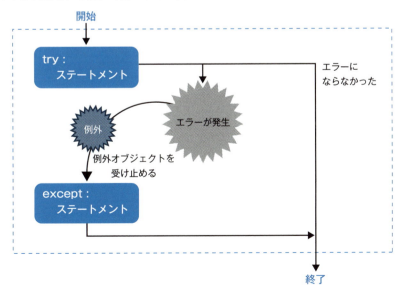

▶ 入力された値を例外処理する

次の例は「何個ですか?」の問いに入力された個数に120を掛けて出力するコードです。input()でキーボードから入力された値は文字列として変数numに入るので、これをint(num)で整数に型変換してから計算しますが、整数に変換できない値が入力された場合にはint(num)がエラーになり、例外（ValueError）を送出します。そこでtryブロックの中でint(num)を実行し、exceptブロックで例外を受けて処理します。

このコードは、繰り返し試せるように全体をwhile文の無限ループ内で実行しています。whileループを終了するには、"q"を入力してブレイクします。

File 入力された値を整数に変換できなかったならば例外処理を行う

«file» try_except.py

```python
while True :
    num =   input("何個ですか？（qで終了）")
    if num == "q":
        print("終了しました。")
        break
    # 入力された値を整数に変換できない場合例外処理を行う
    try :
        price = 120 * int(num)      ← この式が例外を発生する可能性があります
        print(" 金額 ", price)
    except :
        print(" エラーです。正しい数値を入れてください。")
```

では、実際にtry_except.pyを実行して、正しく計算できる場合とエラーになる場合を試してみましょう。最初は何も入れずにenterした場合です。2回目は漢字の「五個」、3回目の「5個」には余分な「個」があります。4回目の「5」は数値に変換できるので120倍した600が正しく返ってきます。最後に「q」を入力して終了です。

【実行】try_except.pyを実行する

```
$ python try_except.py
何個ですか？（qで終了）            ← 値が空なので数値に変換できません
エラーです。正しい数値を入れてください。
何個ですか？（qで終了）五個
エラーです。正しい数値を入れてください。    ← 漢字が混ざっているので数値に変換できません
何個ですか？（qで終了）5個
エラーです。正しい数値を入れてください。
何個ですか？（qで終了）5
金額 600
何個ですか？（qで終了）q
終了しました。
```

▶ finallyがある書式

finallyは、例外が発生しても、発生しなくてもtry文を抜ける前に必ず実行するブロックです。つまり、finallyブロックではtryで実行した処理の後始末を行います。

> **書式** 例外処理
>
> **try :**
>   例外が発生する可能性がある処理
> **except :**
>   例外を受けて実行する処理
> **finally :**
>   try 文を抜ける前に実行する処理

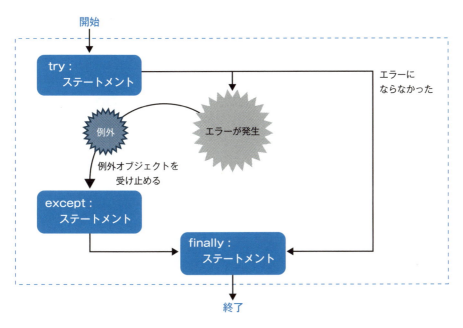

次のコードはfinallyブロックがあるtry文です。変数numが0なので、ゼロの割り算を行った例外が発生します。

```
File  finally ブロックがある try 文
                                                    «file» try_except_finally.py
num = 0          ——— numが0の場合の結果を確かめます
try :
    value = 120 / num
    print(value)       ——— numが0のとき例外を発生します
except :
    print(" エラーになりました。")
finally :
    print(" 計算終わり。")   ——— 例外が発生してもしなくても、最後に実行されます
```

このコードを実行すると例外が発生してexceptの例外処理が実行されたあとに、finallyブロックが実行されます。

【実行】try_except_finally.pyを実行する

```
$ python try_except_finally.py
エラーになりました。
計算終わり。
```

> **❶ MEMO**
> **関数内のtry文**
> 関数内のtry文で値をreturnする場合、そのtry文にfinallyブロックがあるならば、finallyブロックで値をreturnする必要があります。

例外の種類を振り分ける

これまでの書式では「何らかのエラーが発生しました」という対応しかできませんでしたが、例外の種類によって処理を振り分けることでもう少し細やかなエラー対応ができます。

次の書式で示すように処理する例外を「except 例外：」と指定し、振り分けたい例外の数だけexceptブロックを定義します。次の書式では例外2までしか書いていませんが、例外3、例外4とexceptブロックを追加していけます。

> **書式** 例外によって対応を振り分ける1
>
> ```
> try :
>     例外が発生する可能性がある処理
> except 例外1:
>     例外1に対応する例外処理
> except 例外2:
>     例外2に対応する例外処理
> except :
>     例外1、例外2のどちらでもない例外の処理
> ```

1つのexceptブロックに対して複数の例外を(例外1, 例外2)のようにタプルで割り当てることもできます（タプル ☞ P.184）。

> **書式** 例外によって対応を振り分ける2
>
> ```
> try :
>     例外が発生する可能性がある処理
> except ( 例外1, 例外2 ):
>     例外1、例外2に対応する例外処理
> except ( 例外3, 例外4 ):
>     例外3、例外4に対応する例外処理
> except :
>     例外1～4ではない例外の処理
> ```

tryで実行したステートメントが例外 2 のエラーになり、例外 2 のオブジェクトを受け取った except ブロックが実行される流れを図にすると次のようになります。

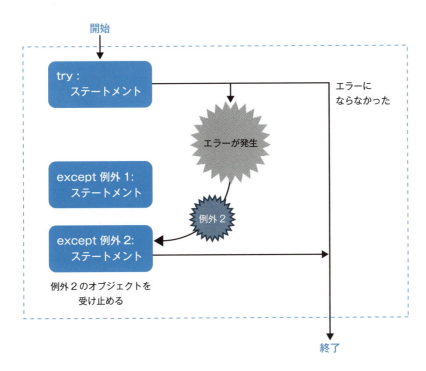

▶型変換エラーとゼロの割り算を振り分ける

型変換の例外は ValueError、ゼロの割り算の例外は ZeroDivisionError です。次のコードはこの 2 つを区別して例外処理を行います。コードの説明については先の try_except.py（☞ P.134）も参考にしてください。

| File | 例外の種類によって例外処理を振り分ける |

«file» try_except_name.py

```
sum = 7600
while True :
    num =  input(" 何人ですか？（q で終了）")
    if num == "q":
        print(" 終了しました。")
        break
    # 例外を振り分けて例外処理を行う
    try :
        price = round(sum / int(num))
        if price < 0 :
            # マイナスの場合は無視
            continue
        print(" 1 人当たりの金額 ", price)
```

この式が例外を発生する可能性があります

137

```
        except ValueError :          ──── 数値に変換できなかったとき
            print(" 数値を入れてください。")
        except ZeroDivisionError :    ──── ゼロの割り算を行ったとき
            print("0 以外の数値を入力してください。")
```

　では、コードを実行して例外処理を確認してみます。1回目は4と入力したので金額が1900と返ります。次は0なのでZeroDivisionErrorの例外が発生し「0以外の数値を入力してください。」が返ります。「ひとり」と入力するとValueErrorの例外になるので「数値を入れてください。」が返っています。-5は無視し、qで終了します。

【実行】try_except_name.pyを実行する

```
$ python try_except_name.py
何人ですか？（qで終了）4
1人当たりの金額 1900
何人ですか？（qで終了）0
0 以外の数値を入力してください。        ──── ZeroDivisionErrorが発生
何人ですか？（qで終了）ひとり
数値を入れてください。                  ──── ValueErrorが発生
何人ですか？（qで終了）-5
何人ですか？（qで終了）q
終了しました。
```

▶ elseを追加した書式

　Pythonのtry文にはさらにelseを追加できます。elseは例外が発生しなかったときに実行されます。例外が発生しexceptが実行された場合にはelseブロックは実行されません。exceptに対してelseがあるという位置づけです。なお、elseブロックで発生した例外をexceptで受け取ることはできません。

　次の書式ではtry文を抜ける前に必ず実行するfinallyブロックも付けています。

【書式】elseがあるtry文

```
try :
    例外が発生する可能性がある処理
except 例外1:
    例外1に対応する例外処理
except 例外2:
    例外2に対応する例外処理
else :
    例外が発生しなかったときに実行する処理
finally :
    try 文を抜ける前に必ず実行する処理
```

少し複雑になってきたので、動作を図で確かめておきましょう。

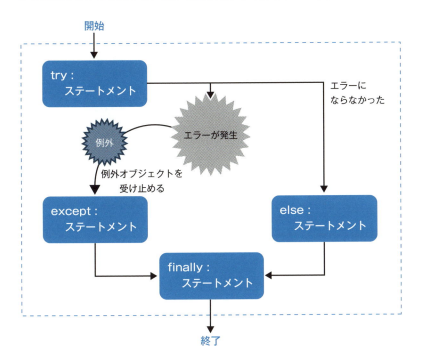

例外情報を調べる　except as

　exceptブロックが実行される際にasキーワードで名前を指定すると、例外をその名前の変数に一時的に保管できます。この変数はtry文が終わると破棄されるので、try文の外で値を使いたい場合は別の変数に代入する必要があります。

> **書式** 例外に名前を付けて情報を調べる
>
> ```
> try :
>     実行を試すステートメント
> except 例外1 as 名前1:
>     例外1に対応するステートメント
> except 例外2 as 名前2:
>     例外2に対応するステートメント
> ```

　次のコードはすべての例外をExceptionで受け取り、その例外オブジェクトを変数errorに代入しています。そして、errorを出力することで、どんなエラーなのかをエラー情報として出力しています。エラー情報は表示されますが、実行は止まらずに処理は続行されます。

File 例外になったら、エラー情報を表示して処理を続行する

«file» try_except_as.py

```
sum = 7600
while True :
    num =  input("何人ですか？（qで終了）")
    if num == "q":
        print("終了しました。")
        break
    # 例外を処理する
    try :
        price = round(sum / int(num))
    except Exception as error :          ──── 例外オブジェクトをerrorで参照できるようにします
        print("エラーになりました。")
        print(error) # エラー情報を出力する
    else :          ──── 例外が発生しなかったときはelseブロックが実行されます
        if price < 0 :
            # マイナスの場合は無視
            continue
        print("１人当たりの金額 ", price)
```

　それでは実際に試してみましょう。例外が発生した場合には、エラーの原因を示すエラー情報が出力されています。

【実行】try_except_as.pyを実行する

```
$ python try_except_as.py
何人ですか？（qで終了）3
１人当たりの金額  2533          ──── 例外が発生しなかったのでelseブロックを実行
何人ですか？（qで終了）
エラーになりました。
invalid literal for int() with base 10: ''
何人ですか？（qで終了）0
エラーになりました。
division by zero                                     ──── errorの出力
何人ですか？（qで終了）w
エラーになりました。
invalid literal for int() with base 10: 'w'
何人ですか？（qで終了）q
終了しました。
```

> **MEMO**
>
> **Exceptionクラスを継承した例外オブジェクト**
> エラーの種類によって例外オブジェクトを作るクラスが異なりますが、たとえばValueErrorクラスはValueError＞Exception＞BaseExceptionのようにクラスを継承しています（継承☞ P.288）。このように一般的な実行エラーはExceptionクラスを継承しているので、except Exception: ですべての例外を処理できます。

Part 2　基礎：Pythonの基本構文を学ぶ

Chapter 6
リスト

複数の物を袋や容器に入れるように、複数の値を1個の値として扱えるようにまとめる機能があります。リストはそのような機能の1つで、他のプログラム言語の配列に相当する機能です。リストの作り方や中に入っている要素の取り出し方などに関して多くの機能がありますが、この章ではその中でも基本的で、重要度が高いものを解説します。

Section 6-1　リストを作る
Section 6-2　リストの連結、スライス、複製、比較
Section 6-3　リストの要素を並び替える
Section 6-4　リストの値を効率的に取り出す

Section 6-1
リストを作る

複数の値をまとめて扱いたいときに、もっとも手軽な機能がリストです。リストに入れた値は順番で管理され、インデックス番号で値の参照や更新ができます。リストは他のプログラム言語で扱うところの配列と同じ役割です。

リストを作る

リストを作る方法はいくつかあります。もっとも簡単な方法は [ ] の中に値をカンマで区切って入れて作る方法です。リストにはどのような型の値でも入れることができ、同じ値が重複していても構いません。

> **書式** リストの書式
>
> [値1, 値2, 値3, …]

ここでリストの値と値に含まれている個々の値を区別するために、個々の値を「要素」と呼ぶことにします。

> **書式** リストの書式
>
> [要素1, 要素2, 要素3, …]

次にリストの例を示します。カンマの次の空白は見やすいように入っているだけなので、あってもなくても構いません。出力すると文字列のダブルクォートがシングルクォートに置き換わりますが、要素の値としては同じです。

Python インタプリタ リストを作る
```
>>> numbers = [4, 8, 15, 16, 23, 42]
>>> colors = ["red", "green", "blue"]
>>> numbers
[4, 8, 15, 16, 23, 42]
>>> colors
['red', 'green', 'blue']
```

変数のリストを作るとリストには変数の値が入っています。

```
>>> a = 10
>>> b = 20
>>> c = 30
>>> abc = [a, b, c]   ――― リストの値が決まります
>>> abc
[10, 20, 30]
```

したがって、リストに入っている変数の値を後から変更しても、リストの値は代入されたときから変化しません。

Python インタプリタ リストに入れた変数の値を変更してみる

```
>>> a = 10
>>> b = 20
>>> c = 30
>>> abc = [a, b, c]
>>> b = 99   ――― bの値を変更します
>>> abc
[10, 20, 30]   ――― リストの値は変化しません
```

▶ 要素の型は混在できる

リストの要素は数値だけ、文字列だけのように1つの型で作るのが一般的ですが、型を混ぜても構いません。

Python インタプリタ 数値だけのリスト、文字列だけのリスト、型が混在しているリスト

```
>>> numbers = [4, 8, 15, 16, 23, 42]
>>> words = ["flower", "bird", "wind", "moon"]
>>> mixture = [20, 30, "dog", "cat", True, False]   ――― 型が混在しているリスト
```

▶ リストを折り返して入力する

リストの値は、途中で折り返して入力することができます。折り返した行の後ろにはコメントを書くことができます。カンマの前後の空白や空白行も無視されることから、次の例に示すように見やすくするために適当なインデントを付けることもできます。出力すると分かるように、改行コードやコメントはリストの値として入力されません。

File 途中で改行して入力したリスト

«file» list_data.py

```
data = [
    11, 22, 33, 44, 55,   # コメント
    66, 77,                # コメント
    88, 99, 100
]
print(data)
```

では、list_data.pyを実行してリストdataを出力してみましょう。結果のようにコメントはもちろんのこと、改行や空白などがないリストが出力されます。

【実行】list_data.pyを実行する

```
$ python list_data.py
[11, 22, 33, 44, 55, 66, 77, 88, 99, 100]   ──── コメント、改行、空白は入りません
```

▶要素を繰り返すリストを作る

同じ要素が繰り返し入っているリストを作りたい場合には*演算子を利用します。たとえば、0が10個入っているリストを作るには次のようにします。

Pythonインタプリタ　0が10個入っているリストを作る
```
>>> nums = [0]*10
>>> nums
[0, 0, 0, 0, 0, 0, 0, 0, 0, 0]
```

文字列や論理値が要素の場合も同じように繰り返せます。

Pythonインタプリタ　リストを同じ値の要素で埋める
```
>>> strs = ["xy"]*5
>>> strs
['xy', 'xy', 'xy', 'xy', 'xy']
>>> result = [False]*5
>>> result
[False, False, False, False, False]
```

複数の要素が入っているリストからはじめると、その要素の並びが繰り返されたリストが作られます。

Pythonインタプリタ　複数の要素の並びを繰り返したリストを作る
```
>>> data = [1,2,3]
>>> data * 5
[1, 2, 3, 1, 2, 3, 1, 2, 3, 1, 2, 3, 1, 2, 3]   ──── 1, 2, 3を5回繰り返します
```

list()を使ってリストを作る

組み込み関数のlist()を使うとほかの型の値をリストに変換できます。

▶連続番号が入ったリストを作る

連続番号のリストは組み込み関数のrange()で作った範囲をlist()で変換して作ります。たとえば、-5～5の整数が入ったリストは次のように作ります。（range()☞P.122）

リストを作る | Section 6-1

> **Python インタプリタ** -5～5の整数が入ったリストを作る
>
> ```
> >>> thelist = list(range(-5, 6))
> >>> thelist
> [-5, -4, -3, -2, -1, 0, 1, 2, 3, 4, 5]
> ```

ステップを指定すれば、偶数、奇数、3の倍数などのリストを作ることができます。

> **Python インタプリタ** range()からリストを作る
>
> ```
> >>> evenlist = list(range(0, 10, 2))      # 偶数のリスト
> >>> evenlist
> [0, 2, 4, 6, 8]
> >>> oddlist = list(range(1, 10, 2))       # 奇数のリスト
> >>> oddlist
> [1, 3, 5, 7, 9]
> >>> list_x3 = list(range(0, 20, 3))       # 3の倍数のリスト
> >>> list_x3
> [0, 3, 6, 9, 12, 15, 18]
> ```

▶ 文字列をリストに分ける

文字列をlist()の引数にすると1文字ずつに分かれたリストになります。

> **Python インタプリタ** 文字列をリストに分割する
>
> ```
> >>> list_happy = list("happy")
> >>> list_happy
> ['h', 'a', 'p', 'p', 'y']          ―― 1文字ずつに分割されたリストになります
> >>> week = list(" 日月火水木金土 ")
> >>> week
> ['日', '月', '火', '水', '木', '金', '土']
> ```

なお、1文字ずつに分割するのではなく単語で分割するsplit()と逆にリストを文字列にするjoin()についてはあらためて説明します。（☞ P.156、☞ P.158）

▶ 空のリストを作る

空のリストは[]で作ることができますが、list()に引数を与えずに実行しても空のリストが作られます。

> **Python インタプリタ** 空のリストを作る
>
> ```
> >>> newlist = list()
> >>> newlist
> []
> ```

> **ⓘ MEMO**
>
> **リスト内包表記**
>
> リスト内包表記という書式を使って、より効率的にリストを作ることができます。リスト内包表記については「6-4 リストの値を効率的に取り出す」で詳しく説明します。（☞ P.173）

リストの要素の参照と更新

　リストの作り方の説明を続ける前に、リストに入っている要素を参照／更新する方法を先に説明しておきます。リストの要素には順番があり、インデックス番号で管理されています。インデックス番号は先頭から順に0、1、2、3のように数えます。そして後ろからは逆順に-1、-2、-3のように数えます。この数え方は文字列の場合と同じです（☞ P.87）。なお、インデックス番号はオフセットとも言います。

```
インデックス番号      0  1  2  3  4  5
（オフセット）
            [ "a", "b", "c", "d", "e", "f" ]
            -6 -5 -4 -3 -2 -1   後ろからカウントした
                                インデックス番号
```

▶ 指定位置の要素を参照する

　では、リストに入っている要素を取り出してみましょう。指定した位置にある要素を調べているだけで元のリストは変化しません。

Python インタプリタ　リストに入っている要素を調べる

```
>>> colors = ["blue", "red", "green", "yellow"]
>>> colors[0]          ── 先頭の要素
'blue'
>>> colors[1]          ── 先頭から2番目の要素
'red'
>>> colors[2]
'green'
>>> colors[3]
'yellow'
>>> colors[-1]         ── 末尾の要素
'yellow'
>>> colors[-2]         ── 末尾から2番目の要素
'green'
>>> colors
['blue', 'red', 'green', 'yellow']    ── 値を参照しただけなので、元のリストは変化していません
```

▶ 指定位置の要素を変更する

　リストは文字列とは違って、指定した位置の要素を変更することができます。これは文字列がイミュータブル（immutable）なオブジェクトであるのに対して（☞ P.166）、リストは状態を変更できるミュータブル（mutable）なオブジェクトだからです。
　次の例ではcolorsリストのインデックス番号2（前から3番目）の"green"を"black"に変更しています。

| Python インタプリタ | リストに入っている値を変更する |

```
>>> colors = ["blue", "red", "green", "yellow"]
>>> colors[2] = "black"  ──── インデックス番号2の要素を"black"に変更します
>>> colors
['blue', 'red', 'black', 'yellow']
```

▶多重リスト（多次元リスト）

リストのリスト、つまりリストの中にリストが入っている場合もあります。このようなリストを多重リスト、多次元リストと呼びます。たとえば、次のようなリストが多重リストです。list_aはリストにリストが入っている2重リスト（2次元リスト）、list_bはリストが3重になっている3次元のリストです。

| Python インタプリタ | 多重リスト |

```
>>> list_a = [["apple", "peach", "orange"], ["cabbage", "carrot", "potato"]]
>>> list_b = [[["p", "y"],["t", "h"]], [["o", "n"], ["3", "note"]]]
```

2重のリストの値には、リスト[位置][位置]のようにアクセスします。たとえば、list_a[1][0]はlist_aの2番目の要素、つまり["cabbage", "carrot", "potato"]の最初の要素の位置を指しています。

| Python インタプリタ | list_aの2番目のリストの最初の要素 |

```
>>> list_a[1][0]
'cabbage'
```

list_a   [["apple", "peach", "orange"] , ["cabbage", "carrot", "potato"]]

　　　　　　　　　　　　　　　　　　　　　　　　↓ list_a から2番目の要素を取り出す

list_a[1]   ["cabbage", "carrot", "potato"]

　　　　　　　　↓ list_a[1] から先頭の要素を取り出す

list_a[1][0]   "cabbage"

同様に3次元のリストlist_bからも要素も取り出してみましょう。リスト[位置][位置][位置]で1番深い位置にある要素にアクセスできます。

| Python インタプリタ | 3次元リストにアクセスする |

```
>>> list_b[0]
[['p', 'y'], ['t', 'h']]
>>> list_b[0][0]
['p', 'y']
>>> list_b[0][0][0]
'p'
>>> list_b[1][1][1]
'note'
```

```
list_b      [ [["p", "y"], ["t", "h"]], [["o", "n"], ["3", "note"]] ]
                            ↓  list_bから先頭の要素を取り出す
list_b[0]   [["p", "y"], ["t", "h"]]
                       ↓  list_b[0]から先頭の要素を取り出す
list_b[0][0]    ["p", "y"]
                   ↓  list_b[0][0]から先頭の要素を取り出す
list_b[0][0][0]   "p"
```

ではもう1つ具体例を示しましょう。たとえば、1階に3室あり2階建てならば、次のように2次元の多重リストで管理できます。まず、各部屋の住人を登録し、各階ごとのリストfloor1、floor2に登録します。最後にリストapartmentに[floor1, floor2]のように登録します。そのままapartmentを出力すると各階の2つのリストが入っています。

Pythonインタプリタ リストapartmentにフロアごとのリストを登録する

```
>>> r101 = "佐藤"
>>> r102 = "田中"
>>> r103 = "鈴木"
>>> r201 = "青木"
>>> r202 = "広田"
>>> r203 = "野村"
>>> floor1 = [r101, r102, r103]
>>> floor2 = [r201, r202, r203]
>>> apartment = [floor1, floor2]
>>> apartment
[['佐藤', '田中', '鈴木'], ['青木', '広田', '野村']]
         floor1              floor2
```

まず、1階のr102号室にアクセスします。apartmentの1番目のリストの2番目の要素なので、apartment[0][1]です。

Pythonインタプリタ 1番目のリストの2個目の要素を取り出す

```
>>> apartment[0][1]
'田中'
```

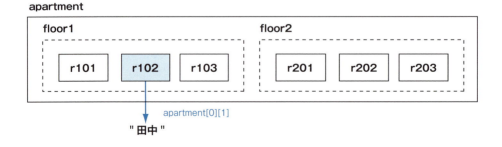

次に2階のr203の値を書き替えてみましょう。apartmentの2個目のリストの3番目の値なので、apartment[1][2]です。この値を"マイケル"に書き替えます。書き替えた後の2階のリストapartment[1]を確認すると値が更新されています。

Pythonインタプリタ 2番目のリストの3個目の要素を書き替える

```
>>> apartment[1][2] = "マイケル"
>>> apartment[1]
['青木', '広田', 'マイケル']
```

apartment

floor1: r101, r102, r103
floor2: r201, r202, r203

apartment[1][2]
"マイケル"に変更します

▶インデックスエラー（IndexError）を回避する

リストの存在しないインデックス番号を参照するとインデックスエラー（IndexError）になります。インデックスエラーは、リストを扱うコードでもっともバグになりやすいエラーです。インデックスエラーを回避するには、リストの長さ（要素の個数）をlen()で調べます。len()はリストオブジェクトのメソッドではなくPythonの組み込み関数なのでlen()の引数にリストを渡します。リストの長さはインデックス番号の最大値より1多い数なので注意してください。

次の例では、colorsリストの要素の個数は4なのでlen(colors)は4になります。インデックス番号の最大値は3なので、4を指定するとエラーなります。

File リストの長さをlen()で調べてインデックスエラーにならないようにする

«file» list_colors_len.py

```
pos = int(input("取り出す位置："))    #リストから取り出す位置を入力する
colors = ["blue", "red", "green", "yellow"]
length = len(colors)  #リストの長さ（要素の個数）
if -length<= pos< length :
    item = colors[pos]
    print(item)
else :
    print("エラーになりました。")
```

では、実行して試してみましょう。インデックス番号1では"red"が取り出されますが、インデックス番号4を試すと「エラーになりました。」と出力されます。

【実行】list_colors_len.pyを試す

```
$ python list_colors_len.py
取り出す位置：1
red
$ python list_colors_len.py
取り出す位置：4
エラーになりました。
```

IndexErrorの例外処理を利用する場合は、次のようなコードになります（例外処理 ☞ P.132）。

File 値の取り出しを例外処理に組み込む

«file» list_colors_try.py

```python
pos = int(input("取り出す位置："))    # リストから取り出す位置を入力する
colors = ["blue", "red", "green", "yellow"]
# 例外処理に組み込む
try :
    item = colors[pos]
    print(item)
except IndexError:
    print("インデックスエラーです")
except Exception as error :
    print(error)
```

コードを実行してインデックスの範囲外の5を参照すると例外のIndexErrorが発生します。

【実行】list_colors_try.pyを実行する

```
$ python list_colors_try.py
取り出す位置：0
blue
$ python list_colors_try.py
取り出す位置：5
インデックスエラーです
```

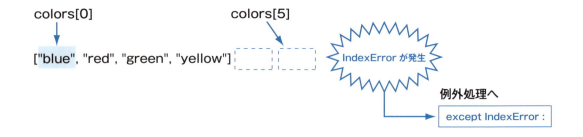

リストに要素を追加／挿入する

既存のリストに要素を追加したり、並びの途中に要素を挿入するにはappend()、insert()のメソッドを使います。

▶ リストの末尾に値を追加する

リストの末尾に要素を追加するにはappend()を使います。append()はリストオブジェクトのメソッドなので、要素が入ってないリストの状態から始めたい場合には、最初に空のリストを用意しておく必要があります。

> **書式** リストの末尾に要素を追加する
>
> **append(値)**

> **Python インタプリタ** 空のリストに要素を追加していく
> ```
> >>> data = []         # 空のリストを作っておく
> >>> data.append(10)   ――― 空のリストに要素を追加していきます
> >>> data.append(20)
> >>> data
> [10, 20]
> >>> data.append(30)
> >>> data
> [10, 20, 30]
> ```

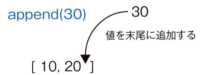

append(30) → 30
値を末尾に追加する
[10, 20]

▶ 指定の位置に要素を挿入する

リストに要素を挿入するメソッドはinsert()です。insert()は第1引数で挿入位置を指定し、第2引数で挿入する要素を指定します。挿入位置をインデックス番号で指定すると新しい要素がその位置に入り、元あった要素は後ろにずれていきます。

> **書式** リストに要素を挿入する
>
> **insert(挿入位置 , 値)**

次の例は["a", "b", "c", "d", "e", "f"]のインデックス番号3の位置に"new"の文字列を挿入しています。インデックス番号3の位置には"d"があるので、"d"の前に"new"が入ります。

Part 2 基礎：Pythonの基本構文を学ぶ
Chapter 6 リスト

Python インタプリタ インデックス番号3に"new"を挿入する

```
>>> data = ["a", "b", "c", "d", "e", "f"]
>>> data.insert(3, "new")
>>> data
['a', 'b', 'c', 'new', 'd', 'e', 'f']
```

["a", "b", "c", "d", "e", "f"]

insert(3, "new")　　インデックス番号 3 の位置に挿入する
　　　　　　　　　　　"new"

リストの要素を削除する

　リストから要素を削除するにはpop()、remove()のメソッドを使います。pop()は削除と同時に削除した要素を返すので、箱から物を取り出すようにリストから要素を抜き取りたいときに使います。

▶ リストから要素を抜き取る

　pop()はリストの末尾の要素を削除し、削除した値を返す関数です。append()で値を追加しpop()で取り出していけば、最後に追加した値から順に取り出せます。この操作はLIFO（Last In First Out）と呼ばれるスタック操作になります。

　次のリストfruitsには、最初は["apple", "orange", "banana", "peach"]が入っています。次にfruits.pop()を実行して値を抜き取ってdessertに入れます。dessertの値を確かめるとfruitsの最後の値の"peach"が入っていて、元のfruitsを確認すると取り出した"peach"が削除されています。

Python インタプリタ リストの末尾の値を抜き取る

```
>>> fruits = ["apple", "orange", "banana", "peach"]
>>> dessert = fruits.pop()         ── 末尾の要素を抜き取ります
>>> dessert
'peach'
>>> fruits
['apple', 'orange', 'banana']      ── "peach"が無くなっています
```

　引数無しのpop()は最後の要素を抜き取りますが、引数で位置を指定することもできます。pop(0)で先頭の要素、pop(1)で先頭から2番目の要素を抜き取ります。つまり、pop()はpop(-1)を省略したものです。

書式 指定の位置にある要素を抜き取る

pop(抜き取る位置 **)**

次の例は先のコードを pop(0) で実行した場合です。リスト fruits から変数 dessert に取り出されるのは先頭の "apple" です。dessert には "apple" が入り、実行後の fruits からは "apple" が取り除かれています。

Python インタプリタ　リストから先頭の要素を抜き出す

```
>>> fruits = ["apple", "orange", "banana", "peach"]
>>> dessert = fruits.pop(0)          先頭の要素を抜き取ります
>>> dessert
'apple'
>>> fruits
['orange', 'banana', 'peach']        先頭の "apple" が無くなっています
```

["apple" , "orange", "banana", "peach"]

先頭の要素を抜き取る → pop(0)
末尾の要素を抜き取る → pop( )

▶ リストが空の場合に対処する

ところで、pop() を空のリストに対して実行するとエラー（IndexError）になるので注意が必要です。たとえば、先の pop() のサンプルで fruits を空にして実行すると次のようにエラーが表示されます。

Python インタプリタ　空のリスト fruits に pop() を実行するとエラーになる

```
>>> fruits = []
>>> dessert = fruits.pop()          空のリストに対して pop() を実行します
Traceback (most recent call last):
  File "<stdin>", line 1, in <module>
IndexError: pop from empty list
>>>
```

このようなエラーを回避するには pop() を実行する前にリストが空ではないかをチェックするか、あるいは例外処理を組み込みます（例外処理 ☞ P.132）。リストが空かどうかは [] と比較するか len() でリストの長さを調べる方法が考えられますが、それよりも次のコードのように if fruits をチェックすると空の場合は False になります。

File　リストが空ではないとき末尾の値を抜き出す

«file» list_pop.py

```
fruits = ["apple", "orange", "banana", "peach"]
# fruits が空でないかチェックする
if fruits :                          リストが空のときは False になります
    dessert = fruits.pop()           fruits リストから最後の要素を取り出します
    print("デザートは " + dessert)
print(fruits)
```

これを実行するとfruitsには値が入っているので、fruitsの最後の値を抜き出した結果が表示されます。

【実行】list_pop.pyを実行する

```
$ python list_pop.py
デザートはpeach
['apple', 'orange', 'banana']        fruitsリストから最後の"peach"が取り除かれています
```

次にfruitsを[]に変更して実行すると（list_pop_emptylist.py）、先のようにエラーにはならず[]が出力されるので試してみてください。

【実行】fruitsが空のlist_pop_emptylist.pyを実行する

```
$ python list_pop_emptylist.py
[]
```

pop()の実行を例外処理に組み込むと次のようなコードを書くことができます。

File 例外処理を組み込んだコード

«file» list_try_pop_emptylist.py

```
fruits = []        空で試してみます
# 例外処理に組み込む
try :
    dessert = fruits.pop()
    print("デザートは" + dessert)
    print(fruits)
except :
    print("エラーになりました。")
```

fruitsを空にして実行した結果は次のとおりです。exceptブロックのステートメントが実行されます。

【実行】fruitsが空のlist_try_pop_emptylistを実行する

```
$ python list_try_pop_emptylist.py
エラーになりました。
```

▶ 指定の値を削除する

リストでの要素の並び順ではなく、削除したい特定の値がわかっているときはremove()で値を指定して削除します。削除したい値が複数個ある場合には、最初に見つけた値が削除されます。

しかし、remove()で削除しようとした値がリストに含まれていない場合はエラーになります。そこで、削除を行う前にそもそも値が含まれているかどうかをin演算子でチェックします。

File リストに削除したい値が含まれていたならば削除する

«file» list_remove.py

```python
colors = ["blue", "red", "yellow", "red", "green"]
print("削除前", colors)
target = "yellow"         ── "yellow"を削除します
# 削除する値が含まれているならば削除する
if target in colors :
    colors.remove(target)
print("削除後", colors)
```

ではコードを実行してみましょう。削除前と削除後のリストを見比べるとわかるように、指定した"yellow"が削除されています。

【実行】リストから"yellow"を削除する

```
$ python list_remove.py
削除前 ['blue', 'red', 'yellow', 'red', 'green']
削除後 ['blue', 'red', 'red', 'green']
```

▶ 指定の値が複数個あればすべて削除する

削除したい値がリストに複数個あった場合、remove()は最初に見つけた値の要素1個だけを削除します。リストに含まれている削除したい値をすべて削除したい場合には、先のコード（list_remove.py）のifをwhileに変更するだけで、削除対象の値が残っていれば繰り返し削除できます。なお、リストから重複した要素を削除するには、リストをセット（集合）に変換して再びリストに戻すという方法があります（☞ P.197）。

File 削除したい値をリストからすべて削除する

«file» list_remove_while.py

```python
colors = ["blue", "red", "yellow", "red", "green"]
print("削除前", colors)
target = "red"
# 削除する値が含まれている間は繰り返し削除する
while target in colors :        ── targetが含まれている間は繰り返し削除します
    colors.remove(target)
print("削除後", colors)
```

では、このコードでcolorsリストに2個含まれている"red"を削除してみましょう。

【実行】リストから"red"をすべて削除する

```
$ python list_remove_while.py
削除前 ['blue', 'red', 'yellow', 'red', 'green']
削除後 ['blue', 'yellow', 'green']
```

MEMO

del文を使った削除

del文を使って、リストの位置を指定して要素を削除することもできます。次の例ではリストdataの先頭から3番目、data[2]の"c"を削除しています。

Pythonインタプリタ リストの要素を削除する

```
>>> data = ["a", "b", "c", "d"]
>>> del data[2]          ──── インデックス2の"c"が削除されます
>>> data
['a', 'b', 'd']
```

del文はリストに限らずオブジェクトそのものを削除しメモリから破棄します。del dataのように実行するとリストdataそのものが削除されます。

Pythonインタプリタ リストそのものを削除する

```
>>> data = ["a", "b", "c", "d"]
>>> del data
>>> data
Traceback (most recent call last):
  File "<stdin>", line 1, in <module>
NameError: name 'data' is not defined   ──── 変数が削除されました
```

文字列とリストの相互変換

文字列の状態のデータをリストに変換したい場合や逆にリストになっている文字列の要素を1つの文字列に変換したい場合があります。ここでその方法を説明します。

▶文字列をリストに分割する　split()

split()を使うとセパレータで区切られている文字列をリストに分割することができます。セパレータを省略すると空白がセパレータになります。

書式 文字列をセパレータで分割してリストにする

文字列**.split(**セパレータ**)**

次の例では空白で区切られた単語をリストにしています。空白がセパレータなので、split()の引数を省略しています。

Pythonインタプリタ 空白で区切られた単語をリストにする

```
>>> message = "may the force be with you ! "
>>> words = message.split()     ──── 初期値では空白がセパレータです
>>> words
['may', 'the', 'force', 'be', 'with', 'you', '!']   ──── 単語リストになりました
```

次の文字列はカンマで区切った単語なのでセパレータには","を指定しています。

> Pythonインタプリタ　カンマで区切られた単語をリストにする

```
>>> fruits = "apple, orange, banana, mango"
>>> fruit_list = fruits.split(",")         ── カンマをセパレータにします
>>> fruit_list
['apple', ' orange', ' banana', ' mango']  ── よく見ると単語の前に余分な空白があります
```

分割はうまくいったように見えますが、fruit_listをよく見ると単語の前に半角空白が入っています。空白が入らないように分割するには、カンマの後ろに半角空白を付けて", "のようにセパレータを指定します。

> Pythonインタプリタ　カンマと空白で区切られた単語をリストにする

```
>>> fruits = "apple, orange, banana, mango"
>>> fruit_list = fruits.split(", ")        ── カンマと空白を合わせて1個のセパレータにします
>>> fruit_list
['apple', 'orange', 'banana', 'mango']
```

カンマの前後の空白が1個と限らない場合は、次の例で示すようにreplace(" ", "")を実行してすべての空白を取り除いてから分割するとよいでしょう。

> Pythonインタプリタ　事前に空白を取り除いてから分割する

```
>>> colors = "red,blue,  green, white , black"
>>> colors = colors.replace(" ", "")    # 空白を取り除く ── 事前に空白を取り除いておきます
>>> color_list = colors.split(",")      # カンマで分割する
>>> color_list
['red', 'blue', 'green', 'white', 'black']
```

分割する文字列はマルチバイトでも構いません。次の例では読点"、"をセパレータに指定しています。

> Pythonインタプリタ　読点をセパレータに指定して分割する

```
>>> members = " 佐藤、栗田、内村、岡田 "
>>> member_list = members.split("、")      ── 読点をセパレータにします
>>> member_list
[' 佐藤 ', ' 栗田 ', ' 内村 ', ' 岡田 ']
```

最大分割回数を指定する

split()には分割の最大回数を指定するオプションがあります。先頭の3個しか利用しないのでそれ以降は分割しなくてもよいといった場合に最大回数を指定すると処理効率が上がります。

次の例ではカンマで区切られて入っている数字の文字列からリストを作っています。このとき、分割回数を3に指定することで、最初の3個の数字と残りの4個の要素に分かれたリストができます。

Python インタプリタ 最大分割回数を3にしてリストに分割する

```
>>> result = "23,45,56,87,90,123,231,256,321"
>>> result_list = result.split(",", 3)
>>> result_list
['23', '45', '56', '87,90,123,231,256,321']
```
──4個目以降は処理せずに1個の文字列にします

最初の3個の要素だけを取り出したリストにするにはスライスを利用します（☞ P.160）。次のコードで示すようにリストに[:3]を実行することで先頭から3要素を抜き出したリストを作ることができます。

Python インタプリタ split()で作ったリストの先頭から3要素をスライスしたリストを作る

```
>>> top3 = result.split(",", 3)[:3]
>>> top3
['23', '45', '56']
```
──リストにした後で、最初の3個だけを取り出します

なお、split()した結果をいったんresult_listに入れるならば、result_list[:3]と実行した場合と同じです。

リスト要素を連結して文字列を作る　join()

join()はsplit()の逆の操作で、リストの要素を指定のセパレータで連結した文字列を作ります。このとき、リストの個々の要素は文字列でなければなりません。join()はリストオブジェクトのメソッドではなく、文字列オブジェクトのメソッドです。したがって、セパレータに使う文字列に対してjoin()を実行し、リストはjoin()の引数として渡します。

書式 リストの要素（文字列に限る）をセパレータで連結した文字列を作る

セパレータ**.join(** リスト **)**

次の例ではmembersの要素を" and "で連結しています。

Python インタプリタ リストの要素を" and "で連結する

```
>>> members = ["Tom", "Jerry", "Spike"]
>>> name = " and ".join(members)
>>> name
'Tom and Jerry and Spike'
```
──リストの要素を連結して文字列にします

Section 6-2
リストの連結、スライス、複製、比較

この節ではリスト同士を連結したり、スライスして分割や複製したりする方法について説明します。これに関連して、リストを代入した変数の比較についても説明します。これはリストを扱ううえで大変重要なポイントなので、よく理解してください。

リストを連結する

リストとリストの連結は簡単です。文字列を連結するように +演算子を使います。次の例ではリストabcとxyzを連結してリストazを作っています。

Python インタプリタ リストとリストを連結する
```
>>> abc = ["a", "b", "c"]
>>> xyz = ["x", "y", "z"]
>>> az = abc + xyz
>>> az
['a', 'b', 'c', 'x', 'y', 'z']
```

代入演算子の +=を使えば、リストにリストの要素すべてを追加することになります。次の例では空のリストcolorsに +=で値を追加しています。空のリストは[]またはlist()で作ります。

Python インタプリタ リストにリストの値を追加する
```
>>> colors = []           空のリストに連結していきます
>>> colors += ["red"]
>>> colors += ["white", "black"]
>>> colors
['red', 'white', 'black']
```

▶ extend()で連結する

extend()は、+=と同じようにリストの要素をリストに追加するメソッドです。次の例ではリストdataとnewdataを連結しています。

Python インタプリタ extend()を使ってリストを連結する
```
>>> data = [1, 3, 5]
>>> newdata = [2, 4, 6]
>>> data.extend(newdata)
>>> data
[1, 3, 5, 2, 4, 6]
```

リストに要素を追加するメソッドにはappend()がありますが（☞ P.151）、append()の引数はリストではなく要素そのものです。extend()の代わりにappend()でnewdataを追加するとnewdataはリストのまま1個の要素として追加されます。

Python インタプリタ append()はリストを1個の要素として追加する

```
>>> data = [1, 3, 5]
>>> newdata = [2, 4, 6]
>>> data.append(newdata)
>>> data
[1, 3, 5, [2, 4, 6]]           ────── リストのまま要素として追加されます
```

リストをスライスする

連結とは逆にリストから一部分を取り出して別のリストを作ることもできます。この操作をスライスと呼びますが、スライスする範囲を [ ] で指定して要素を抜き出します。抜き出す範囲は開始位置と終了位置で指定しますが、開始位置〜（終了位置 - 1）の範囲になるので注意してください。（文字列のスライス ☞ P.60）

書式 リストのスライス

リスト **[開始位置：終了位置]**

開始位置と終了位置は省略が可能です。リスト[:]はリスト全体を返します。リスト[開始位置:]ならば開始位置から最後まで、リスト[:終了位置]ならば最初から終了位置の手前までを抜き出します。

Python インタプリタ リストをスライスする

```
>>> colors = ["blue", "red", "green", "yellow", "pink", "black", "white"]
>>> colors[:]           ────── 全部
['blue', 'red', 'green', 'yellow', 'pink', 'black', 'white']
>>> colors[3:]          ────── インデックス3から最後まで
['yellow', 'pink', 'black', 'white']
>>> colors[:3]          ────── 先頭からインデックス2まで
['blue', 'red', 'green']
>>> colors[3:6]         ────── インデックス3からインデックス5まで
['yellow', 'pink', 'black']
```

```
   0       1      2        3         4       5        6
["blue", "red", "green", "yellow", "pink", "black", "white"]
```

-1、-2のようにマイナスで指定すれば位置を後ろから指すことができます。したがって、最後の要素はcolors[-1:]、最後の2個はcolors[-2:]になります。

| Python インタプリタ | スライスの位置を後ろから指定する |

```
>>> colors[-1:]  ——— 最後の要素
['white']
>>> colors[-2:]  ——— 後ろから2個目から最後まで
['black', 'white']
>>> colors[-2:-1]  ——— 最後から2個目の要素
['black']
>>> colors[:-1]  ——— 最後の要素を除いた全部
['blue', 'red', 'green', 'yellow', 'pink', 'black']
```

▶ スライスを利用してリストを分割する

スライスを利用すればリストを分割することができます。スライスでは[開始位置:終了位置]で開始位置から終了位置ではなく開始位置から(終了位置-1)の間が取り出されますが、リストの分割を行うとこの仕様が大変合理的であることがわかります。

たとえば、リストdataを分割して最初の3個をdata1に取り出し、残りをdata2に取り出したいとします。このコードはスライスを使うことで次のようにスッキリと書くことができます。

| Python インタプリタ | リストdataをスライスしてdata1とdata2に分割する |

```
>>> data = [10, 21, 35, 49, 51, 60, 77, 81, 92, 100]
>>> n = 3        # 分割する位置
>>> data1 = data[:n]    # 最初から n-1 まで
>>> data2 = data[n:]    # n から最後まで
>>> data1
[10, 21, 35]
>>> data2
[49, 51, 60, 77, 81, 92, 100]
```

要素を等間隔で抜き出す

文字列のスライスと同様にステップ（増分）があるオプションがあります。ステップは1個置きに取り出すというように、飛び飛びで値を取り出すことができるオプションです。

| 書式 | 値を等間隔で抜き出す |

文字列 [開始位置 : 終了位置 : ステップ]

次の例は要素を1個飛ばしでスライスしています。1個飛ばしの場合はletters[::1]ではなくletters[::2]なので注意してください。開始位置をletters[1::2]のように指定すると2番目の要素から1個飛ばしのスライスを作ります。

> Python インタプリタ　要素を1個飛ばしで取り出す

```
>>> letters = ["a", "b", "c", "d", "e", "f", "g", "h", "i", "j"]
>>> letters[::2]          ───── 先頭から1個飛ばし
['a', 'c', 'e', 'g', 'i']
>>> letters[1::2]         ───── 2個目から1個飛ばし
['b', 'd', 'f', 'h', 'j']
```

　書式では開始位置、終了位置、ステップを同時に指定できますが、先に範囲をスライスするのか、先にステップで取り出すのかで結果が違ってきます。たとえば、先に範囲をスライスするletters[1:5][::2]と先にステップをスライスするletters[::2][1:5]では結果が違います。同時に指定したletters[1:5:2]は先に範囲をスライスしています。この間違いを防ぐためには、範囲のスライスとステップのスライスは別々に行う方がよいでしょう。

> Python インタプリタ　先に範囲でスライスする場合と先にステップでスライスする場合の違い

```
>>> letters[1:5][::2]   # 先に範囲でスライスする
['b', 'd']
>>> letters[::2][1:5]   # 先にステップでスライスする
['c', 'e', 'g', 'i']
>>> letters[1:5:2]      # 範囲とステップを同時に指定する
['b', 'd']
```

　ステップもマイナスで指定できます。マイナスで指定すると後ろから取り出します。後ろから取り出すので並びが逆順になります。この点も間違いやすいので気を付ける必要があります。

> Python インタプリタ　後ろから順に取り出す

```
>>> letters = ["a", "b", "c", "d", "e", "f", "g", "h", "i", "j"]
>>> letters[::-1]         ───── 逆順に取り出す
['j', 'i', 'h', 'g', 'f', 'e', 'd', 'c', 'b', 'a']
>>> letters[::-2]         ───── 逆順に1個飛ばし
['j', 'h', 'f', 'd', 'b']
>>> letters[:-1][::-2]    ───── 最後から2個目から逆順に1個飛ばし
['i', 'g', 'e', 'c', 'a']
```

リストを比較する

　ここでリストを扱う場合に少し気を付けなければならないことを書きます。それはリストを変数に代入したり、関数の引数として渡したり、引数で受け取ったりした場合に注意すべき内容です。
　まず、次の例を考えてみてください。ここにcolors_a、colors_b、colors_cの3つのリストがあります。はたして、この3つのリストは同じリストと言えるでしょうか？

同じ値かどうか比較する

Python インタプリタ 3つのリスト

```
>>> colors_a = ["green", "blue", "red"]
>>> colors_b = ["green", "blue", "red"]       ── color_aと同じ要素のリスト
>>> colors_c = ["green", "red", "blue"]
```

では、colors_aとcolors_b、colors_aとcolors_cを比較してみましょう。

Python インタプリタ リストを比較する

```
>>> colors_a == colors_b       ── 同じ値かどうか比較します
True       ── 2つのリストは値が同じという結果になりました
>>> colors_a == colors_c
False       ── 要素の並びが違うので同じ値ではないという結果になりました
```

colors_aとcolors_bは同じ、colors_aとcolors_cは同じではないという結果になりました。リストは含まれている要素が同じでも、並びが違えば同じリストとは言えません。ですから、colors_aとcolors_cが同じではありません。では、colors_aとcolors_bは同じリストと言ってもよいのでしょうか？

次のようにcolors_aの値を変更して、colors_bの値を確認してみましょう。結果を見るとcolors_bの値は元から変化していません。つまり、colors_aとcolors_bは、同じ値が入っていただけの別のリストです。

Python インタプリタ colors_aを変更してもcolors_bは変化しない

```
>>> colors_a.append("white")    # 要素を追加する
>>> colors_a
['green', 'blue', 'red', 'white']
>>> colors_b
['green', 'blue', 'red']       ── color_bは元のままです
```

これは当たり前のように思えるかもしれませんが、続いて次の例を見てください。次の例では、colors_aをcolors_dに代入しています。colors_dの値を調べると当然ながらcolors_aと同じです。colors_a == colors_dの結果もTrueになります。

Python インタプリタ colors_aを代入して作ったcolors_d

```
>>> colors_a = ["green", "blue", "red"]
>>> colors_d = colors_a        # 代入する
>>> colors_d
['green', 'blue', 'red']
>>> colors_a == colors_d       ── 同じ値かどうか比較します
True       ── color_aとcolor_dを比較すると同じ値なのでTrueになります
```

では、colors_aに要素を追加して値を変更してみましょう。そして、先ほどと同じようにcolors_dの値を確認します。すると驚いたことにcolors_dの値がcolors_aと同じ値に変更されています。

> Python インタプリタ　colors_aを変更するとcolors_dも同じ値になる

```
>>> colors_a.append("white")    # 要素を追加する
>>> colors_a
['green', 'blue', 'red', 'white']
>>> colors_d
['green', 'blue', 'red', 'white']
```
- `'white'` （colors_a側）— color_aと同じ値になりました
- `'white'` （colors_d側）— color_dには値を追加していないのに

これが示すことは、colors_aとcolors_dはたまたま同じ値のリストではなく、名前が違っていても同一のリストすなわち同じオブジェクトなのです。たとえるならば、同じ人を別のニックネームで呼んでいるわけです。

▶ 同じオブジェクトかどうか比較する

このようにリストを比較する場合には、値が同じなのかオブジェクトが同じなのかの2通りの比較の仕方があります。値が同じかどうかを比較する場合には == 演算子を使い、オブジェクトが同一かどうかはis、is not の演算子を使って比較します。

演算子	例	説明
is	a is b	a と b が同一のオブジェクトのとき True
is not	a is not b	a と b が同一のオブジェクトではないとき True

では、is演算子を使ってリストが同一オブジェクトかどうかの比較を行ってみましょう。結果を見るとわかるように、list_aを代入したlist_bは同一のオブジェクトですが、aとcは値が同じでも別のオブジェクトです。

> Python インタプリタ　リストが同一オブジェクトかどうか比較する

```
>>> list_a = [1, 2, 3]
>>> list_b = list_a    # list_b に list_a を代入する
>>> list_c = [1, 2, 3]
>>> list_a is list_b    ──── 同じオブジェクトかどうか比較します
True                    ──── list_aとlist_bは同じオブジェクトです
>>> list_a is list_c
False                   ──── list_aとlist_cは値は同じですが、別のオブジェクトです
>>> list_a is not list_c
True
```

では、list_aとlist_bが本当に同じオブジェクトなのか値を変更して確かめてみます。list_aを変更してlist_bが同じ値になれば同じオブジェクトです。

> Python インタプリタ　list_aを変更するとlist_bが同じ値になる

```
>>> list_a[0] = 99    ──── list_aの値を変更します
>>> list_a
[99, 2, 3]
>>> list_b
[99, 2, 3]            ──── list_aと同じ値になっています
```

逆にlist_bを変更するとlist_aが同じ値になります。

| Python インタプリタ | list_bを変更するとlist_aが同じ値になる |

```
>>> list_b[1] = 100          list_bの値を変更します
>>> list_b
[99, 100, 3]
>>> list_a
[99, 100, 3]
```

変数への代入とは

　どのようなときにこのような不思議なことが起きるかと言えば、それは変数を別の変数に代入したタイミングです。変数に何が代入されるかと言えばオブジェクトの「参照（reference）」です。簡単に言えば、「参照」はオブジェクトが記録されているメモリ上でのアドレスです。代入元も代入先もどちらの変数も同じアドレスで同じオブジェクトを参照することから、変数の中身を書き替えると参照先の値が変わるので、どの変数から見ても同じように値が変更されて見えるわけです。

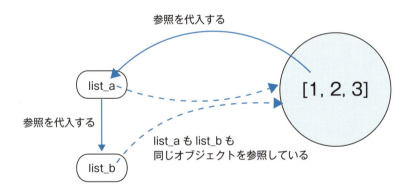

　ここで勘違いしてはならないのは、同じオブジェクトを参照している変数のひとつに別の変数や値を代入した場合です。これは変数に入れている「参照」を書き替えたことになるので、同じオブジェクトを参照していた変数とは無関係になります。
　次の例ではlist2にlist1を代入して同じリスト（同じオブジェクト）を参照している状態を作っています。しかし、その後でlist1に別のリストを代入しています。そうした場合、list2は最初にlist1から代入された参照を記録しているので、list2の値は代入された[10, 20, 30]から変化しません。

| Python インタプリタ | 同じリストを参照している変数に別のリストを代入すると参照が切れる |

```
>>> list1 = [10, 20, 30]
>>> list2 = list1           list2にlist1の参照を入れます
>>> list1 = [11, 22, 33]    # list1 に別のリストを代入する
>>> list2                   参照先は変化しません
[10, 20, 30]
```

Part 2 基礎：Python の基本構文を学ぶ
Chapter 6 リスト

▶ **変数に数値や文字列を代入した場合は？**

ここまで変数にリストを代入する話をしてきましたが、変数に数値や文字列を代入した場合にはどうでしょうか？

変数num_aに数値を代入しておき、変数num_bにnum_aを代入します。するとnum_bはnum_aと同じ値になり、num_a is num_b もTrueとなって同じオブジェクトを参照していることが分かります。

Python インタプリタ 数値が入った変数を代入しても参照が渡される

```
>>> num_a = 10
>>> num_b = num_a          ——— 参照を代入します
>>> num_b
10
>>> num_a is num_b         ——— 同じオブジェクトかどうか比較します
True                       ——— オブジェクトを参照しています
```

文字列ではどうでしょうか？ str_bにstr_aを代入すると同じオブジェクトを参照するようになります。

Python インタプリタ 文字列で試した場合

```
>>> str_a = "こんにちは"
>>> str_b = str_a          ——— 参照を代入します
>>> str_b
'こんにちは'
>>> str_a is str_b
True                       ——— オブジェクトを参照しています
```

このように変数に代入した値が数値でも文字列でも、リストの場合と同様にオブジェクトの参照が入ります。では、リストの場合と同じようにnum_aを変更するとnum_bの値も同じ値に変わり、str_aを変更するとstr_bがその値に変わるかと言えばそうはなりません。

その理由は、そもそも数値や文字列はリストと違ってその一部や全体を書き替えようにも書き替えることができないイミュータブル（immutable）なオブジェクトだからです。値の中身を書き替えるのではなく、変数に新しい値を代入すると関係が切れてしまうので他の変数には影響しません。メソッドを使って文字列を変更できるのでは？と思うかもしれませんが、upper()、lower()、replace()といったメソッドは、変更後の新しい文字列を作り元の文字列は変更していません。

リストを複製する

リストを変数に代入すると同じ値のリストが作られたようで、実際には同一のリストを指し示す参照が入ることを説明しました。では、同じ値のリストを複製するにはどうすればよいのでしょうか。

リストを複製する方法はいくつかあります。まずはcopy()メソッドを使う方法です。

次の例ではcopy()を使ってlist_motherを複製してlist_workに代入しています。複製後のlist_workの値を調

べるとlist_motherと同じですが、is演算子で比較すると違うオブジェクトであることがわかります。

> **Python インタプリタ** copy()でリスト list_motherを複製する
> ```
> >>> list_mother = [10, 20, 30, 40, 50]
> >>> list_work = list_mother.copy()    # リストを複製する
> >>> list_work
> [10, 20, 30, 40, 50]  ──── 同じ値のリストが作られます
> >>> list_work is list_mother
> False  ──── 値は同じですが別のオブジェクトです
> ```

実際にlist_workの値を変更したときに、元のlist_motherの値が変化しないかを確認してみましょう。次のようにlist_workの1番目の要素を99にしても、list_motherの値は元のままです。

> **Python インタプリタ** list_workの値を変更してもlist_motherは元のまま
> ```
> >>> list_work[0] = 99    ──── 先頭の値を変更します
> >>> list_work
> [99, 20, 30, 40, 50]
> >>> list_mother  ──── list_motherは変化しません
> [10, 20, 30, 40, 50]
> ```

▶ **スライスで複製する**

リストを複製したい場合にスライスを利用することもできます（☞ P.160）。スライスでは[開始位置:終了位置]のように指定して一部の範囲を取り出した新しいリストを作ることができますが、スライスする範囲を省略すればリストを複製できます。

> **Python インタプリタ** スライスを利用してリスト list_motherを複製する
> ```
> >>> list_mother = [10, 20, 30, 40, 50]
> >>> list_work = list_mother[:]    # リストを複製する
> >>> list_work
> [10, 20, 30, 40, 50]  ──── 同じ値のリストが作られます
> >>> list_work is list_mother
> False  ──── 値は同じですが別のリストです
> ```

▶ **list()で複製する**

list()の引数に複製したいリストを与えることで、そのリストを複製することが出できます（☞ P.159）。

> **Python インタプリタ** list()でリスト list_motherを複製する
> ```
> >>> list_mother = [10, 20, 30, 40, 50]
> >>> list_work = list(list_mother)    # リストを複製する
> >>> list_work
> [10, 20, 30, 40, 50]  ──── 同じ値のリストが作られます
> >>> list_work is list_mother
> False  ──── 値は同じですが別のリストです
> ```

Section 6-3
リストの要素を並び替える

リストの要素は大きさ順で並び替えることができます。この操作をソートと呼びます。大きさではなく単純に要素を逆順に変更する方法も合わせて説明します。

リストの要素をソートする

リストの要素は、値を比較して大きさ順で並べ替えることができます。この操作をソートと呼び、小さい値から大きな値への並びを昇順、大きな値から小さい値への並びを降順と言います。

▶数値の値をソートする

ソートにはsort()を使います。では、数値が入っているリストをソートしてみましょう。リストに入っている数値が昇順に並び替わります。元のリストの並びが変更されてしまう点に注意してください。

```
Python インタプリタ    数値が入ったリストを昇順にソートする
>>> numbers = [15, 23, 4, 42, 8, 16]
>>> numbers.sort()
>>> numbers ——— 元のリストが変更されます
[4, 8, 15, 16, 23, 42] ——— 小→大に並びます
```

降順に並び替えたい場合は、sort(reverse = True)のように引数を指定します。

```
Python インタプリタ    数値が入ったリストを降順にソートする
>>> numbers = [15, 23, 4, 42, 8, 16]
>>> numbers.sort(reverse = True) ——— 降順に並べます
>>> numbers
[42, 23, 16, 15, 8, 4] ——— 大→小に並びます
```

▶文字列の値をソートする

文字列の値が入ったリストをソートするとアルファベット順に並びます。これはコード順に並んでいることになります。

```
Python インタプリタ    文字列が入ったリストをソートする
>>> letters = ["g", "a", "c", "b", "d", "e", "f"]
>>> letters.sort()
>>> letters
['a', 'b', 'c', 'd', 'e', 'f', 'g'] ——— abc順で並びます
```

次の例は2文字以上の単語、数字、大文字小文字が混ざっている値をソートした場合です。大文字と小文字では大文字が先に並びます。なお、大文字小文字を区別せずにソートする方法は後で説明します（☞ P.170）。

Python インタプリタ 文字列が入ったリストをソートする

```
>>> words = ["peach", "ver3", "Python", "Pokemon", "ver2"]
>>> words.sort()
>>> words
['Pokemon', 'Python', 'peach', 'ver2', 'ver3']    ── 大文字が先になります
```

ソートした新しいリストを作る

sort()は元のリストの値を直接並び替えますが、sorted()は元になっているリストは変更せずにソート後の新しいリストを作ります。sort()はリストに対して実行するメソッドですが、sorted()はリストを引数として与える標準の組み込み関数なので式の書き方の違いに注意してください。

次の例ではnumbersの値をソートしたnumbers_ascendを作っています。ソート後も元になったnumbersの並びが変化していない点に注目してください。

Python インタプリタ ソート済みの新しいリストを作る（昇順）

```
>>> numbers = [15, 23, 4, 42, 8, 16]
>>> numbers_ascend = sorted(numbers)
>>> numbers_ascend
[4, 8, 15, 16, 23, 42]        ── ソート済みの新しいリストが作られます
>>> numbers
[15, 23, 4, 42, 8, 16]        ── 元のリストは変化していません
```

降順に並べるには、引数に reverse = True を追加します。

Python インタプリタ ソート済みの新しいリストを作る（降順）

```
>>> numbers_descend = sorted(numbers, reverse= True)
>>> numbers_descend                          │
[42, 23, 16, 15, 8, 4]                   降順に並べます
>>> numbers
[15, 23, 4, 42, 8, 16]
```

リストの要素を逆順に並べる

値の大きさでソートするのではなく、単純に要素の並びを逆順にしたい場合にはreverse()を使います。リストに対してreverse()を実行すると、新しいリストを作るのではなく元のリストの値を並び替えるので注意してください。並びが逆順の新しいリストを作りたい場合は、リスト[::-1]のようにスライスします（☞ P.162）。

> **Python インタプリタ**　リストの要素の並びを逆順にする
```
>>> numbers = [15, 23, 4, 42, 8, 16]
>>> numbers.reverse()
>>> numbers          ――― 元のリストを変更します
[16, 8, 42, 4, 23, 15] ――― 大きさではなく逆順に並べます
```

リストの要素をランダムに並べ替える

リストの要素をランダムに並べ替えたい場合には、randomモジュールのshuffle()を利用します。次の例では、まず0～9が順に入ったリストnumbersを作成し、random.shuffle()を使って数値がランダムな並びのリストに変更しています。

> **Python インタプリタ**　ランダムな並びのリストを作る
```
>>> import random          ――― randomモジュールをインポートします
>>> numbers = list(range(10)) ――― 0～9のリストを作ります
>>> random.shuffle(numbers)
>>> numbers
[2, 8, 3, 1, 9, 7, 4, 6, 5, 0] ――― シャッフルしたリストになります
```

ソートで使う比較関数を指定する

sort()およびsorted()は、大きさを比較する際に使用する比較関数を指定することができます。たとえば、len()を使えば文字列の長さで値をソートすることができます。比較関数を指定する際には、key = len のようにkeyオプションに対して関数名を指定します。関数名に()は付けません。

> **Python インタプリタ**　文字列の長さでソートする
```
>>> words = ["chest", "wind", "holiday", "knight", "silence", "hot"]
>>> words.sort(key = len)
>>> words            ――― len()を使って文字数でソートします
['hot', 'wind', 'chest', 'knight', 'holiday', 'silence']
```

次の例ではlower()を使ってすべての文字を小文字にして比較しています。これで英文字の値を大文字、小文字を区別せずにソートできるようになります。

> **Python インタプリタ**　大文字小文字を区別せずにソートする
```
>>> words = ["peach", "ver3", "Python", "Pokemon", "ver2"]
>>> new_words = sorted(words, key = str.lower)
>>> new_words          ――― 小文字で比較してソートします
['peach', 'Pokemon', 'Python', 'ver2', 'ver3']
```

ソートで利用する比較関数は自分で定義することもできます。その方法は関数の章で説明します（☞ P.260）。

Section 6-4
リストの値を効率的に取り出す、検索する

リストの作り方と変更の方法をひととおり学んだところで、リストの値を参照する、検索する、すべての値を順に取り出すなどのリストを効率的に取り出したり処理したりする方法を説明します。とくにリスト内包表記をしっかりマスターしましょう。

すべての要素を順に取り出す

リストの要素を順に取り出したい場合はfor文を使うのが効率的です（for文 ☞ P.121）。次の例では、リストnamesの先頭から順に要素をwhoに取り出して出力しています。元のリストnamesは変化しません。

Pythonインタプリタ for文でリストの要素をすべて取り出す

```
>>> names = ["鈴木","田中","栗林","山岡"]
>>> for who in names :          ――― namesから順にwhoに取り出されます
...     print(who + "さん")
...
鈴木さん
田中さん
栗林さん
山岡さん
>>> names
['鈴木', '田中', '栗林', '山岡']   ――― 元のリストは変化しません
```

次のコードではnumbersから数値を取り出して、正の値だけを合算しています。

File 正の値だけを合算する

«file» list_for.py

```
numbers = [2, 6, -3, 5, -1, 7]
sum = 0
# numbers の正の値だけを合算する
for num in numbers :           ――― numbersから順に数値をnumに取り出します
    if num>0 :
        sum += num             ――― numbersから順に取り出した値が正のときにsumに加算します
print(sum)
```

実行すると結果は20です。

【実行】list_for.pyを実行する

```
$ python list_for.py
20
```

▶ カウンタを付けて表示する

組み込み関数のenumerate()を利用することで、for文のループカウンタの値をリストから取り出した要素と合わせて変数に取り出せます。

次のコードではiにカウンタの値が入り、whoにnamesから取り出した要素が入ります。カウンタの開始値は0からですが、次のように引数で開始値を1に指定できます。カウンタは数値なのでfプレフィックスを使って文字列に値を埋め込んで出力します。

File ループカウンタを付けて表示する

«file» list_for-enumerate.py

```
names = ["鈴木", "田中", "栗林", "山岡"]
for i, who in enumerate(names, 1):    ——— iにカウンタの値、whoに名前が入ります
    print(f"{i}：{who}さん")    ——— 1からカウントアップします
```

では、list_for-enumerate.pyを実行してみましょう。名前の前にカウンタが表示されています。

【実行】list_for-enumerate.pyを実行する

```
$ python list_for-enumerate.py
1：鈴木さん
2：田中さん
3：栗林さん
4：山岡さん
```

▶ 複数のリストを対象にする

zip()を使うとfor文で複数のリストを同時に扱うことができます。次の例ではname1とname2の両方のリストから順に要素を取り出して連結してlongnameを作っています。name1から取り出された要素はn1に、name2から取り出された要素はn2に入ります。なお、zip()の引数として与える複数のリストの長さ（要素の数）を同じにします。リストの長さが異なる場合には、もっとも短いリストに合わせて処理が終了します。

File 2つのリストの要素同士を連結した新しいリストを作る

«file» list_for-zip.py

```
name1 = ["鈴木", "田中", "赤尾", "佐々木", "高田"]
name2 = ["星奈", "優美", "恵子", "薫花", "幸恵"]
longname = []
# name1とname2を連結したリストを作る
for n1, n2 in zip(name1, name2):    ——— 2つのリストを同時に操作します
    longname.append(n1+n2)    ——— 名前を連結してリストに追加します
print(longname)
```

では、このコードを実行してみましょう。するとname1とname2のそれぞれ同じ位置の要素が連結された名前が作られて、リストlongnameに納まっています。

【実行】 list_for-zip.pyを実行する

```
$ python list_for-zip.py
['鈴木星奈', '田中優美', '赤尾恵子', '佐々木薫花', '高田幸恵']
```

リスト内包表記

リスト内包表記（list comprehension）はPythonらしい記述方法のひとつです。リスト内包表記では、for-inの構文を[ ]の中に書いてイテラブルなオブジェクトから新しいリストを作ります。（セット内包表記☞P.201、辞書内包表記☞P.220）

イテラブル（iterable）とは、値に含まれている要素を順に1個ずつ要素を取り出すことができるオブジェクトです。リストのほか、文字列、range()で作るシーケンス、辞書などがイテラブルなオブジェクトです（辞書☞P.214）。イテレート（iterate）できるオブジェクトという言い方もします。（イテレータ☞P.263）

リスト内包表記の書式は次のようなかたちです。イテラブルの要素を順に変数に取り出し、その変数を使った式を実行します。そして式の結果がリスト内包表記の値になります。

> **書式** リスト内包表記
>
> **[式 for 変数 in イテラブル]**

では、簡単な例から見てみましょう。最初の例はリストnumsに入っている数値をすべて2倍したnums_doubleを作っています。

Pythonインタプリタ すべての要素を2倍したリストを作る（リスト内包表記で作る）
```
>>> nums = [1, 2, 3, 4, 5, 6]
>>> nums_double = [num*2 for num in nums]  ——— numsから取り出した値を2倍にしたリストを作ります
>>> nums_double
[2, 4, 6, 8, 10, 12]  ——— リストが作られます
```

リスト内包表記を使わずに書くと次のコードと同じことを行っています。

Pythonインタプリタ すべての要素を2倍したリストを作る（for文で作る）
```
>>> nums = [1, 2, 3, 4, 5, 6]
>>> nums_double = []
>>> for num in nums:
...     nums_double.append(num*2)   ——— numsから取り出した値を2倍してnums_doubleに追加します
...
>>> nums_double
[2, 4, 6, 8, 10, 12]
```

次の例ではnum_Listに入っている数値をmathモジュールのfloor()を使って整数に切り捨てたリストを作っています。

> **Pythonインタプリタ** 数値を整数に切り捨てたリストを作る

```
>>> import math
>>> num_List = [5.1, 4.3, 8.2, 6.3, 9.6, 10.2, 2.3]
>>> result = [math.floor(num) for num in num_List]
>>> result
[5, 4, 8, 6, 9, 10, 2]
```

list(range(1, 10))で連番のリストを作ることができますが（☞ P.144）、これもリスト内包表記で次のように書くことができます。

> **Pythonインタプリタ** リスト内包表記を使って連番のリストを作る

```
>>> numbers = [num for num in range(1, 10)]   ─── 1〜9の連番からリストを作ります
>>> numbers
[1, 2, 3, 4, 5, 6, 7, 8, 9]
```

次の例は文字列からリストを作る際にリスト内包表記を活用しています。"ABCDEFG"の文字列から1文字ずつ取り出して、"A組"のように"組"と連結した文字列にしてリストにします。

> **Pythonインタプリタ** リスト内包表記を使って文字列からリストを作る

```
>>> group_list = [str+"組" for str in "ABCDEFG"]   ─── 1文字ずつ取り出してリストにします
>>> group_list
['A組', 'B組', 'C組', 'D組', 'E組', 'F組', 'G組']
```

先のfor文の説明でzip()を使う例を示しましたが（☞ P.172）、リスト内表記でzip()を使って書くこともできます。

> **Pythonインタプリタ** リスト内包表記でzip()を使って2つのリストを連結する

```
>>> name1 = ["鈴木", "田中", "赤尾", "佐々木", "高田"]
>>> name2 = ["星奈", "優美", "恵子", "薫花", "幸恵"]
>>> longname = [n1+n2 for n1, n2 in zip(name1, name2)]
>>> longname                        ─── n1にはname1の要素、n2にはname2の要素が入ります
['鈴木星奈', '田中優美', '赤尾恵子', '佐々木薫花', '高田幸恵']
```

▶ 条件文付きのリスト内包表記

リスト内包表記の書式には条件文付きの書式もあります。この書式では、変数に取り出した値のうち条件式を満たす値だけを使って式を実行します。

Section 6-4 リストの値を効率的に取り出す、検索する

> **書式** 条件式付きのリスト内包表記
>
> **[式 for 変数 in イテラブル if 条件式]**

次の例では if 1<=num<2 の条件式を使って、リスト numbers から1以上2未満の数値だけを抜き出したリストを作っています。

Python インタプリタ 1以上2未満の数値だけを取り出したリストを作る

```
>>> numbers = [2.1, 0.2, 0.3, 1.4, 3.1, 0.3, 1.6]
>>> result = [num for num in numbers if 1<=num<2]
>>> result
[1.4, 1.6]
```

— 1以上2未満の数値だけを取り出します

次の例では isinstance() を使って、numbers から数値以外の値を取り除いています。isinstance(num, (int, float)) は、num が int か float（整数か浮動小数点）のとき True になります。したがって、numbers にある "" と "1" は値から弾かれます。

Python インタプリタ 数値以外の値を取り除く

```
>>> numbers = [2.1, 4, "", 2.2, "1", 3]
>>> numbers = [num for num in numbers if isinstance(num, (int, float))]
>>> numbers
[2.1, 4, 2.2, 3]
```

— 文字列は取り除かれています
— int か float の数値だけを取り出します

> **○ MEMO**
> **map() と fillter()**
> map()、fillter() を使ってリストのすべての要素に対して関数を実行したり、条件で抽出したりすることができますが、これらの処理はリスト内包表記を使う方がわかりやすいコードになります。

▶ 複数の条件式

リスト内包表記には複数の条件式を書くこともできます。その場合、条件式をすべて満たすものが True になります。ただ、条件式が3つ以上になると可読性が著しく低下して間違いを生みやすいコードになるため勧められません。

次の例では numbers から5以上の偶数を取り出しています。

Python インタプリタ 2つの条件式があるリスト内包表記（5以上の偶数）

```
>>> numbers = [4, 12, 21, 32, 8, 6, 11, 16]
>>> result = [num for num in numbers if num>=5 if num%2==0]
>>> result
[12, 32, 8, 6, 16]
```

5以上 偶数

▶ for-inを複数含める

リスト内包表記の中に複数のfor-inを入れることもできます。ただし、利用には慣れが必要なので慎重に使うべきでしょう。

最初の例では、ネスティングしているリストからすべての要素を順に取り出し、その値を2倍した値が入ったリストを作っています。このリスト内包表記では、まず左のfor alist in dataでalistに入れ子のリストが取り込まれ、次に右のfor num in alistが実行されてalistから数値がnumに入ります。そして最後にnum*2の結果が新しいリストに追加されていきます。

Python インタプリタ ネスティングしたリストの要素をすべて取り出して2倍にしたリストを作る

```
>>> data = [[1, 2, 3, 4], [5, 6], [7, 8, 9]]
>>> result = [num*2 for alist in data for num in alist]
                    外側のネスト      内側のネスト
>>> result
[2, 4, 6, 8, 10, 12, 14, 16, 18]
```

このコードをリスト内包表記を使わずに書くと、次のようにfor-in文がネスティングしたコードになります。

File リスト内包表記を使わずに書いたコード

«file» list_in_nest1.py

```
data = [[1, 2, 3, 4], [5, 6], [7, 8, 9]]
result = []
for alist in data :          # data からリストを alist に取り出す
    for num in alist :
        result.append(num * 2)     # num を2倍して result リストに追加する
print(result)
```

次の例では、resultを見るとわかるように元のdataのネスティングと同じ構造を保ったリストが作られます。

Python インタプリタ 元のネスティングを保ったままで要素の値を2倍にしたリストを作る

```
>>> data = [[1, 2, 3, 4], [5, 6], [7, 8, 9]]
>>> result = [[num*2 for num in alist] for alist in data]
                                        外側のネスト
>>> result
[[2, 4, 6, 8], [10, 12], [14, 16, 18]]
```

このコードをリスト内包表記を使わずに書くと、次のようにfor-in文がネスティングしたコードになります。alistから取り出して2倍した値をresultに追加していかずに、いったんtempリストにためておき、alistの値をすべて処理したらresultに追加していきます。

File リスト内包表記を使わずに書いたコード

«file» list_in_nest2.py

```
data = [[1, 2, 3, 4], [5, 6], [7, 8, 9]]
result = []
for alist in data :          # data からリストを alist に取り出す
    temp = []
    for num in alist :
        temp.append(num * 2)      # num を 2 倍して temp リストに追加する
    else :
        result.append(temp)        # alist の値を 2 倍にしたリストを result に追加する
print(result)
```

リストを検索する

リストに含まれている要素を検索する場合、目的によっていくつかの方法があります。

要素が見つかった位置が知りたいならばindex()を使います。index()は見つからなかった場合には例外オブジェクトのValueErrorが発生するので例外処理を組み込むこともできます。見つかった個数が知りたい場合はcount()を利用します。

▶値が含まれているかどうか？

探している値がリストに含まれているかどうかはin演算子で判定できます。「値 in リスト」の式で判定し、値が含まれていればTrue、含まれていなければFalseになります。in演算子の利用例はremove()の説明でも示したので、そちらも参照してください（☞ P.154）。

Python インタプリタ リストに値が含まれているかどうか判定する

```
>>> colors = ["blue", "red", "green", "yellow"]
>>> "green" in colors         ——— 要素に"green"があればTrue
True
>>> "black" in colors
False
```

ただ、inは値が一致しているかどうかだけを判定するので、文字列の一部に含まれているかの判定はできません。次のnamesに"田中里美"がありますが、"田中里美"では検索できても"田中"では検索できません。

Python インタプリタ リストの要素の文字列に含まれているかどうかは判定できない

```
>>> names = ["鈴木裕子", "田中里美", "桜木颯太"]
>>> "田中" in names          ——— リストの要素に"田中"の文字はあっても探せません
False
```

"田中里美"を"田中"や"里美"で検索したい場合には、要素を取り出した後であらためて文字列の検索を行います（☞ P.86）。たとえば、for文を使って次のように判定できます。

File　リストに名前が含まれているかどうか判定する

«file» list_in.py

```
names = ["鈴木裕子", "田中里美", "桜木颯太"]
name = "里美"
result = False
for item in names:
    if name in item:        # names から取り出した要素を調べる
        result = True
        break               # 見つかった時点でブレイクする
print(result)
```

`name in item` → 文字列ならば判定できます

実行結果はTrueになり、リスト内の文字列の検索が行われていることを確認できます。

【実行】list_in.pyを実行する

```
$ python list_in.py
True
```

▶ 見つかった位置を調べる

index()は見つかった位置を返すメソッドです。見つからなかったときは例外のValueErrorを送出するので、例外処理を組み込むことができます。

Python インタプリタ　見つかった位置を返す

```
>>> id_list = ["a2345", "a1236", "b7656", "f0987"]
>>> id_list.index("a1236")
1          見つかったインデックス番号が返ります
```

次のコードでは例外処理を組み込んで、id確認をしています。入力されたidが見つかれば何番目のメンバーかを出力し、見つからなければ「メンバーではありません。」と出力しています。

File　入力されたidが見つかったら登録順番、見つからなかったらメッセージを出す

«file» list_index.py

```
id_list = ["a2345", "a1236", "b7656", "f0987"]
while True :
    id = input("idを入力してください（qで終了）:")
    if id == "q":
        print("終了しました。")
        break
    # 例外処理に組み込んで検索する
    try :
        pos = id_list.index(id)          検索します
        print(str(pos+1) + "番目のメンバーです。")
    except :
        print("メンバーではありません。")
```

では実行して試してみましょう。a1236は2番目、a2345は1番目と検索結果が表示され、q1234に対しては「メンバーではありません。」と表示されます。

【実行】list_index.pyを実行してキーボードからidを入力する

```
$ python list_index.py
idを入力してください（qで終了）：a1236 ──── idをキーボードから入力します
2番目のメンバーです。
idを入力してください（qで終了）：a2345
1番目のメンバーです。
idを入力してください（qで終了）：q1234
メンバーではありません。
idを入力してください（qで終了）：q
終了しました。
```

▶ **個数を調べる**

count()は検索して見つかった個数を返します。見つからなかった場合は0が返ります。5を検索した場合、15、57は対象になりません。

| Pythonインタプリタ | 見つかった個数を返す |

```
>>> numbers = [1, 3, 4, 5, 5, 15, 12, 57]
>>> numbers.count(2) ──── 2が何個あるか数えます
0
>>> numbers.count(4)
1
>>> numbers.count(5) ──── 5が何個あるか数えます。15、57は数えません。
2
```

要素が文字列の場合も同様です。

| Pythonインタプリタ | 見つかった個数を返す |

```
>>> letters = ["a", "ax", "b", "b", "bx"]
>>> letters.count("a") ──── "a"を数えます。"ax"は数えません。
1
>>> letters.count("b")
2
>>> letters.count("c")
0
```

次のコードではresultに含まれている1の値が半数以上ならば「合格」、半数未満ならば「不合格」にしています。1の数はcount()、要素の個数は組み込み関数のlen()で調べます。

File resultに含まれている1が半数以上ならば「合格」にする

«file» list_count.py

```
result = [1, 1, 0, 0, 1, 0, 1, 1]
half = len(result)/2       # 要素の個数の半分
point = result.count(1)    # 1の個数
if point >= half :
    print(" 合格 ")
else :
    print(" 不合格 ")
```

実行結果は合格です。

【実行】list_count.pyを実行する

```
$ python list_count.py
合格
```

リストから要素をランダムに取り出す

リストから要素をランダムに取り出したい場合には、randomモジュールのchoice()を利用します。なお、リストの要素をランダムに並べ替えたい場合にはshuffle()を利用します（☞ P.170）。

Pythonインタプリタ リストから要素をランダムに取り出す

```
>>> import random ——— randomモジュールをインポートします
>>> fruits = ["apple", "orange", "banana", "peach"]
>>> dessert = random.choice(fruits) ——— 実行する度にリストから1つ選ばれます
>>> dessert
'banana'
```

Python 3.6ではsecretsモジュールのchoice()も利用できます。

Pythonインタプリタ リストから要素をランダムに取り出す（Python 3.6でのコード）

```
>>> import secrets ——— secrectsモジュールをインポートします
>>> fruits = ["apple", "orange", "banana", "peach"]
>>> dessert = secrets.choice(fruits)
>>> dessert
'apple'
```

合計、最大値、最小値

数値が入っているリストの合計、最大値、最小値は、それぞれ組み込み関数のsum()、max()、min()で求めることができます。

Python インタプリタ	数値のリストの合計、最大値、最小値を求める

```
>>> data = [56, 45, 83, 67, 59, 41, 77]
>>> sum(data)          ── dataリストの合計
428
>>> max(data)          ── dataリストの最大値
83
>>> min(data)          ── dataリストの最小値
41
```

次の例では、5人のジャッジの合計点から最高点と最小点を除いた得点をresultに代入しています。

Python インタプリタ	最高点と最小点を除いた合計を求める

```
>>> judge = [8.7, 8.8, 9.0, 9.1, 8.5]
>>> result = sum(judge) - max(judge) - min(judge)
>>> result       合計        最高点         最小点
26.5
```

Part 2　基礎：Pythonの基本構文を学ぶ

Chapter 7

タプル

タプルはリストと同じように複数の値を1つにまとめて扱いたい場合に手軽に利用できるオブジェクトです。多くの場合リストで用が足りますが、関数で複数の値を返したい場合や辞書のキーに利用されます。先に「Chapter 6 リスト」を一通り読んだ後から本章を読んでください。

Section 7-1　タプルを作る
Section 7-2　タプルを使う

Chapter 7　タプル

Section 7-1
タプルを作る

タプルを利用するとリストと同じように複数の値を1個の値として扱えるようになります。この節ではタプルの作り方を説明します。タプルとリストは共通する内容が多いので、リストの場合と比較しながら読み進めてください。

タプルを作る

　タプル（tuple）を使うと複数の値を1個の値のように扱うことができます。タプルは複数の要素をカンマで区切って並べます。値を囲むカッコは省略可能ですが、カッコを付けた方がわかりやすいでしょう。

Python インタプリタ　タプルを作る
```
>>> a = (1, 2)
>>> b = ("py", 3.6)
>>> c = (89, 56, 75)
>>> d = ((10, 20), (30, 40))   # タプルのネスティング
```

　カッコは省略した場合、先のコードは次のように書くことができます。値を出力するとタプルになっていることがわかります。

Python インタプリタ　タプルの囲みのカッコを省略する
```
>>> a = 1, 2
>>> b = "py", 3.6
>>> c = 89, 56, 75
>>> d = (10,20), (30, 40)
>>> a
(1, 2)
>>> b
('py', 3.6)
>>> c
(89, 56, 75)
>>> d
((10, 20), (30, 40))
```

▶要素が1個のタプル

要素が1個のタプルの場合には、最後のカンマを省略せずに書きます。

Python インタプリタ　要素が1個のタプルの場合
```
>>> data = 1,        ──── カンマを付けます
>>> data
(1,)                 ──── カンマが付いています
```

▶途中で折り返したタプル

リストと同様に要素の数が多いタプルは途中で改行して書くことができます。折り返した行の後ろにはコメントも書けます。

File 途中で改行して入力したタプル

«file» tuple_data.py
```
data = (
    11, 12, 13,    # コメント
    20, 27,        # コメント
    34, 35, 39
)
print(data)
```

では、tuple_data.pyを実行してタプルdataを出力してみましょう。結果のように途中に改行や空白などがないタプルが出力されます。

【実行】tuple_data.pyを実行する

```
$ python tuple_data.py
(11, 12, 13, 20, 27, 34, 35, 39)
```

▶タプルを連結する

+演算子でタプルとタプルを連結した新しいタプルを作ることができます。

Pythonインタプリタ タプルを連結する

```
>>> a = (10, 20)
>>> b = (20, 30)
>>> c = a + b         ──── タプルとタプルを連結します
>>> c
(10, 20, 20, 30)      ──── 1個のタプルになります
```

タプルの連結には +=演算子を使うこともできます。次の例はdataに入っている(1, 2)と(3,)を連結してdataに代入し直しています。

Pythonインタプリタ += 演算子でタプルを連結する

```
>>> data = (1, 2)
>>> data += (3,)
>>> data
(1, 2, 3)
```

▶ リストとタプルの違い

　リストがミュータブルであるのに対してタプルはイミュータブルです。つまり、リストは要素を追加／削除したり、要素の値を変更したりできますが、タプルはそのような変更ができません。タプルは値を変更できないことから、辞書のキーとして利用することができます（☞ P.214）。

　ただし、タプルの中身を変更できないだけで、タプルを入れた変数の値は上書きできるので勘違いしないようにしてください。定数になるわけではありません。たとえば、data = (1, 2) というタプルがあるとき、このタプルに3を追加したり、最初の値を0に変更したりすることができません。(1, 2) を (1, 2, 3) にしたい場合には、先の例のように (3,) を連結して新しいタプルを作り、元の変数 data に代入して値を上書きします。

tuple() を使ってタプルを作る

　リストの場合と同じように組み込み関数の tuple() を使うとタプルを効率よく作ることができます。ほかの型の値をタプルに変換することもできます。

▶ 連続番号が入ったタプルを作る

　連続番号のタプルは組み込み関数の range() で作った範囲を tuple() で変換して作ります。たとえば、-5～5の整数が入ったタプルは次のように作ります。（range() ☞ P.123）

```
Python インタプリタ   -5～5の整数が入ったタプルを作る
>>> data = tuple(range(-5, 6))
>>> data
(-5, -4, -3, -2, -1, 0, 1, 2, 3, 4, 5)　――― シーケンスがタプルになります
```

▶ 文字列をタプルに分ける

文字列を1文字ずつに分解してタプルにすることができます。

```
Python インタプリタ   文字列を分解してタプルにする
>>> week = tuple("日月火水木金土")
>>> week
('日', '月', '火', '水', '木', '金', '土')　――― 1文字ずつに分かれます
```

▶ リストをタプルにする

　リストをタプルに変換することもできます。次の例ではリスト color をタプルに変換して data に代入しています。

```
Python インタプリタ   リストをタプルに変換する
>>> color = ["blue", "black", "green"]
>>> data = tuple(color)
>>> data
('blue', 'black', 'green')　――― リストがタプルになります
```

逆にタプルをリストにしたい場合はlist()を使います。

> **Python インタプリタ** タプルをリストに変換する

```
>>> data = ('blue', 'black', 'green')
>>> data_list = list(data)
>>> data_list
['blue', 'black', 'green']  ───── タプルがリストになります
```

タプルをスライスする

タプルも文字列やリストと同じようにスライスして要素の一部を切り出すことができます。スライスについてはリストのサンプルも参考にしてください（☞ P.160）。

> **書式** タプルのスライス
>
> タプル [開始位置 : 終了位置 : ステップ]

> **Python インタプリタ** タプルの先頭から3番目までの要素をスライスする

```
>>> data = (1,2,3,4,5,6,7,8,9)
>>> top3 = data[:3]
>>> top3
(1, 2, 3)
```

> **Python インタプリタ** タプルから要素を1個飛ばしで取り出す

```
>>> data = (1,2,3,4,5,6,7,8,9)
>>> skip = data[::2]
>>> skip
(1, 3, 5, 7, 9)
```

Section 7-2
タプルを使う

この節ではタプルから値を取り出したり、含まれている値を調べたりする方法を説明します。タプルはリストと同じように使えますが、値を変更できないという大きな違いがあります。

タプルの要素を取り出す

タプルに入っている要素はリストと同じようにインデックスで取り出すことができます。複数の要素を取り出すには前節で説明したスライスを行います（☞ P.187）。

Pythonインタプリタ　タプルから要素を取り出す

```
>>> color = ("green", "red", "blue", "yellow")
>>> color[0]          ── 先頭
'green'
>>> color[1]          ── 2番目
'red'
>>> color[-1]         ── 末尾
'yellow'
```

先にも書いたようにタプルの要素は参照できるだけで変更できません。変更しようとするとエラーになります。

Pythonインタプリタ　要素を変更しようとするとエラーになる

```
>>> color[1] = "orange"      # 要素を変更する
Traceback (most recent call last):
  File "<stdin>", line 1, in <module>
TypeError: 'tuple' object does not support item assignment
```

▶ すべての要素を順に取り出す

タプルからすべての要素を順に取り出す方法もリストの場合と同じです（☞ P.171）。次のようにfor文を利用します。

Pythonインタプリタ　タプルから順に要素を取り出す

```
>>> color = ("green", "red", "blue", "yellow")
>>> for item in color :         ── colorから要素を順にitemに取り出して出力します
...     print(item)
...
green
red
blue
yellow
```

enumerate()を使って繰り返し回数を添えることもできます。次の例ではiにカウンタ、itemに要素が入ります。

Python インタプリタ 繰り返し回数を添え字にして出力する

```
>>> color = ("green", "red", "blue", "yellow")
>>> for i,item in enumerate(color, 1) :
...     print(i, item)         ← 1からカウントアップします
...
1 green
2 red
3 blue
4 yellow
```

タプルのアンパック

タプル(100, 200)を代入する変数側も(a, b)のようにタプル形式にしておくことで、変数a、bに(100, 200)の要素の100と200がそれぞれ代入されます。これをタプルのアンパックと呼びます。

Python インタプリタ タプル形式の変数にタプルを代入する

```
>>> (a, b) = (100, 200)
>>> a
100
>>> b
200
```

(a , b) = (100 , 200)

カッコを省略すると、複数の変数への代入を1行で書いているように見えます。

Python インタプリタ カッコを省略した場合

```
>>> a, b = 100, 200
>>> a
100
>>> b
200
```

次の例ではdataタプルに入っている要素をboyとgirlに取り出しています。

Python インタプリタ タプルの要素を変数に取り出す

```
>>> data = (12, 15)
>>> (boy, girl) = data      # タプルを変数に代入する
>>> all = boy + girl
>>> print(boy, girl, all)
12 15 27
```

ある値がタプルに含まれているかどうか

ある値がタプルに含まれているかどうかは、in演算子で調べることができます。次の例ではキーボードから入力した数値（受験番号）がタプルのnumbersに含まれているかどうかで合否の判定をしています。

File キーボードから入力した受験番号の合否を判定する

«file» tuple_in.py

```python
numbers = (4, 8, 15, 16, 23, 42)
num = int(input("受験番号を入力してください。:"))
if num in numbers :    # 数値が含まれているかどうかを調べる
    print("合格です。")
else :
    print("不合格です。")
```

では、実際に試してみましょう。「受験番号を入力してください。:」に対して6を入力すると「不合格です。」という判定ですが、8を入力すると「合格です。」と返ってきます。

【実行】tuple_in.pyを実行し、受験番号の合否をチェックする

```
$ python tuple_in.py
受験番号を入力してください。:6
不合格です。
$ python tuple_in.py
受験番号を入力してください。:8
合格です。
```

合計、最大値、最小値

数値のタプルの合計、最大値、最小値は、それぞれ組み込み関数のsum()、max()、min()で求めることができます。これはリストとまったく同じです。

Pythonインタプリタ 数値のタプルの合計、最大値、最小値

```
>>> data = (56, 45, 83, 67, 59, 41, 77)
>>> sum(data)        ——— 合計
428
>>> max(data)        ——— 最大値
83
>>> min(data)        ——— 最小値
41
```

タプルを比較する

2つのタプルを比較する場合、値を比較するのかオブジェクトを比較するのかで結果が違ってきます。この話はリストの比較でも詳しく説明しました（☞ P.162）。値を比較する場合は == 演算子、オブジェクトを比較する場合は is 演算子を使います。

次の例では a を代入した b は値もオブジェクトも同じものですが、c は値が同じでもオブジェクトが異なります。

Python インタプリタ タプルの値とオブジェクトを比較する

```
>>> a = (1, 2, 3)
>>> b = a          ——— 代入するとオブジェクトの参照が入ります
>>> c = (1, 2, 3)
>>> a == b   # 値が同じ   ——— 値の比較
True
>>> a is b   # オブジェクトが同じ   ——— オブジェクトの比較
True
>>> a == c   # 値が同じ
True
>>> a is c   # オブジェクトが違う
False
```

ただ、タプルはリストと違って変更できないイミュータブルなオブジェクトなので、b を変更すると a まで変更されるといったことは起きません。

複数のリストを1つにまとめる

zip() を使うことで複数のリストを1つのリストに合体することができます。このとき、各リストの要素は行列の列をタプルにまとめた値になります。どのような結果になるのか、具体例を見るとよくわかります。

次の例には x、y、z のリストがあります。この3個のリストを1個のリスト xyz にまとめます。まず、zip(x, y, z) を実行すると zip オブジェクトになります。これを list() でリストに変換します。すると x、y、z の各要素が (x, y ,z) のタプルになってリストに入ります。

Python インタプリタ 3つのリストを1個にまとめる

```
>>> x = [1,2,3]
>>> y = [4,5,6]
>>> z = [7,8,9]
>>> zip_obj = zip(x,y,z)    # zip オブジェクトにする
>>> xyx = list(zip_obj)     # リストに変換する
>>> xyx
[(1, 4, 7), (2, 5, 8), (3, 6, 9)]
```

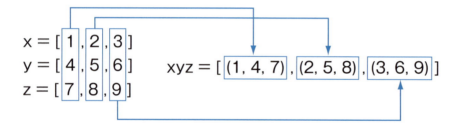

前節ではリストからすべての要素を順に取り出す説明でzip()を使った例を示しました。そこでは次のようなコードを紹介しています。（☞ P.172）

File 2つのリストの要素同士を連結した新しいリストを作る

«file» list_for-zip.py
```
name1 = [" 鈴木 ", " 田中 ", " 赤尾 ", " 佐々木 ", " 高田 "]
name2 = [" 星奈 ", " 優美 ", " 恵子 ", " 薫花 ", " 幸恵 "]
longname = []
# name1 と name2 を連結したリストを作る
for n1, n2 in zip(name1, name2) :
    longname.append(n1+n2)
print(longname)
```

ここでfor文にあるzip(name1, name2)では、リストname1とname2の各要素をタプルにまとめたzipオブジェクトを作っています。試しにzip(name1, name2)をリストに変換して出力すると中身は(苗字, 名前)のタプルのリストになります。for-inループでは、この値を順にタプル(n1, n2)に代入しているわけです。

Pythonインタプリタ zip(name1, name2)の結果を確かめる
```
>>> name1 = [" 鈴木 ", " 田中 ", " 赤尾 ", " 佐々木 ", " 高田 "]
>>> name2 = [" 星奈 ", " 優美 ", " 恵子 ", " 薫花 ", " 幸恵 "]
>>> zip_obj = zip(name1, name2)
>>> list(zip_obj)         ────タプルのままリストにします
[(' 鈴木 ', ' 星奈 '), (' 田中 ', ' 優美 '), (' 赤尾 ', ' 恵子 '), (' 佐々木 ', ' 薫花 '), (' 高田 ', ' 幸恵 ')]
```

Part 2 基礎：Python の基本構文を学ぶ

Chapter 8

セット（集合）

セットは複数の値を「集合」で扱いたいときに使います。a セットと b セットを合わせた全体の値を調べる、a セットと b セットで重なった値を調べる、a セットに含まれていて b セットには含まれていない値を調べるといった「集合演算」ができます。

Section 8-1　セットを作る
Section 8-2　セットの集合演算

Chapter 8 セット（集合）

Section 8-1
セットを作る

セットは複数の値を「集合」として扱います。セットはリストと似た印象がありますが、内容は大きく異なります。この節ではセットの概要とセットを作る方法を説明します。

集合とは

セットは数学でいう「集合」を扱うものです。集合では値（要素、元）をグループ分けします。たとえば、「帽子を被っている人」をaグループ、「眼鏡をかけている人」をbグループのように分けます。

aグループとbグループを合わせた「帽子を被っている人と眼鏡をかけている人の集まり」はグループの足し算（a+b）としてとらえることができ、「帽子を被っている人で眼鏡をかけていない人」はグループの引き算（a-b）のようにとらえることができます。このように、グループ間で演算を行うのが集合の考え方です。

基本的な集合演算は、次のベン図で表すことができます。集合演算の具体的な方法については次節で説明します。

a: 帽子を被っている
b: 眼鏡をかけている

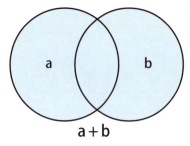

a＋b

帽子を被っているか、眼鏡をかけている。
または、帽子を被り眼鏡もかけている。

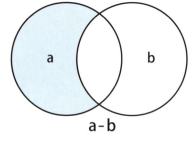

a−b

帽子を被っているが、眼鏡はかけていない。

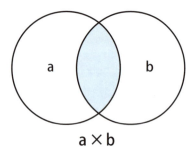

a×b

帽子を被り眼鏡もかけている。

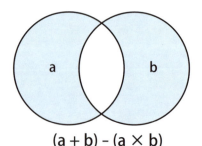

(a＋b) − (a×b)

帽子を被っているが、眼鏡はかけていない。
帽子は被っていないが、眼鏡をかけている。

セットを作る

セットはグループにしたい値をカンマで区切り{ }で囲って作ります。リストは同じ値の要素を複数個もつことができますが、セットの場合は1つのセットの中に同じ値の要素を重複して入れることができません。また、セットの要素には順序がありません。

次の例では色をグループ分けしたセットcolor_setAとcolor_setBを作っています。

Python インタプリタ 色のセットを2つ作る

```
>>> color_setA = {"blue", "yellow", "red"}
>>> color_setB = {"green", "blue", "black"}
```

▶途中で折り返したセット

リストやタプルと同じように、セットの要素が多い場合は途中で折り返して入力することができます。折り返した行の後ろにはコメントを書くことができます。カンマの前後の空白や空白行も無視されることから、次の例に示すように見やすくするために適当なインデントを付けることもできます。

File 途中で改行して入力したセット

«file» set_data.py

```
set1 = {
    11, 22, 33, 44, 55, # コメント
    111, 222
}
set2 = {
    33, 66, 99 # コメント
}
print(f"set1: {set1}")
print(f"set2: {set2}")
```

では、set_data.pyを実行してセットset1、set2を出力してみましょう。結果のようにコメント、改行、空白などが取り除かれたセットが出力されます。なお、セットは要素の順番をもたないので、要素がコードと同じ順で出力されるとは限りません。

【実行】set_data.pyを実行する

```
$ python set_data.py
set1: {33, 11, 44, 111, 22, 55, 222}  ——— コメント文と改行コードは取り除かれます
set2: {33, 66, 99}
```

▶要素の個数

セットの要素の個数は組み込み関数のlen()で数えることができます。次の例はcolor_setセットの要素の個数を調べています。

> **Python インタプリタ** セットの要素の個数
```
>>> color_set = {"blue", "pink", "orange", "white", "black"}
>>> len(color_set)
5
```

次節で説明するセットとセットの集合演算を行った結果として、合わせた要素、重なっている要素、重なっていない要素などの個数を知りたいということがあります。（☞ P.202）

▶ ある値が集合に含まれているかどうか

ある値がセットに含まれているかどうかは、in または not in の演算子で判断できます。なお、セットとセットの包含関係などを調べたい場合は集合演算を使います。集合演算は次節で解説します。

次の例ではセット color_set に "red" が含まれているかどうかを in で調べています。含まれていれば True、含まれていなければ False が返ってきます。color_set に "red" は含まれていないので結果は False です。

> **Python インタプリタ** セットに "red" が含まれていれば True
```
>>> color_set = {"blue", "pink", "orange", "white"}
>>> "red" in color_set
False
```

逆に not in は、含まれていないときに True、含まれているときに False になります。

> **Python インタプリタ** セットに "red" が含まれていなければ True
```
>>> color_set = {"blue", "pink", "orange", "white"}
>>> "red" not in color_set
True
```

set() で集合を作る

組み込み関数の set() を使うと、連番のセットを作ったり、リストや文字列をセットに変換したりできます。次の例は range() で作ったシーケンスから 0〜19 の 2 の倍数のセットと 3 の倍数のセットを作っています。

> **Python インタプリタ** range() を使ってセットを作る
```
>>> num2set = set(range(0,20,2))    # 0〜19 の 2 の倍数のセット
>>> num3set = set(range(0,20,3))    # 0〜19 の 3 の倍数のセット
>>> num2set
{0, 2, 4, 6, 8, 10, 12, 14, 16, 18}
>>> num3set
{0, 3, 6, 9, 12, 15, 18}
```

▶ 空集合を作る

要素が空のセットを空集合と呼びます。空集合は set() で作ります。空のリストを [ ] で作れるように、空集合を { } で作れるように思えますが、{ } は次章で解説する辞書、空の辞書になります（☞ P.219）。

次の例はset()を使って空のセットempty_setを作っています。空のセットを出力するとset()と表示されます。

> **Python インタプリタ** 空集合（空のセット）を作る
```
>>> empty_set = set()
>>> empty_set
set()
```

▶ リストから重複を除外する

次の例ではリストからセットを作っています。リストの値に重複している要素が含まれている場合には、重複している要素は除外されて1個になります。次の例ではdataに103と167が2個ずつ入っていますが、これをもとにして作ったdatasetでは重複がなくなっています。

> **Python インタプリタ** リストからセットを作る（重複した要素が取り除かれる）
```
>>> data = [101, 103, 103, 115, 167, 167, 189]
>>> dataset = set(data)
>>> dataset
{101, 167, 103, 115, 189}   ——— 要素の重複が取り除かれています
```

セットはlist()でリストに変換できるので、この操作はリストから重複した値を取り除きたいときに手軽に利用できます。ただし、セットの要素には順番がないので、要素の並びは元のセットと同じにはならない点に注意が必要です。次の例ではリストに変換した後でソートし直しています。

> **Python インタプリタ** セットをリストに変換する
```
>>> dataset = {101, 167, 103, 115, 189}
>>> datalist = list(dataset)    # リストに変換する
>>> datalist
[101, 167, 103, 115, 189]   ——— セットがリストになります
>>> datalist.sort()    # ソートする
>>> datalist
[101, 103, 115, 167, 189]
```

▶ 文字列からセットを作る

文字列からセットを作ると1文字ずつに分かれ、重複した文字が取り除かれたセットになります。次の例では"happy"からセットを作っていますが、重複している"p"は1個になっています。

> **Python インタプリタ** 文字列からセットを作る（重複した文字が取り除かれる）
```
>>> happyset = set("happy")   ——— 文字列からセットを作ります
>>> happyset
{'p', 'y', 'h', 'a'}   ——— 重複した"p"が取り除かれて、1文字ずつがセットの要素になります
```

要素の追加と削除

set()で作成したセットには要素を追加したり、削除したりすることができます。追加にはadd()、削除にはremove()、discard()、clear()を使います。なお、セットに対して別のセットの要素を足したり、あるいは取り除いたりする集合演算は次節で説明します（☞ P.202）。

▶セットに要素を追加する

セットに要素を追加するにはadd()メソッドを使います。次の例では最初にset()で空のセットfruitsを作っておき、add()で"apple"と"orange"を追加しています。

Pythonインタプリタ　空のセットに要素を追加していく
```
>>> fruits = set()
>>> fruits.add("apple")          ──── セットに要素を追加していきます
>>> fruits.add("orange")
>>> fruits
{'apple', 'orange'}
```

セットは重複した値を持てないので、すでに入っている要素を追加できません。追加しようとしてもエラーにはならず無視されます。

Pythonインタプリタ　既存の要素を追加しても無視される
```
>>> fruits
{'apple', 'orange'}
>>> fruits.add("orange")         # すでに入っている "orange" を追加してみる
>>> fruits
{'apple', 'orange'}
```

▶セットから要素を削除する

セットから要素を削除するにはremove()で削除したい要素の値を指定します。セットは要素の順をもたないので、要素の位置を指して削除することはできません。削除しようとした要素がセットに含まれていない場合はKeyErrorエラーになります。

次の例では "apple"、"orange"、"banana"、"peach" の入ったfruitsセットから "banana" を削除しています。

Pythonインタプリタ　fruitsセットから"banana"を削除する
```
>>> fruits
{'apple', 'orange', 'banana', 'peach'}
>>> fruits.remove("banana")      ──── セットから要素を取り除きます
>>> fruits
{'apple', 'orange', 'peach'}
>>> fruits.remove("banana")
Traceback (most recent call last):
  File "<stdin>", line 1, in <module>
KeyError: 'banana'               ──── すでにセットには"banana"が含まれていないのでKeyErrorエラーになります
```

discard()でも指定した要素を削除できます。remove()とは違いdiscard()は削除しようとした要素がセットに含まれていない場合にエラーにならず操作が無視されます。

次の例ではdiscard()を使って要素を削除しています。1回目は"green"を削除していますが、セットには最初から"green"がないので元のセットは変化せずエラーにもなりません。2回目は"red"を削除しています。"red"はセットに含まれているので、color_setから取り除いています。

> **Python インタプリタ** discard()でセットの要素を削除する
> ```
> >>> color_set = {"blue", "yellow", "red"}
> >>> color_set.discard("green")  ——— 含まれていない要素を削除しようとしてもエラーになりません
> >>> color_set
> {'yellow', 'blue', 'red'}
> >>> color_set.discard("red")
> >>> color_set
> {'yellow', 'blue'}
> ```

▶ セットを空にする

set()を代入すると新しく空のセットが作られますが、clear()を実行することで既存のセットを空にできます。

> **Python インタプリタ** 既存のセットを空にする
> ```
> >>> dataset = {0.1, 0.2, 0.5, 1.3, 1.6}
> >>> dataset.clear()
> >>> dataset
> set()   ——— 空のセットになります
> ```

セットから要素を1個取り出して削除する

リストと同じようにpop()を使ってセットから要素を取り出して、リストから削除することもできます。pop()を実行すると取り出した要素が返ります。

なお、セットには要素の並び順がないので、pop()で取り除かれるのが最後の要素というわけではありません。pop(0)のように位置を指すとTypeError、空のセットに対してpop()を実行するとKeyErrorになります。

> **Python インタプリタ** セットから要素を1個ずつ取り除く
> ```
> >>> color_set = {"red", "green", "blue"}
> >>> item = color_set.pop()      # 要素を1個取り除きます
> >>> item         # 取り出した要素が入っています
> 'green'
> >>> color_set      # "green" が取り除かれています
> {'blue', 'red'}
> ```

frozenset型のセット

セットにはfrozenset()で作るセットもあります。frozenset()で作るセットもset()と同じように作ります。{}およびset()で作ったセットはset型、frozenset()で作ったセットはfrozenset型です。

Pythonインタプリタ　frozenset()のセットを作る
```
>>> dataset = frozenset(["a", "b", "c"])
>>> dataset
frozenset({'a', 'c', 'b'})
>>> type(dataset)
<class 'frozenset'>          ──── frozenset型のセット
```

▶変更不可のfrozenset

set型のセットは後から値を追加したり削除したりできますが、frozenset型のセットはそのような変更ができないという違いがあります。たとえば、set型のセットにはadd()で要素を追加できますが、frozenset型のセットにadd()を実行するとエラーになります。

Pythonインタプリタ　frozenset型のセットにadd()で要素を追加するとエラーになる
```
>>> dataset = frozenset(["a", "b", "c"])
>>> dataset.add("x")      ──── frozenset型のセットは要素の変更などできません
Traceback (most recent call last):
  File "<stdin>", line 1, in <module>
AttributeError: 'frozenset' object has no attribute 'add'
```

pop()、remove()、clear()で値を削除することもできません。

Pythonインタプリタ　frozenset型のセットの値は削除できない
```
>>> dataset.clear()       ──── forozenset型のセットはメソッドでの削除もできません
Traceback (most recent call last):
  File "<stdin>", line 1, in <module>
AttributeError: 'frozenset' object has no attribute 'clear'
```

したがって、要素を変更されては困るセットをfrozenset()で作ることでコードの信頼性が高まります。

セット内包表記

セットはリストと同じように内包表記を使って作ることができます。リスト内包表記とセット内包表記との違いは、[ ] と { } の違いだけです。内包表記の例はリスト内包表記の説明で多く示してあるので、そちらも参考にしてください（☞ P.173）。

> **書式** セット内包表記
>
> { 式 **for** 変数 **in** イテラブル }

次の例はリスト nums からセット num_set を作る際に値を2倍にしています。

Python インタプリタ　リストの要素を2倍にしてセットを作る
```
>>> numbers = [1, 2, 3, 4, 5, 6]
>>> num_set = {num*2 for num in numbers}      # セット内包表記
>>> num_set
{2, 4, 6, 8, 10, 12}
```

▶ 条件式付きのセット内包表記

リストと同様に条件式付きのセット内包表記も利用できます（☞ P.175）。

> **書式** 条件式付きのセット内包表記
>
> { 式 **for** 変数 **in** イテラブル **if** 条件式 }

次は numbers からセットを作る条件式付きのセット内包表記です。if num>0 の条件によって負の値が除かれます。また、numbers には重複する値が混ざっていますが、セットになる際に重複する値も弾かれています。

Python インタプリタ　リストの正の要素だけでセットを作る
```
>>> numbers = [-1.3, 1.2, -1.2, 1.1, 1.5, -1.1, 1.2, 1.1, 1.4]
>>> num_set = {num for num in numbers if num>0 }
>>> num_set
{1.2, 1.4, 1.1, 1.5}
```

Section 8-2
セットの集合演算

この節ではセットの足し算、引き算、掛け算といった集合演算、そして、a セットに b セットが完全に含まれているかどうかという包含関係の判定などを行う方法を説明します。

集合演算で新しいセットを作る

セットは集合演算を行ってこそ使う意味があります。基本的な集合演算については、前節の最初でベン図を添えて紹介しましたが、ここでは実際に演算を行う方法を説明します

和集合、積集合、差集合、対称差集合のそれぞれの演算に対して、|、&、-、^の演算子とunion()、intersection()、difference()、symmetric_difference()のメソッドがあります。演算子を使う場合はセット同士の演算でなければなりませんが、メソッドにはセット以外のイテラブル（☞ P.173）でも引数として渡せます。では、1つずつ詳しく見ていきましょう。

▶a セットと b セットの要素を合わせる　和集合

和集合の演算には | 演算子または union() を使います。和集合の演算では、a セットと b セットがあるとき、2つのセットの要素を合わせた c セットを作ります。このとき、a セットと b セットの要素に同じ値が含まれていても、c セットでは値が重複しないように値が合わさります。

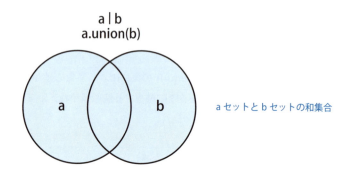

a セットと b セットの和集合

次の例のa、bは果物のセットです。a、b 2つのセットの和集合をa | bのようにして求めると両方に含まれている果物が合わさったセットが作られます。2つのセットには重複した果物（みかん、いちご）がありますが、和集合で作ったcセットでは重複していません。| 演算子を使う場合はa、bともにセットでなければなりません。

セットの集合演算 | Section 8-2

Python インタプリタ 和集合：すべてのセットの要素を合わせたセットを作る

```
>>> a = {"リンゴ", "みかん", "桃", "いちご"}
>>> b = {"いちご", "スイカ", "みかん", "バナナ"}
>>> c = a | b     # 和集合を求める
>>> c
{'桃', 'いちご', 'みかん', 'バナナ', 'リンゴ', 'スイカ'}
```

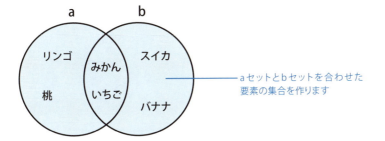

aセットとbセットを合わせた要素の集合を作ります

合わせたい集合がa、b、cのように3個以上ある場合には、次のように演算子を連結して書くことができます。

Python インタプリタ セットa、b、cの和集合を求める

```
>>> a = {"リンゴ", "みかん", "桃", "いちご"}
>>> b = {"いちご", "スイカ"}
>>> c = {"みかん", "バナナ"}
>>> d = a | b | c     # 和集合を求める
>>> d
{'みかん', 'バナナ', '桃', 'リンゴ', 'スイカ', 'いちご'}
```

セットa、b、cのすべての要素が集まってます

union()を使って和集合を求める場合、文字列やリストなどのセット以外のイテラブルでも引数として渡せます。引数はカンマで区切って複数個のイテラブルを与えることもできます。次の例ではセットset1とリストlist1、list2を和集合で合わせてセットdataを作っています。set1、list1、list2には重複する要素がありますが、和集合で合わせたdataの要素には重複がありません。

Python インタプリタ union()を使って和集合を求める

```
>>> set1 = {1, 2, 3}
>>> list1 = [2, 4, 6, 8]
>>> list2 = [3, 6, 9]
>>> data = set1.union(list1, list2)     # 和集合を求める
>>> data
{1, 2, 3, 4, 6, 8, 9}
```

和集合には重複の要素はありません

▶aセットとbセットの共通要素　積集合

積集合の演算には&演算子またはintersection()を使います。a、bのセットの積集合を求めると2つのセットで共通している要素のセットが作られます。

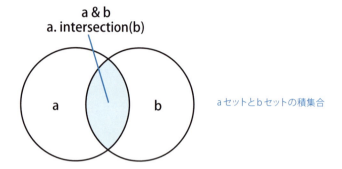

aセットとbセットの積集合

次の例ではaセット、bセットの積集合をa & bのようにして求めています。その結果、2つのセットに共通している果実（みかん、いちご）がセットcに入ります。a & bのように&演算子を使って積集合を求める場合は、a、bともにセットでなければなりません。

Pythonインタプリタ　積集合：a、bセットの共通した要素のセットcを作る
```
>>> a = {"リンゴ", "みかん", "桃", "いちご"}
>>> b = {"いちご", "スイカ", "みかん", "バナナ"}
>>> c = a & b      # 積集合を求める
>>> c
{'みかん', 'いちご'}  ──── 共通する要素が入っています
```

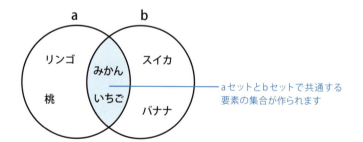

aセットとbセットで共通する要素の集合が作られます

複数のセットの積集合を演算したい場合には a & b & c のように演算式を続けていきます。a、b、cともにセットでなければなりません。

セットの集合演算 | Section 8-2

```
Python インタプリタ  セットa、b、cの積集合を&演算子を使って求める
>>> a = {"リンゴ", "みかん", "桃", "いちご"}
>>> b = {"いちご", "スイカ", "みかん", "バナナ"}
>>> c = {"いちご", "リンゴ"}
>>> d = a & b & c      # 積集合を求める
>>> d
{'いちご'}              ── 3つの集合で共通している要素が入っています
```

これをintersection()を使って書くと次のようになります。

```
Python インタプリタ  セットa、b、cの積集合をintersection()を使って求める
>>> d = a.intersection(b, c)    # 積集合を求める
>>> d
{'いちご'}
```

▶aセットからbセットの要素を取り除く　差集合

差集合の演算には、- 演算子またはdifference()を使います。差集合の演算では、aセットからbセットの要素を取り除いたセットを作ります。

aセットとbセットの差集合

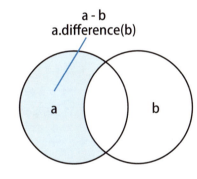

- 演算子を使って差集合を求める式はa - bのように引き算の式になります。a - bで差集合を求めるとaセットにある果実からbセットに含まれている果物を取り除いた果実のcセットが作られます。a、bともにセットでなければなりません。

```
Python インタプリタ  差集合：aからbに含まれている要素を取り除いたセットを作る
>>> a = {"リンゴ", "みかん", "桃", "いちご"}
>>> b = {"いちご", "スイカ", "みかん", "バナナ"}
>>> c = a - b         # 差集合を求める
>>> c
{'リンゴ', '桃'}        ── aセットからbセットにある要素を取り除いた集合が作られます
```

difference()を使ってaセット、bセットの差集合を求める場合は次のようになります。

```
Python インタプリタ  difference()を使って差集合を求める
>>> c = a.difference(b)    # 差集合を求める
>>> c
{'リンゴ', '桃'}
```

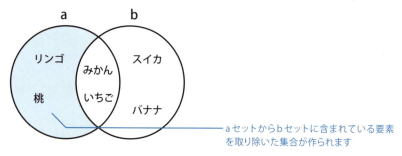

aセットからbセットに含まれている要素を取り除いた集合が作られます

▶ aセットとbセットの片方にのみ含まれている要素　対称差集合

対称差（排他的OR）の演算では、aセットとbセットのどちらか一方のみに含まれている要素を取り出したcセットを作ります。対称差の演算には、^演算子またはsymmetric_difference()を使います。

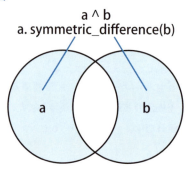

aセットとbセットの対称差集合

次の例ではaセット、bセットの対称差集合を求めています。対称差集合を求めるとaセットとbセットのどちらか片方だけに含まれている果実がcセットに入ります。

```
>>> a = {"リンゴ", "みかん", "桃", "いちご"}
>>> b = {"いちご", "スイカ", "みかん", "バナナ"}
>>> c = a ^ b      # 対称差集合を求める
>>> c
{'バナナ', '桃', 'リンゴ', 'スイカ'}
```
Pythonインタプリタ　対称差：a、bセットの片方だけに含まれている要素のセットを作る

片方だけに含まれている要素の集合が作られます

symmetric_difference()を使って対称差集合を求める場合は次のようになります。

```
>>> c = a.symmetric_difference(b)      # 対称差集合を求める
>>> c
{'バナナ', '桃', 'リンゴ', 'スイカ'}
```
Pythonインタプリタ　symmetric_difference()を使って対称差集合を求める

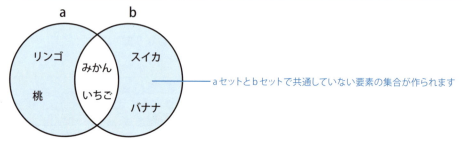

aセットとbセットで共通していない要素の集合が作られます

集合演算結果でセットの内容を更新する

これまでに説明した集合演算のメソッドでは演算結果で新しいセットを作っていましたが、集合演算でセットの値を更新するメソッドがあります。集合演算の演算子にも、それぞれに対応する代入複合演算子があります。なお、セットの値を更新する結果になるのでfrosenset型のセットは使えません。(☞ P.200)

▶ 和集合で更新する

update()は引数で与えた要素との和集合でセットを更新します。引数で与えたすべての要素を加えて更新します。引数で指定できる要素はイテラブルです。カンマで区切って複数個のイテラブルを与えることもできます。重複した要素があった場合、重複した要素は無視されます。

次の例ではdataセットに対してdata2とdata3のセットをカンマで区切って追加しています。和集合の結果で置き換えるので、重複しないすべての要素がdataセットに入ります。

Python インタプリタ セットの値を和集合で更新する
```
>>> data = {"red", "blue"}
>>> data2 = {"blue", "yellow"}
>>> data3 = {"blue", "green"}
>>> data.update(data2, data3)      # 和集合で更新する
>>> data                ── dataセットの値が更新されます
{'blue', 'red', 'yellow', 'green'}
```

このコードは複合代入演算子の |= を使って書くこともできます。演算子を使う式では、data、data2、data3がセットでなければなりません。

Python インタプリタ |= 演算子を使って和集合の代入を書いた場合
```
>>> data = {"red", "blue"}
>>> data2 = {"blue", "yellow"}
>>> data3 = {"blue", "green"}
>>> data |= data2      # 和集合で置き換える
>>> data |= data3      # 和集合で置き換える
>>> data
{'blue', 'red', 'yellow', 'green'}
```

▶ 積集合で更新する

intersection_update()は、引数で与えた複数のイテラブルの要素との積集合、つまり、共通する要素で更新されます。次の例ではdataセットに対してdata2との積集合を行い、共通する要素で置き換えています。

Python インタプリタ セットの値を積集合で置き換える
```
>>> data = {"red", "blue", "green", "yellow"}
>>> data2 = {"blue", "black", "yellow"}
>>> data.intersection_update(data2)     # 積集合で更新する
>>> data
{'blue', 'yellow'}     ── dataセットとdata2セットで共通している要素の集合になります
```

このコードは複合代入演算子の &= を使って書くこともできます。演算子を使う式では、dataとdata2がともにセットでなければなりません。

> **Pythonインタプリタ**　&= 演算子を使って積集合の代入を書いた場合
```
>>> data = {"red", "blue", "green", "yellow"}
>>> data2 = {"blue", "black", "yellow"}
>>> data &= data2       # 積集合で置き換える
>>> data
{'blue', 'yellow'}
```

▶差集合で更新する

difference_update()は、引数で与えた複数のイテラブルの要素との差集合、つまり、対象のセットから引数の要素を取り除いて更新します。次の例ではdataセットに対してdata2との差集合を行い、dataセットからdata2の要素を取り除いた要素で置き換えています。

> **Pythonインタプリタ**　セットの値を差集合で置き換える
```
>>> data = {"red", "blue", "green", "yellow"}
>>> data2 = {"blue", "black", "yellow"}
>>> data.difference_update(data2)     # 差集合で更新する
>>> data
{'red', 'green'}   ——— dataセットからdata2セットにも含まれている要素を取り除きます
```

このコードは複合代入演算子の -= を使って書くこともできます。演算子を使う式では、dataとdata2がともにセットでなければなりません。

> **Pythonインタプリタ**　-= 演算子を使って差集合の代入を書いた場合
```
>>> data = {"red", "blue", "green", "yellow"}
>>> data2 = {"blue", "black", "yellow"}
>>> data -= data2       # 差集合で置き換える
>>> data
{'red', 'green'}
```

▶対称差集合で更新する

symmetric_difference_update()は、引数で与えたイテラブルの要素との対称差集合、つまり、対象のセットと引数の要素の片方のみに含まれている要素で更新します。引数で指定できるイテラブルは1個だけです。

次の例ではdataセットに対してdata2との対称差集合を行い、dataセットとdata2のどちらか片方にだけ含まれている要素で置き換えています。

> **Pythonインタプリタ**　セットの値を対称差集合で置き換える
```
>>> data = {"red", "blue", "green", "yellow"}
>>> data2 = {"blue", "black", "yellow"}
>>> data.symmetric_difference_update(data2)    # 対称差集合で更新する
>>> data
{'red', 'green', 'black'}   ——— 片方に含まれている要素だけになります
```

このコードは複合代入演算子の ^= を使って書くこともできます。演算子を使う式では、dataとdata2がともにセットでなければなりません。

Pythonインタプリタ ^= 演算子を使って対称差集合の代入を書いた場合
```
>>> data = {"red", "blue", "green", "yellow"}
>>> data2 = {"blue", "black", "yellow"}
>>> data ^= data2     # 対称差集合で置き換える
>>> data
{'red', 'green', 'black'}
```

共通した要素があるかどうか

aセットとbセットの2つのセットを比較して、要素が完全に一致しているかどうか、共通の要素が1つでもあるかどうかを調べることができます。

▶ aセットとbセットの要素が等しい

2つのセットの要素が一致しているかどうかは == 演算子で比較することができます。要素が一致すればTrue、1つでも異なっていればFalseが返ります。繰り返しになりますが、セットには要素の順序がないので要素の並びは関係ありません。

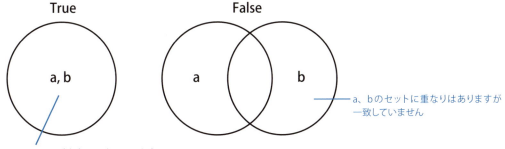

次の例ではセットa、b、cを比較しています。aとbは並び順が違いますが、含まれている要素が同じなので同じセットと見なされます。aとcでは、cはaの要素をすべて含んでいますが同じセットではないと判断されます。

Pythonインタプリタ 2つのセットの要素が一致するときTrue
```
>>> a = {1, 2, 3}         並びは違いますが、含まれている要素は同じです
>>> b = {3, 2, 1}
>>> c = {1, 2, 3, 4}
>>> a == b      # aとbが一致するとき True
True            aとbは要素が同じセットです
>>> a == c      # aとcが一致するとき True
False           aとcは要素が異なるセットです
```

!= 演算子でも比較もできます。こちらは==での比較とは論理値が逆でセットの要素が一致しないときにTrue、一致するときにFalseになります。

Python インタプリタ 2つのセットの要素が一致しないときTrue
```
>>> a = {1, 2, 3}
>>> b = {3, 2, 1}
>>> c = {1, 2, 3, 4}
>>> a != b     #aとbが一致しないとき True
False ─────────────────── aとbの要素が同じなのでFalse
>>> a != c     #aとcが一致しないとき True
True  ─────────────────── aとcは要素が一致しないのでTrue
```

▶ **aセットとbセットに共通要素がない**

2つのセットに共通要素があるかどうかはisdisjoint(other)で判定できます。共通要素がないときにTrueになり、1個でも共通した要素があるとFalseになります。

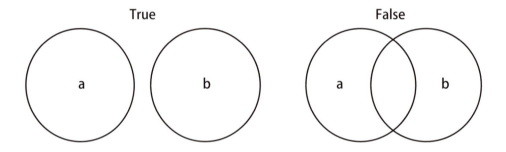

次の例では、aセットとbセット、aセットをcセットを比較しています。aセットとbセットには共通した要素がないのでa.isdisjoint(b)はTrueになり、aセットをcセットではどちらにも"fire"があるのでa.isdisjoint(c)はFalseになります。

Python インタプリタ 共通している要素があるかないかを確かめる
```
>>> a = {"earth", "wind", "fire"}
>>> b = {"sky", "sea"}
>>> c = {"fire", "water"}
>>> a.isdisjoint(b)     #aとbには共通要素がない
True
>>> a.isdisjoint(c)     #aとcにはどちらも"fire"がある
False
```

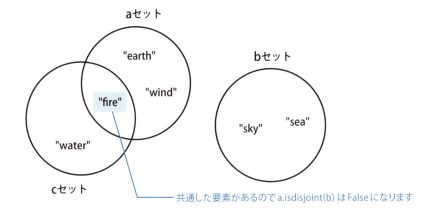

共通した要素があるので a.isdisjoint(b) は False になります

セットの包含関係

2つのセットを比較したとき、どちらかが片方の要素をすべて含んでいるかどうかの包含関係を調べることができます。包含関係は、どちらが他方を含んでいるかでスーパーセット／サブセットとして区別できます。

aセットの要素がすべてbセットに含まれているとき、aセットはbセットのサブセット（部分集合）、bセットはaセットのスーパーセット（上位集合）であるといいます。

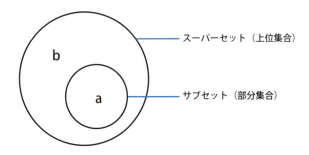

▶ aセットはbセットに含まれている　サブセット（部分集合）

aセットがbセットのサブセットであるかどうかは a.issubset(b) のメソッド、a<b および a<=b の演算子で判定できます。issubset() と <= は、aとbの要素が等しい場合にも True になります。

```
Python インタプリタ    aセットがbセットのサブセットかどうかを判定する
>>> a = {"blue", "red"}
>>> b = {"blue", "green", "red", "pink", "white"}
>>> a.issubset(b)    # a は b のサブセットである
True
>>> a <= b    # a は b のサブセットである
True
```
演算子でも判定できます

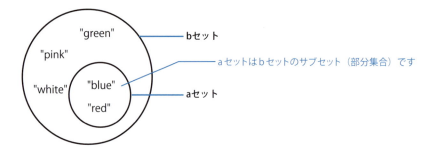

▶ aセットはbセットを含んでいる　スーパーセット（上位集合）

aセットがbセットのスーパーセットであるかどうかは a.issuperset(b) のメソッド、a>b および a>=b の演算子で判定できます。issuperset() と >= は、aとbの要素が等しい場合にも True になります。

> **Python インタプリタ**　aセットがbセットのスーパーセットかどうかを判定する

```
>>> a = {1999, 2011, 2013, 2014, 2016, 2017}
>>> b = {2011, 2013, 2014}
>>> a.issuperset(b)         # a は b のスーパーセットである
True
>>> a >= b         # a は b のスーパーセットである
True
```

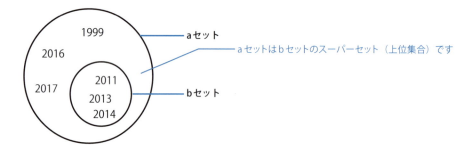

Part 2　基礎：Pythonの基本構文を学ぶ

Chapter 9

辞書

辞書（dict）はリストと同じように複数の値を管理するために利用しますが、値の要素には順番がなく「キー」すなわち名前を付けて区別して参照します。辞書はいろいろな場面で利用されているデータ型なので、リストと並んで基本的な操作を必ず習得しておきましょう。

Section 9-1　辞書を作る
Section 9-2　辞書から値を取り出す

Chapter 9　辞書

Section 9-1
辞書を作る

この節では辞書を作ったり、辞書に含まれる要素を追加／削除したりする方法などを説明します。

辞書とは

辞書（dict）は、リストと同じように複数の値を1つにまとめて扱うためのデータ形式です。リストは要素の並び順（インデックス番号、オフセット）で値を管理しますが、辞書は要素ごとにキー（名前）を付け、キーで要素の値を取り出せるように管理します。

辞書を作る

辞書は「キー:値」をペアとした要素をカンマで区切り{ }で囲って作ります。要素はキーで参照するので、1つの辞書に同じキーの要素を重複して入れることはできません。また、辞書の要素には順序がありません。

> **書式** 辞書の書式
>
> { キー1: 値1, キー2: 値2, キー3: 値3, ... }

次に辞書の例をいくつか示します。辞書 stock は "S"、"M"、"L" をキーにして、数値の値がペアになっています。result は値が論理値の辞書、point はキーが数値の辞書です。

Pythonインタプリタ　辞書の例
```
>>> stock = {"S": 7, "M": 12, "L": 3}
>>> result = {"t1": True, "t2": False, "t3": True}
>>> point = {10: 5.37, 20: 5.56, 30: 5.05, 40: 5.16}
```

stock辞書

キー	値
"S"	7
"M"	12
"L"	3

result辞書

キー	値
"t1"	True
"t2"	False
"t3"	True

point辞書

キー	値
10	5.37
20	5.56
30	5.05
40	5.16

キーに使っているものが途中で変化してしまうと困るので、要素のキーは文字列、数値などのイミュータブルな値でなければなりません。つまり、変更可能なリストや辞書をキーすることはできません。リストと違ってタプルはイミュータブルなので、要素が文字列や数値であればキーにすることができます。

> **Python インタプリタ** タプルがキーになっている辞書
> ```
> >>> d = {(2011, "ab"): 10, (2011, "ax"): 12.5, (2013, "bw"):16}
> ```
> タプルはキーにできます

▶途中で折り返した辞書

辞書の要素が多い場合は途中で折り返して入力することができます。折り返した行の後ろにはコメントを書くことができます。カンマの前後の空白や空白行も無視されることから、次の例に示すように見やすくするために適当なインデントを付けることもできます。

> **File** 途中で改行して入力した辞書
>
> «file» metro.py
> ```
> metro = {
>     "G": " 銀座線 ",     # コメント
>     "M": " 丸ノ内線 ",   # コメント
>     "H": " 日比谷線 ",   # コメント
>     "T": " 東西線 ",
>     "C": " 千代田線 ",
>     "Z": " 半蔵門線 ",
>     "N": " 南北線 ",
>     "F": " 副都心線 "
> }
> print(metro)
> ```

では、metro.pyを実行してmetro辞書を出力してみましょう。結果のようにコメント、改行、空白などが取り除かれた辞書が出力されます。

> 【実行】metro.pyを実行する
> ```
> $ python metro.py
> {'G': ' 銀座線 ', 'M': ' 丸ノ内線 ', 'H': ' 日比谷線 ', 'T': ' 東西線 ', 'C': ' 千代田線 ', 'Z': ' 半蔵門線 ', 'N': ' 南北線 ', 'F': ' 副都心線 '}
> ```

▶要素の個数

辞書の要素の個数はlen()で数えることができます。次の例はfruit辞書の要素の個数を調べています。

> **Python インタプリタ** 辞書の要素の個数
> ```
> >>> fruit = {"apple": 2, "orange": 8, "mango":2, "peach":1}
> >>> len(fruit)
> 4
> ```
> fruit辞書には要素が4個入っています

dict()で辞書を作る

dict()を使うことで、いろいろな方法で辞書を作ることができます。キーと値のタプルのリストから辞書を作る、キーのリストと値のリストを合わせて辞書を作るといったことができます。

▶タプル(キー, 値)のリストから辞書を作る

まず、キーと値のタプルのリストから辞書を作る方法を紹介します。(キー, 値)のようにキーと値をペアにしたタプルを作り、これをリストにしてdict()の引数として渡します。

Python インタプリタ (キー, 値)のリストから辞書を作る

```
>>> data = dict([("yellow",3), ("blue",6), ("green",5)])        # 辞書を作る
>>> data
{'yellow': 3, 'blue': 6, 'green': 5}
```

▶キーと値のリストを合わせて辞書にする

zip()を利用するとキーのリストと値のリストを合わせて、(キー, 値)のタプルのリストを作ることができます（☞ P.191）。タプルのリストから辞書を作れるので、キーのリストと値のリストがあれば2つを合わせて辞書にすることができます。

もし、キーと値の個数が一致していない場合は、必ずキーと値のペアになるように個数が少ない方に合わせて作られます。また、リストに重複するキーがあったならば、その値は後からの値で更新されます。

次の例ではキーを納めたkeysリストとそれぞれの値を納めたvaluesリストからdata辞書を作っています。

Python インタプリタ キーのkeysリストと値のvaluesリストから辞書を作る

```
>>> keys = ["yellow", "blue", "green"]
>>> values = [3, 6, 5]
>>> data = dict(zip(keys, values))        # 辞書に変換する
>>> data                                   ─(キー, 値)のリストが作られる
{'yellow': 3, 'blue': 6, 'green': 5}
```

▶リスト[キー, 値]のタプルから辞書を作る

タプルのリストとは逆で、複数の[キー, 値]のリストをタプルにして、これをdict()の引数として渡しても辞書が作られます。

Python インタプリタ [キー, 値]のタプルから辞書を作る

```
>>> data = dict((["yellow",3], ["blue",6], ["green",5]))
>>> data
{'yellow': 3, 'blue': 6, 'green': 5}
```

▶ キーワード引数を利用する

　キーワード引数とは関数の引数名を指定して値を渡す方法です（☞ P.243）。この方法をdict()に対して行うことで辞書のキーとその値を指定できます。引数名は文字列ではありませんが、辞書になると文字列のキーとして使われます。

　次の例では、yellow、blue、greenの引数名がそのまま辞書のキーになっている点に注目してください。

| Python インタプリタ | dict()のキーワード引数を利用して辞書を作る |

```
>>> data = dict(yellow = 3, blue = 6, green = 5)    # 辞書を作る
>>> data                                             キーとその値を引数にします
{'yellow': 3, 'blue': 6, 'green': 5}
```

初期値で辞書を作る

　dict.fromkeys()はキーの初期値から辞書を作るメソッドです。fromkeys()はdictクラス自身に対して実行するクラスメソッドなので、dict.fromkeys()のように実行します。dict.fromkeys()で作る辞書のキーはイテレータで指定し、キーの初期値は共通の値として1個だけ指定します。

| 書式 | クラスメソッド fromkeys() |

dict.fromkeys(イテレータ , 初期値)

　次の例ではキーをリストの["S", "M", "L"]で渡し、その初期値は0を指定しています。できたstock辞書は{'S': 0, 'M': 0, 'L': 0}になります。

| Python インタプリタ | 初期値を0にした辞書をリストから作る |

```
>>> stock = dict.fromkeys(["S", "M", "L"], 0)
>>> stock                  キーになります    値になります
{'S': 0, 'M': 0, 'L': 0}
```

▶ 初期値を省略した場合

　キーにはイテレータを指定するので文字列をキーとして指定できます。次のように"abcd"をキーとして指定すると、"a"、"b"、"c"、"d"の1文字ずつに分解されてキーになります。第2引数で指定する初期値を省略すると、値がないことを示す定数のNoneが初期値になります。

| Python インタプリタ | 文字列をキーとして指定し、初期値を省略する |

```
>>> data = dict.fromkeys("abcd")
>>> data                          1文字ずつに分解されてキーになります
{'a': None, 'b': None, 'c': None, 'd': None}
```

辞書の要素の更新と追加

既存の辞書に要素を追加したり削除したりする場合、指定のキーの要素があるかどうかで結果が違ってきます。

▶キーがあれば更新、なければ追加する

既存の辞書に要素を追加するもっとも手軽な方法は、次のようにキーを指定して値を設定する方法です。指定したキーが辞書にあった場合にはそのキーの値が更新され、キーがなかった場合にはそのキーの要素が追加されます。

> **書式** 辞書のキーの値を更新する／要素を追加する
>
> 辞書 [キー] = 値

次の例ではdata辞書のキー "blue" の値を10に更新し、「"white": 5」の要素を追加しています。

Pythonインタプリタ "blue"の値を更新し、"white"の要素を追加する

```
>>> data = {"yellow": 3, "blue": 6, "green": 5}
>>> data["blue"] = 10
>>> data["white"] = 5
>>> data
{'yellow': 3, 'blue': 10, 'green': 5, 'white': 5}
```
（`blue: 10` —更新されました、`white: 5` —追加されました）

▶キーがあればそのまま、なければ追加する

setdefault()はキーで指定した要素が存在しないときに要素を追加します。指定したキーがすでに存在するときは値は置き換えません。setdefault()を実行した結果、現在のキーの値が何になっているかが返ってきます。なお、第2引数で指定する値を省略すると値はNoneになります。

次の例では "blue" のキーはすでにあるので値は変わらずに現在の値である6が返り、"white" はキーがないので "white: 10" の要素が追加されて10が返ります。

Pythonインタプリタ キーが存在しないときに要素を追加する

```
>>> data = {"yellow": 3, "blue": 6, "green": 5}
>>> data.setdefault("blue", 10)    # "blue" キーがあるので何も変更しない
6
>>> data.setdefault("white", 10)   # "white" キーはないので要素を追加する
10
>>> data
{'yellow': 3, 'blue': 6, 'green': 5, 'white': 10}
```
（`blue: 6` —変更されません、`white: 10` —追加されました）

辞書を作る　Section 9-1

▶空の辞書に要素を追加する

要素がない空の辞書は{}またはdict()で作ります。まず、空の辞書を作ってみましょう。

Pythonインタプリタ 空の辞書を作る

```
>>> d1 = {}        # 空の辞書
>>> d2 = dict()    # 空の辞書
>>> d1
{}
>>> d2
{}
```

では、空の辞書に要素を追加していく例を示します。最初に空の辞書のnumberを作り、要素を追加していきます。

Pythonインタプリタ 空の辞書に要素を追加していく

```
>>> number = {}         # 空の辞書を作る
>>> number["one"] = 1        ──── 指定したキーがないので要素が追加されます
>>> number["two"] = 2
>>> number["three"] = 3
>>> number["four"] = 4
>>> number
{'one': 1, 'two': 2, 'three': 3, 'four': 4}
```

他の辞書で更新する

update()を使えば、元になる辞書を別の辞書で更新することができます。次の例ではdata辞書をnewdata辞書で更新しています。更新用のnewdataは{"a":15, "d": 99}です。"a"キーはdata辞書にもあるのでdataの"a"の値を15に変更します。一方、"d"キーはdataにありません。そこでdataに"d": 99の要素が追加されます。data辞書には更新用のnewdataにはない"b"と"c"のキーがありますが、これは削除されずにそのまま残ります。

Pythonインタプリタ data辞書をnewdata辞書で更新する

```
>>> data = {"a": 10, "b": 20, "c": 30}     # 元の辞書
>>> newdata = {"a": 15, "d": 99}           # 更新用の辞書
>>> data.update(newdata)        # dataを更新する
>>> data
{'a': 15, 'b': 20, 'c': 30, 'd': 99}  ──── data辞書が更新されます
```

{"a": 15, "d": 99}

更新する ↓　　追加する ↘

{"a": 10, "b": 20, "c": 30}　→ 更新結果 →　{'a': 15, 'b': 20, 'c': 30, 'd': 99}

辞書の要素を削除する

辞書の要素を個別に削除したい場合にはdel文を使い、削除したい要素のキーを指定します。指定したキーが存在しない場合にはKeyErrorになります。次の例ではfruit辞書にある"mango"キーの要素を削除しています。

> Pythonインタプリタ　指定のキーの要素を削除する

```
>>> fruit = {"apple": 7, "orange": 5, "mango":3}
>>> del fruit["mango"]        # "mango" キーの要素を削除する
>>> fruit
{'apple': 7, 'orange': 5}
```

なお、辞書の要素を取り出して削除する方法については次節で説明します。（☞ P.227）

▶ 辞書の要素をすべて削除する

辞書のすべての要素を削除するにはclear()を使います。辞書そのものが削除されるのではなく、辞書の要素が空になります。

> Pythonインタプリタ　辞書のすべての要素を削除する

```
>>> fruit = {"apple": 7, "orange": 5, "mango":3}
>>> fruit.clear()             # 要素をすべて削除する
>>> fruit
{}
```

辞書内包表記

辞書でも内包表記を利用できます。基本的な使い方はリスト内包表記、セット内包表記と同じです（☞ P.173、P.201）。辞書内包表記の書式は次のとおりです。

> 書式　辞書内包表記

```
{ キー : 値 for キー in イテラブル }
```

次の例は辞書のキーをkeysリストから順に取り出し、値を乱数で設定します。

> Pythonインタプリタ　キーをリストから取り出し、値を乱数にした辞書を作る

```
>>> from random import randint
>>> keys = ["green", "red", "blue", "yellow"]
>>> data = {key: randint(1, 100) for key in keys}     # keysからキーにする文字列を順に取り出します
>>> data
{'green': 27, 'red': 56, 'blue': 24, 'yellow': 94}
```

次の例は文字列の"hello"から1文字ずつ取り出してキーにし、その文字のユニコードを組み込み関数のord()で求めて値として設定しています。"hello"には "l" が2個ありますが、辞書ではキーが重複しないように自動的に処理されます。

> Pythonインタプリタ　文字をキーにして、そのユニコードを値にする
```
>>> unicode = {letter:ord(letter) for letter in "hello"}
>>> unicode
{'h': 104, 'e': 101, 'l': 108, 'o': 111}
```
　　　　　　　　　　　　　　　　　文字列を1文字ずつに分解して
　　　　　　　　　　　　　　　　　辞書のキーにします

辞書を複製する

基本となる辞書を元に要素を追加したり、値を変更したりしたいとき、元の辞書を複製する場合があります。辞書はリストと同じく、ほかの変数に代入してもオブジェクトの参照が渡されるだけで複製されません。（☞P.165）

たとえば、次のようにdata辞書を変数data_bに代入して値を変更すると、元のdataの値も変更されてしまいます。

> Pythonインタプリタ　辞書を変数に代入する
```
>>> data = {"a":100, "b":200, "c":300}
>>> data_b = data          # 代入する ──── 辞書を代入すると参照が入ります
>>> data_b["c"] = 0        # data_b の "c" の値を変更する
>>> data_b
{'a': 100, 'b': 200, 'c': 0}
>>> data
{'a': 100, 'b': 200, 'c': 0}  ──── 代入元のdataも更新されています
```

辞書を複製して同じ値をもった別の辞書を作るには、次のようにcopy()を使います。今度は複製したdata_bの値を変更しても元のdataの値はそのままで変化していません。

> Pythonインタプリタ　辞書を複製する
```
>>> data = {"a":100, "b":200, "c":300}
>>> data_b = data.copy()   # data を複製する
>>> data_b["c"] = 0        # data_b の "c" の値を変更する
>>> data_b
{'a': 100, 'b': 200, 'c': 0}
>>> data
{'a': 100, 'b': 200, 'c': 300}  ──── コピー元のdataは変化していません
```

▶同じ構造の辞書を作る

先に紹介したdict.fromkeys()を使えば（☞ P.217）、既存の辞書を元に同じキーをもった辞書を新たに作ることもできます。次の例ではfruit辞書と同じキーの辞書fruit2を作っています。fruit2の各値の初期値は0にしています。

Pythonインタプリタ 同じキーをもった辞書を作る

```
>>> fruit = {"apple": 7, "orange": 5, "mango": 3, "peach": 6}
>>> fruit2 = dict.fromkeys(fruit, 0)         ── fruit辞書を元にfruit2辞書を作ります
>>> fruit2                                    └─ すべての値を0にします
{'apple': 0, 'orange': 0, 'mango': 0, 'peach': 0}
```

> **❶ MEMO**
>
> **pprintモジュールを使って出力する**
>
> pprint(pretty-print) モジュールを使うと辞書のキーと値を読みやすいフォーマットで出力できます。たとえば、次のように出力することができます。
>
> **Pythonインタプリタ** pprint.pprint()で辞書を出力する
>
> ```
> >>> import pprint
> >>> from random import random
> >>> data = {key:random() for key in "abcdefg"}
> >>> pprint.pprint(data)
> {'a': 0.05275946128271625,
>  'b': 0.1381786263494642,
>  'c': 0.9136921040842314,
>  'd': 0.22094381266281304,
>  'e': 0.630725553049272,
>  'f': 0.9855228342751705,
>  'g': 0.2332630719353076}
> >>>
> ```

Section 9-2
辞書から値を取り出す

辞書の作り方がわかったところで、この節では辞書から値を取り出す方法を説明します。個々のキーの値を調べたり、すべての値やすべてのキーを取り出したりします。

キーの値を調べる

辞書に入っている値を調べるには、辞書[キー]のようにキーを指定して参照します。次の例ではmembers辞書に3個の要素が入っています。membersから東京の値を取り出すには、members["東京"]のように指定します。

Python インタプリタ members辞書の東京の値を調べる
```
>>> members = {"東京": 21, "大阪": 16, "福岡": 11}
>>> members["東京"]
21
```
値を調べたいキーを入れます

▶KeyErrorを例外処理で回避する

辞書にはないキーを指定するとKeyErrorになります。たとえば、members辞書の沖縄の値を調べるとエラーになります。

Python インタプリタ 存在しないキーを指定するとKeyErrorになる
```
>>> members["沖縄"]
Traceback (most recent call last):
  File "<stdin>", line 1, in <module>
KeyError: '沖縄'
```
辞書にキーがないとエラーになります

このKeyErrorを例外処理を使って回避するコードを書いてみましょう。次のコードを実行するとキーがあればその値が返り、キーがなければ「沖縄のデータはありません。」のようにメッセージが表示されます。

File KeyErrorを例外処理で回避する

«file» dict_try.py
```python
city = input("調べる地区名：")    # 辞書から取り出すキーを入力する
members = {"東京": 21, "大阪": 16, "福岡": 11}
# 例外処理に組み込む
try :
    value = members[city]
    print(f"{city}の値は{value}です")
except KeyError :
    print(f"{city}のデータはありません。")
except Exception as error :
    print(error)
```

では、dict_try.pyを実行して大阪と沖縄のデータを調べてみましょう。大阪を指定すると値が16と返りますが、沖縄を指定すると「沖縄のデータはありません。」と返ります。

【実行】dict_try.pyを実行する

```
$ python dict_try.py
調べる地区名：大阪
大阪の値は 16 です         ──── キーがあれば値が出力されます
$ python dict_try.py
調べる地区名：沖縄
沖縄のデータはありません。  ──── キーがないときはメッセージが出力されます
```

▶ キーがあれば調べる

get()でキーを指定して値を取り出すと、指定したキーがない場合にもエラーになりません。次のように福岡を指定すると11の値が返り、キーがない京都を指定すると何も起きません。

Pythonインタプリタ　get()を使って値を取り出す

```
>>> members = {"東京": 21, "大阪": 16, "福岡": 11}
>>> members.get("福岡")
11
>>> members.get("京都")
>>>       ──── キーがなかったときでもKeyErrorになりません
```

このようにキーが存在しない場合はget()の戻り値はないように見えますが、返った値を変数で受けてprint()で出力すると実際にはNone（値が無いことを示す定数）が返ってきていることがわかります。

Pythonインタプリタ　指定したキーがない場合のget()の戻り値を確認する

```
>>> members.get("京都")
>>> v = members.get("京都")
>>> print(v)
None     ──── キーがなかったときはNoneが返ってきています
```

get()はエラーにならないので手軽に思えますが、取り出した値を使って計算などを行う場合にはNoneが返ってくる可能性があることを忘れてはなりません。

▶ キーがあるかどうか調べる

あるキーが辞書にあるかどうかは in または not in の演算子で判断できます。ここで有無を見るのはキーの名前であって、キーの値ではないので注意してください。

次の例ではuser辞書に"age"があるかどうかを調べています。

Pythonインタプリタ　user辞書に"age"キーがあるかどうか調べる

```
>>> user = {"id": "ad123", "name":"青井蒼空", "age":27}
>>> "age" in user
True     ──── user辞書に"age"キーがあることがわかります
```

すべての値を順に取り出す

for-inを使ってリストからすべての値を順に取り出せるように、for-inを使って辞書からもすべての値を順に取り出すことができます。ただし、辞書の場合は値ではなくキーが取り出されるので、取り出されたキーを使って値を参照します。

Python インタプリタ ─ fruit辞書からキーと値を順に取り出す

```
>>> fruit = {"apple": 7, "orange": 5, "mango": 3, "peach": 6}
>>> for key in fruit :
...     value = fruit[key]          ── 取り出したキーで値を調べます
...     print(f"{key} が {value} 個 ")
...
apple が 7 個
orange が 5 個
mango が 3 個
peach が 6 個
```

なお、このコードは後述するvalues()を利用することでさらに簡略化できます。（☞ P.226）

キー、値、要素をリストに取り出す

辞書の要素のキー、値、要素をリストにして取り出すことができます。これをfor-inや内包表記と組み合わせることでコードが簡略化されます。

▶ すべてのキーをリストに取り出す

keys()を使うと辞書のすべてのキーを取り出すことができます。取り出された値はdict_keys型のデータなので、これをlist()でリストに変換すると扱いやすくなります。

次の例ではfruit辞書のキーリストを作っています。

Python インタプリタ ─ 辞書のキーをリストにする

```
>>> fruit = {"apple": 7, "orange": 5, "mango": 3, "peach": 6}
>>> fruit.keys()
dict_keys(['apple', 'orange', 'mango', 'peach'])
>>> keys = list(fruit.keys())      # dict_keys 型をリストに変換する
>>> keys
['apple', 'orange', 'mango', 'peach']   ── キーのリストが作られます
```

次の例はリスト内包表記でkeys()を利用し、辞書のキーのリストを作る際に1文字目を大文字に変換しています。fruit.keys()はイテラブルなのでそのまま利用できます。

Python インタプリタ ─ すべてのキーの1文字目を大文字に変換したリストを作る

```
>>> keys = [key.capitalize() for key in fruit.keys()]
>>> keys
['Apple', 'Orange', 'Mango', 'Peach']
```

▶すべての値をリストに取り出す

values()を使うと辞書のすべてのキーの値を取り出すことができます。取り出された値はdict_values型のデータなので、これをlist()でリストに変換すると扱いやすくなります。

次の例ではfruit辞書の値リストを作っています。

Python インタプリタ 辞書の値をリストにする
```
>>> fruit = {"apple": 7, "orange": 5, "mango": 3, "peach": 6}
>>> fruit.values()
dict_values([7, 5, 3, 6])
>>> values = list(fruit.values())
>>> values
[7, 5, 3, 6]          ── 値のリストが作られます
```

dict_values型の値は、組み込み関数のsum()、max()、min()を適用できます。次の例では、fruitの値の合計値をsum()で求めています。

Python インタプリタ 辞書の値の合計を求める
```
>>> fruit = {"apple": 7, "orange": 5, "mango": 3, "peach": 6}
>>> sum(fruit.values())      ── 値の合計を求めます
21
```

▶すべての要素を(キー, 値)のリストにする

items()は辞書のすべての要素を取り出して、キーと値をタプルにしたリストを作ります。取り出された値はdict_items型のデータなので、これをlist()でリストに変換すると扱いやすくなります。

Python インタプリタ 辞書のキーと値をタプルのリストにする
```
>>> fruit = {"apple": 7, "orange": 5, "mango": 3, "peach": 6}
>>> fruit.items()
dict_items([('apple', 7), ('orange', 5), ('mango', 3), ('peach', 6)])
>>> list(fruit.items())
[('apple', 7), ('orange', 5), ('mango', 3), ('peach', 6)]   ── キーと値がタプルになります
```

for-inでitems()を利用するとキーと値を効率よく取り出すことができます。

Python インタプリタ 辞書からキーと値を取り出して出力する
```
>>> fruit = {"apple": 7, "orange": 5, "mango": 3, "peach": 6}
>>> for key,value in fruit.items():
...     print(f"{key} が {value} 個 ")
...
apple が 7 個
orange が 5 個
mango が 3 個
peach が 6 個
```

要素を取り出して削除する

辞書の要素を削除する方法については前節で説明しましたが（☞ P.220）、次に説明するのは箱から物を取り出すように辞書から値を取り出す方法です。取り出した値は辞書から削除されます。

▶ 指定したキーの値を取り出して削除する

pop()は指定したキーの値を取り出し、その要素を辞書から削除します。指定したキーが存在しない場合はKeyErrorになります。

次の例ではfruit辞書から"apple"キーの値を取り出しています。値を取り出した後のfruitを確認すると"apple"キーの要素が削除されています。

Python インタプリタ　fruit辞書から"apple"の値を取り出して削除する

```
>>> fruit = {"apple": 7, "orange": 5, "mango": 3, "peach": 6}
>>> fruit.pop("apple")
7          ——— appleの値が出力されます
>>> fruit
{'orange': 5, 'mango': 3, 'peach': 6}   ——— 値を取り出したappleが削除されています
```

pop()を使ってfruit辞書から指定したフルーツを取り出すコードを書いてみましょう。while文を使って繰り返して実行し、すべてを取り出し終えるか q を入力すると終了します。fruit辞書にないキーを入力すると指定したフルーツはないというメッセージを出して処理を続行します。

File　fruit辞書から指定のフルーツを取り出す

«file» dict_pop.py

```
fruit = {"apple": 7, "orange": 5, "peach":  6}
while fruit :       # fruitが空でなければ繰り返す
    key = input("どのフルーツを取り出しますか？（qで終了）:")
    if key == "":          ——— 何もタイプされずに入力されたときは続行します
        continue
    elif key == "q" :
        print("終了しました。")
        break
    try :
        value = fruit.pop(key)    ——— keyの値を取り出して要素を削除します
        print(f"{key} は {value} 個")   ——— 取り出したキーと値を表示します
    except KeyError :    ——— 入力されたキーが辞書になかったらメッセージを表示します
        print(f"{key} はありません。")
    except Exception as error :
        print(error)
        break
else :         # whileループの終了後に実行   ——— fruitが空になるとループが正常に終了します
    print("もう空っぽです。")
```

では、dict_pop.pyを実行してみましょう。fruit辞書にある"orange"は個数を返します。fruitにはない"mango"や一度取り出してしまった"apple"を指定すると「mangoはありません。」、「appleはありません。」のように表示されて続行します。最後のフルーツを取り出して、fruit辞書が空になると「もう空っぽです。」と表示されてプログラムが終了します。

【実行】dict_pop.pyを実行する

```
$ python dict_pop.py
どのフルーツを取り出しますか？（qで終了）：apple ──── appleを取り出します
apple は 7 個 ──── appleの個数が出力されます
どのフルーツを取り出しますか？（qで終了）：peach
peach は 6 個
どのフルーツを取り出しますか？（qで終了）：mango
mango はありません。
どのフルーツを取り出しますか？（qで終了）：apple
apple はありません。 ──── appleは最初に取り出したので残っていません
どのフルーツを取り出しますか？（qで終了）：orange
orange は 5 個
もう空っぽです。 ──── fruitに含まれていたフルーツをすべて取り出し終わりました
```

▶任意の要素を取り出して削除する

popitem()は辞書から任意の要素を取り出します。どの要素が取り出されるかは決まっていません。取り出された要素は値として返し、辞書からは削除されます。この操作を続けると最後には辞書が空になりますが、空の辞書に対してpopitem()を実行するとKeyErrorになるので注意してください。

次の例ではfruit辞書にpopitem()を実行して任意の要素を取り出しています。ここでは('peach', 6)が取り出されました。取り出した後のfruitを確認すると"peach"キーの要素が削除されているのがわかります。

Pythonインタプリタ 辞書から任意の要素を取り出す

```
>>> fruit = {"apple": 7, "orange": 5, "peach": 6}
>>> fruit.popitem()
('peach', 6) ──── キーと値のタプルで返ります。どの要素が取り出されるかはわかりません
>>> fruit
{'apple': 7, 'orange': 5} ──── 取り出したpeachが削除されています
```

pop()の場合と同じように、popitem()を使ってfruit辞書から繰り返しフルーツを取り出すコードを書いてみましょう。while文を使って繰り返しフルーツを取り出し、すべてを取り出し終えるか n キーを入力すると終了します。

辞書から値を取り出す　Section 9-2

File fruit 辞書からフルーツを取り出す

«file» dict_popitem.py

```python
fruit = {"apple": 7, "orange": 5, "peach":  6}
while fruit :        # fruit が空でなければ繰り返す
    ans = input("フルーツを取り出しますか？（y/n）:")
    if ans == "y" :
        key, value = fruit.popitem()     ──── 任意の要素を取り出します
        print(f"{key} は {value} 個")
    elif ans == "n" :
        print("終了しました。")
        break
else :       # while ループの終了後に実行
    print("もう空っぽです。")
```

では、dict_popitem.pyを実行してみましょう。「フルーツを取り出しますか？（y/n）」の問い掛けに y と答えると fruit 辞書からフルーツが取り出されます。繰り返し実行するとすべてを取り出し終えてプログラムが終了します。

【実行】dict_popitem.pyを実行する

```
$ python dict_popitem.py
フルーツを取り出しますか？（y/n）:y
peach は 6 個    ──── 質問にyと答えると任意のフルーツを取り出します
フルーツを取り出しますか？（y/n）:y
orange は 5 個
フルーツを取り出しますか？（y/n）:y
apple は 7 個
フルーツを取り出しますか？（y/n）:y
もう空っぽです。 ──── 全部取り出し終わって空の場合
```

Part 2　基礎：Pythonの基本構文を学ぶ

Chapter 10

ユーザ定義関数

この章では関数を定義する方法とその使い方について説明します。関数定義の基本的な形式は簡単ですが、ひとつ進んだ形として引数を便利に受け取る方法がいくつもあります。関数をモジュールとしてファイルに保存し、それを読み込んで活用する方法も説明します。

Section 10-1　関数の定義と実行
Section 10-2　引数のいろいろな受け取り方
Section 10-3　他のPythonファイルの関数を使う

Section 10-1
関数の定義と実行

繰り返し利用する処理や長いコードは、ユーザ定義関数としてまとめることができます。関数を定義することでコードをすっきり読みやすく整理できます。関数の細かな処理は後から組み込むことにして、先に全体の流れを作っていく場合にもユーザ定義関数は欠かせません。

引数がない関数

大きく分けて関数には、値が戻る／戻らない、引数がある／ないといった違いの書式があります。まずは、値が戻る関数の書式を説明します。

▶引数がなく、値が戻る関数

次の書式は引数がなく、関数を実行すると値が戻る関数です。関数定義では、defに続いて関数名():と書いて改行して関数の定義文を開始します。関数名は半角英文字の小文字で付けるのが慣例です。変数名と同様に大文字小文字も区別されます。関数で戻す値を「戻り値」あるいは「返り値」という呼び方をします。

関数で実行するステートメントは、if文などと同じように、半角空白4文字を字下げして書きます。最後にreturnに続いて関数で戻す値を書き、インデントを終了すると関数の定義文が終了します。

書式 引数がなく、戻り値がある関数

```
def 関数名():
    # インデントの開始（半角空白4個下げ）
    ステートメント1
    ステートメント2
    ステートメント3
    return 戻り値
# インデントの終了（関数の終わり）
```

では、実際に簡単な関数を定義してみます。次のhello()関数は実行すると "Hello !!" という文字列を返します。

Pythonインタプリタ hello()関数

```
>>> def hello():          ── helloが関数名になります
...     return "Hello !!"  ── "Hello !!"を戻り値として返します
...
```

関数を実行する

定義した関数を実行するにはhello()を呼び出します。msg = hello()のように実行するとhello()を実行した結果の値として"Hello !!"が戻り、msgに代入されます。

```
Python インタプリタ    定義した hello() を呼び出す
>>> msg = hello()        ——— hello()関数を実行します
>>> msg        ——— hello()の戻り値が代入されます
'Hello !!'
```

Pythonファイルで関数を定義する

次に関数をPyrhonファイルで定義して利用するコードを書いてみましょう。次のdice5.pyでは、呼び出すと1〜6の整数をランダムに返すdice()を定義しています。そして、このdice()をfor-inを使って5回繰り返して呼び出して返ってくる値を確認します。

Pyrhonファイルに書いた場合もコードは上から順に実行されていくので、dice()を呼び出して使うよりも前にdice()の定義文が書いていなければなりません。

では、dice5.pyを実行してみましょう。するとdice()が5回連続して実行された結果として、数値が5個出力されます。

【実行】dice5.pyを実行する

```
$ python dice5.py        ——— ファイルを実行します
3
3
6        ——— dice()が5回実行されて、5個の乱数が出力されました
5
1
```

▶2個のサイコロを振る

　このコードを少し変更して、2個のサイコロを振ってその合計を出力するコードに書き替えてみます。dice()には変更はなく、for-inで実行するコードを書き替えます。dice()を定義したことで、1〜6の乱数を作るコードを何度も書かずに済んでいることがよくわかります。

File 2個のサイコロを振った合計を出力する行為を5回行う

«file» dice_game.py

```python
from random import randint

# サイコロを定義する
def dice() :
    num = randint(1, 6)
    return num
```
—— dice()関数定義

```python
# 2個のサイコロを5回振った結果
for i in range(5) :
    dice1 = dice()          # 1個目のサイコロを振る
    dice2 = dice()          # 2個目のサイコロを振る
    sum = dice1 + dice2     # 2個のサイコロの目の合計
    print(f"{dice1}と{dice2}で合計{sum}")
```

　では、dice_game.pyを実行してみましょう。2個のサイコロを5回振った結果が出力されます。

【実行】dice_game.pyを実行する

```
$ python dice_game.py
2と5で合計7
4と5で合計9
3と3で合計6
2と6で合計8
1と5で合計6
```

引数がある関数

　次に引数がある関数を定義します。引数とは関数に渡す値です。複数の引数を使う場合は、引数をカンマで区切ります。引数名は変数名と同じように付け、同じ名前があってはなりません。

書式 引数がある関数

```
def 関数名 ( 引数1, 引数2, 引数3, ... , 引数n ) :
    # インデントの開始（半角空白4個下げ）
    ステートメント1
    ステートメント2
    ステートメント3
    return 戻り値
# インデントの終了（関数の終わり）
```

まず最初に引数が1個ある関数を定義してみます。次のmile2meter()は、マイル数を引数で渡すとメートルに換算した値を返す関数です。なお、1マイルは1609.344メートルで計算します。

File マイルをメートルに換算する

«file» **mile20.py**

```
def mile2meter(mile) :      ——— mile が引数です
    meter = mile * 1609.344 ——— 引数で受け取った値を使って計算します
    return meter
```

▶ 引数がある関数を実行する

関数に引数があるときは、定義されている引数と同数の引数を指定して関数を実行しなければエラーになります。では、20マイルが何メートルかmile2meter()で計算するところまでコードに書いて実行してみましょう。20マイルを換算するのでmile2meter(20)のように実行します。（キーワード引数 ☞ P.243）

File マイルをメートルに換算する

«file» **mile20.py**

```
# マイルをメートルに換算する関数
def mile2meter(mile) :
    meter = mile * 1609.344
    return meter

# 20 マイルをメートルに換算する
distance = mile2meter(20)
print(distance)
```

— mile2meter()関数定義
— # 引数に 20 を渡します
— 20の場合を計算します

これを実行すると20マイルは32186.88メートルであることがわかります。

【実行】mile20.pyを実行する

```
$ python mile20.py
32186.88       ——— 20マイルをメートルに換算した結果
```

次に三角形の面積を求めるtriangle()を作ってみましょう。この関数には引数が2個あります。底辺をbase、高さをheightの引数で受け取って面積を計算します。関数triangle()の定義に続いて実際に三角形の面積を求めるコードも書いて実行してみます。

> **File** 底辺と高さから三角形の面積を求める

«file» triangle_area.py

```python
# 三角形の面積
def triangle(base, height) :      ┐
    area = base * height / 2      ├─ triangle()関数定義
    return area                   ┘

# 関数を試す
b = 15          # 底辺
h = 13          # 高さ          ─ 2つの引数の値をカンマで区切って与えます
v = triangle(b, h)    # 三角形の面積を求める
print(f"底辺 {b}、高さ {h} の三角形の面積は {v :.1f} です。")
```

triangle(b, h)のようにtriangle(base, height)を呼び出すと引数の順番に合わせて、bの値15がbaseに入り、hの値13がheightに入ります。

【実行】triangle_area.pyを実行する

```
$ python triangle_area.py
底辺 15、高さ 13 の三角形の面積は 97.5 です。
```

戻り値がない関数

戻り値がない関数もあります。戻り値がないので、returnで値を返すステートメントがありません。次の書式には引数がありますが、もちろん、引数がなくても構いません。

> **書式** 戻り値がない関数
>
> ```
> def 関数名 ( 引数1, 引数2, 引数3, ... , 引数n ) :
>     # インデントの開始（半角空白4個下げ）
>     ステートメント1
>     ステートメント2
>     ステートメント3
> # インデントの終了（関数の終わり）
> ```

次のコードは、先のdice_game.pyを書き替えたものです（☞ P.234）。元のコードはdice()関数定義とdice()を使って2個のサイコロを振る操作をfor-inで5回繰り返すコードを書いていました。

それに対してこのコードでは2個のサイコロを振るコード部分をdicegame()という1つの関数にしてしまい、for-inではdicegame()を繰り返し実行するという構成に変えています。このdicegame()はゲームを実行するだけで戻り値はありません。

このようにdicegame()を定義したことで、ゲーム仕様とゲームを5回繰り返すことを分けて考えることができるようになります。dicegame()では2個のサイコロの合計が偶数か奇数かを出力するコードを付け加えています。

関数の定義と実行　Section 10-1

File　2個のサイコロを振るゲームを dicegame() として定義する

«file» **dice_game2.py**

```python
from random import randint

# サイコロを定義する
def dice() :
    num = randint(1, 6)
    return num
```
← サイコロを定義した dice() 関数

```python
# 2個のサイコロを振るゲーム
def dicegame() :
    dice1 = dice()        # 1個目のサイコロを振る
    dice2 = dice()        # 2個目のサイコロを振る
    sum = dice1 + dice2   # 2個のサイコロの目の合計
    if sum%2 == 0 :
        print( f"{dice1}と{dice2}で合計{sum}、偶数")
    else :
        print( f"{dice1}と{dice2}で合計{sum}、奇数")
```
← dice()を使って作った dicegame() 関数
2個のサイコロの目が偶数か奇数かで遊ぶ

```python
# dicegame() を 5 回行う
for i in range(5) :
    dicegame()         ── dicegame()ゲームを5回行う
print("ゲーム終了")
```

ではdice_game2.pyを実行してみましょう。するとdicegame()が5回繰り返された結果が出力されます。

【実行】dice_game2.pyを実行する

```
$ python dice_game2.py
4 と 2 で合計 6、偶数
2 と 6 で合計 8、偶数
1 と 1 で合計 2、偶数
2 と 5 で合計 7、奇数
1 と 6 で合計 7、奇数
ゲーム終了
```

❶ MEMO

何も実行しないpassを書いておく

実行する内容は後で書くことにして、とりあえず関数を定義しておきたい場合があります。defでの関数定義では最低でも1行のステートメントが必要ですが、そのようなときに何も実行しないpassを書いておくという方法がよく使われます。

File　関数に何も実行しない pass を書いておく

«file» **do_pass.py**

```python
def do_something() :
    pass      # とりあえず書いておく

# do_something() を実行する
do_something()
```

237

関数を途中で抜ける

関数の処理を途中で抜けたい場合はreturnを実行します。結果としてNoneを返すことになるので、わかりやすく return None を実行するとよいでしょう。

次のcalc()は引数の値に180を掛けて返す関数ですが、引数に渡す数をinput()で受け取っているために値を文字列で受け取ります。計算するためには引数numを数値に変換する必要がありますが、文字列が数字かどうかをnum.isdigit()で確認しています。数字ではない文字列だった場合には return None を実行してcalc()の処理を中断しています。

File 引数が数字ではないときは中断する

«file» return_none.py

```
def calc(num):
    unit_price = 180      # 単価
    if not num.isdigit():      # 数字かどうかチェックする
        return None       # 数字ではないときは中断する
    price = int(num) * unit_price
    return price
```
— calc()関数定義

```
# キーボードから引数を入力して試す
while True :
    num = input("個数を入れてください。(qで終了)")
    if num == "" :
        continue
    elif num == "q" :
        break

    # calc() で計算する
    result = calc(num)
    print(result)
```
— calc()を呼び出します

では実際に実行して試してみましょう。2を入力すると360のように返りますが、"a"などの数字ではない文字を入力するとNoneが返ります。

【実行】return_none.pyを実行する

```
$ python return_none.py
個数を入れてください。(qで終了) 2
360
個数を入れてください。(qで終了) a   ── 文字を与えてみます
None   ── calc()が中断してNoneが返ってきます
```

▶ 数値に変換できないときはNoneを返す

　return_none.pyでは文字列が数字かどうかをisdigit()を使ってチェックしていますが、isdigit()は "1.5" などの小数点がある数字や "-3" のように符号が付いている数字もFalseと判定します。

　そこで次のコードでは例外処理（☞ P.132）を使って文字列を数値に変換しようとするとエラーになる場合にNoneを返すようにしています。ここでは小数点の数字も扱えるようにfloat()で数値に変換しています。

> **File** 数値に変換できない文字が入力されたならば None を返す
>
> «file» return_try.py

```python
def calc(num) :
    unit_price = 180       # 単価
    try :                      ── 数値に変換できずにエラーになる場合は例外で処理します
        num = float(num)    # 数値に変換する
        return num * unit_price
    except :
        return None         # 変換がエラーになったら None を返す

# キーボードから引数を入力して試す
while True :
    num = input("個数を入れてください。（qで終了）")
    if num == "" :
        continue
    elif num == "q" :
        break

    # calc() で計算する
    result = calc(num)
    print(result)
```

　それではreturn_try.pyを実行して、数字を入れて試してみます。"3"、"1.5"、"-3"の数字はすべて数値に変換されて計算された結果が返り、"a"はNoneが返ります。

【実行】return_try.pyを実行する

```
$ python return_try.py
個数を入れてください。（qで終了）3
540.0
個数を入れてください。（qで終了）1.5 ─── 浮動小数点や負の値でも計算できます
270.0
個数を入れてください。（qで終了）-3
-540.0
個数を入れてください。（qで終了）a
None
```

関数で使う変数の有効範囲

変数はどこで作られたかで有効範囲が違ってきます。この有効範囲のことを変数のスコープと言います。

▶関数内のローカル変数

次のコードで定義している関数calc()では、関数の中で変数vが使われています。

File 関数内で変数vを使う

«file» scope_local.py

```
def calc() :
    v = 2       # 変数を作る
    ans = 3 * v ――― vには2が入っています
    print(ans)

# calc() を実行する
calc()
```

このコードを実行するとcalc()を実行した結果の6が出力されます。

【実行】scope_local.pyを実行する

```
$ python scope_local.py
6
```

では、このコードの最後に変数vを出力する print(v) を追加して実行してみましょう。

File calc() で使っている変数vを出力する

«file» scope_local_error.py

```
def calc() :
    v = 2       # ローカル変数
    ans = 3 * v ――― ここではvに2が入っています
    print(ans)

# calc() を実行する
calc()
print(v) ――― vの値を確認してみます
```

【実行】scope_local_error.pyを実行する

```
$ python scope_local_error.py
6        ――― calc()の結果は正しく出力されます
Traceback (most recent call last):
  File "scope_local_error.py", line 8, in <module>
    print(v)
NameError: name 'v' is not defined ――― しかし、最後のprint(v)では変数vが未定義のエラーになります
```

すると最後の行のprint(v)がエラーになります。出力されたエラーメッセージに「NameError: name 'v' is not defined」と書いてあるように、変数vが未定義になっています。このようにcalc()の中で使っている変数vの値をcalc()の外では参照することができません。その理由は変数vがcalc()の中で作られたローカル変数だからです。関数定義は閉じた空間であって、その中で定義されている内容は外から見ることができないのです。

▶ グローバル変数

それでは関数の外で作られた変数はどうなるでしょうか。次のコードではcalc()の中でも変数vを使っていますが、calc()を呼び出すよりも前にcalc()の外で変数vの値を設定しています。

File 関数の外で作った変数vを利用する

«file» scope_global.py

```python
v = 2           # 変数を設定する ──── calc()の外でvに値を代入しています
def calc() :
    ans = 3 * v     # 変数vを利用する
    print(ans)      └── vには2が入っています

# calc() を実行する
calc()
print(v)
```

では、このコードを実行してみましょう。すると結果は6、変数vの値は2と表示されます。

【実行】scope_global.pyを実行する

```
$ python scope_global.py
6 ──── calc()の計算結果
2 ──── 最後のprint(v)の出力
```

つまり、calc()の中の「ans = 3 * v」のvには2が入っていて正しく計算されていることが分かります。このように関数の外で作った変数は、関数定義の中でも利用することができます。この変数はどこでも利用できるので、グローバル変数と呼ばれます。

▶ グローバル変数を使うときの注意

関数の外で作られたグローバル変数を関数の中で利用する場合に注意すべき点があります。次のコードではグローバル変数vをcalc()の外で設定し、calc()の中ではvの値を10倍して使っています。

File グローバル変数の値を関数の中で10倍にする

«file» scope_global_error.py

```python
v = 2           # グローバル変数
def calc() :
    v = v * 10      # グローバル変数 v を10倍にする
    ans = 3 * v     ──── この式がエラーになります。
    print(ans)           なぜでしょうか？

# calc() を実行する
calc()
```

コードだけを見ると何の問題もないように見えますが、Pythonではこのコードがエラーになります。エラーメッセージにはローカル変数vが初期化される前に参照されたと書いてあります。つまり、未定義の変数vを使ったことによるエラーです。

【実行】scope_global_error.pyを実行する

```
$ python scope_global_error.py
Traceback (most recent call last):
  File "scope_global_error.py", line 8, in <module>
    calc()
  File "scope_global_error.py", line 2, in calc
    v = v * 10       # 変数vを10倍にする
UnboundLocalError: local variable 'v' referenced before assignment
```
          └── この式がエラーになります

変数vはグローバル変数であるにも関わらず、なぜこのようなエラーが出るのでしょうか？これはPythonでは変数を宣言せずに利用できることに起因します。

calc()の中で「v = v * 10」の代入式を書いた時点で、calc()の中のvはローカル変数として解釈されるのです。すると式の右項の「v * 10」のvはまだ値が定まっていない未定義の変数となりエラーになります。

エラーが出ないようにするには、calc()は次のように定義する必要があります。このコードでは、「v = v * 10」を「v_local = v * 10」のようにローカル変数v_localを使うことで、グローバル変数vへの代入を行わずに計算を行っています。

File グローバル変数の値を関数の中で10倍にする

«file» scope_global_ok.py

```
v = 2        # グローバル変数
def calc():           ── vはグローバル変数
    v_local = v * 10       # グローバル変数vを10倍にする
    ans = 3 * v_local   ── 代入した時点でローカル変数が作られます
    print(ans)

# calc()を実行する
calc()
```

このコードを実行するとエラーにはならず、計算結果の60が出力されます。

【実行】scope_global_ok.pyを実行する

```
$ python scope_global_ok.py
60
```

Section 10-2
引数のいろいろな受け取り方

引数をラベルで参照する、引数に初期値を設定して省略できるようにする、引数が何個でもいいようにする、というように関数の引数の呼び出し方や受け取り方にはいろいろな方法があります。この節では、このような引数を便利に受け取ることができる関数の定義方法を説明します。

位置引数とキーワード引数

関数の引数の値は、関数で定義された引数の並びに合わせて順番に与えていく必要があります。たとえば、大人と子供の人数から料金計算を行う price(adult, child) という関数では、大人1人、子供2人ならば price(1, 2) で計算します。このような引数の与え方を「位置引数」と言います。

Python インタプリタ 大人と子供の人数から料金を計算する関数

```
>>> def price(adult, child) :
...     return (adult * 1200)+(child * 500)
...
>>> price(1, 2)        # 大人1人、子供2人
2200
```
大人、子供の順に値を入力しなければなりません

ここで price() の引数は「大人、子供」の順だったのか、「子供、大人」の順だったのか間違える可能性があります。「子供2人、大人1人」と聞いて、price(2, 1) で計算すると間違った料金を請求することになります。

▶ キーワード引数

位置引数に対して、どの引数の値なのかを引数名で指定する「キーワード引数」という引数の渡し方があります。大人1人、子供2人ならば、関数で定義してある引数名を使って price(adult = 1, child = 2) のように関数を呼び出します。引数名を指定するので、price(child = 2, adult = 1) のように順番が違っていても正しく計算されます。

書式 キーワード引数を使った関数の呼び出し

関数名 (引数1＝値1, 引数2＝値2, 引数3＝値3, ...)

Python インタプリタ 関数の引数の値をキーワード引数で渡す

```
>>> def price(adult, child) :
...     return (adult * 1200)+(child * 500)
...
>>> price(adult = 1, child = 2)
2200
>>> price(child = 2, adult = 1)        # 順番が違っていてもよい
2200
```

▶初期値がある引数

引数に初期値を設定すると、その引数は省略できるようになり、省略したときに初期値が割り当てられます。複数の引数があるとき省略できるのは後ろからで、途中の引数を省略することはできません。したがって、初期値も省略できる後ろの引数から順に指定できます。

> **書式** 引数3以降に初期値がある関数
>
> **def** 関数名 (引数1 , 引数2 , 引数3 = 初期値 , ... , 引数n = 初期値) :
> 　　# インデントの開始（半角空白4個下げ）
> 　　ステートメント1
> 　　ステートメント2
> 　　ステートメント3
> 　　**return** 戻り値
> # インデントの終了（関数の終わり）

次のcalc()にはsizeとnumの2つの引数があります。numには初期値が設定してあり、省略すると6が設定されます。calc("S", 2)のようにsizeを"S"、"M"、"L"のいずれかで指定し、numで個数を渡すと辞書unit_priceで単価を調べて金額を計算します。sizeには初期値がないので省略できません。

calc()を試して結果を表示するprint()では、calc()の戻りが（サイズ，個数，金額）のタプルなので、print(f"{a[0]}サイズ、{a[1]}個、{a[2]}円")のようにタプルから各値を取り出しています。

> **File** 引数に初期値がある関数　　　　　　　　　　　　　　　　　　　　　　《file》 param_default.py
>
> ```
> def calc(size, num = 6) :         # num には初期値がある
>     unit_price = {"S": 120, "M":150, "L":180}
>     price = unit_price[size] * num
>     return (size, num, price)
>
> # calc() を試す
> a = calc("S", 2)                  # size は "S"、num は2で計算します
> print(f"{a[0]} サイズ、{a[1]} 個、{a[2]} 円")
>                                   # num が省略されています
> b = calc("M")    # 個数を省略（サイズは省略できない）
> print(f"{b[0]} サイズ、{b[1]} 個、{b[2]} 円")
> ```
> 　　　　　　　　　　　　初期値は6にしてあります

では、このコードを実行してみましょう。aのcalc("S", 2)は"S"サイズが2個の価格を求めています。bのcalc("M")は個数を省略しているのでnumは初期値の6になり、"M"サイズが6個で価格を計算します。

【実行】param_default.pyを実行する

```
$ python param_default.py
S サイズ、2 個、240 円
M サイズ、6 個、900 円　──── numは初期値の6で計算されています
```

▶ キーワード引数を利用して特定の引数だけ指定する

　def calc(size = "M", num = 6)のようにサイズと個数の両方に初期値を設定すると、どちらの引数も省略できることになります。

　たとえばcalc()ならばMサイズ6個になり、calc("L")ならばLサイズ6個になります。ただし、calc(, 1)のように前にある引数を省略して、後ろの引数には値を渡すということはできません。このような場合には calc(num = 1) のようにキーワード引数を利用することで、サイズを省略して個数だけを指定することができます。

File キーワード引数を利用して特定の引数だけ指定する

«file» param_default2.py

```python
def calc(size = "M", num = 6) :      # 2つの引数に初期値がある
    unit_price = {"S": 120, "M":150, "L":180}
    price = unit_price[size] * num
    return (size, num, price)

# calc() を試す
a = calc()              # サイズ、個数ともに省略
print(f"{a[0]}サイズ、{a[1]}個、{a[2]}円")

b = calc("L")           # 個数を省略
print(f"{b[0]}サイズ、{b[1]}個、{b[2]}円")

c = calc(num = 1)       # キーワード引数を利用して個数だけ指定する
print(f"{c[0]}サイズ、{c[1]}個、{c[2]}円")
```

では、param_default2.pyを実行して結果を見てみましょう。

【実行】param_default2.pyを実行する

```
$ python param_default2.py
Mサイズ、6個、900円
Lサイズ、6個、1080円    ──── 省略した引数は初期値で計算されています
Mサイズ、1個、150円
```

引数の個数を固定しない関数

　func(a, b)のように2個の引数をもった関数を呼び出すには、初期値が設定されていない限り、必ず2個の引数を渡さなければエラーになります。しかし、関数を定義する際に引数の個数を決めるのではなく、状況に応じて何個でも引数を受け取りたいということがあります。

　このような場合に、次に説明する方法で引数の個数を固定しない関数を書くことができます。「引数の個数を固定しない」を「可変長の引数」という言い方をします。

▶引数をタプルで受ける書式　*args

　*argsのように引数名の前に*を付けると、引数argsには渡された値がタプルにまとめて入ります。なお、引数名はargsである必要はありません。*argsと書くのは慣例です。

> **書式** 複数の引数をまとめてタプルで受け取る
>
> ```
> def 関数名(*args):
>     ステートメント
> ```

　たとえば、次のfruit(*args)に好きな果物の名前を何個でもよいのでカンマで区切って渡すと、それらは引数argsにタプルで入ります。では、argsを出力して中身を確認してみましょう。

> **Pythonインタプリタ** 受け取った引数をまとめてタプルで受け取る
>
> ```
> >>> def fruit(*args):          # 可変長の引数で定義します
> ...     print(args)            # 受け取った引数をそのまま出力してみます
> ...
> ```

　では実際に試してみましょう。まずは引数が0個の場合、次に引数が4個の場合を試します。4個の引数で渡した果物は、そのまま1個のタプルになって出力されています。

> **Pythonインタプリタ** 可変長の引数 *args を試す
>
> ```
> >>> def fruit(*args):
> ...     print(args)
> ...
> >>> fruit()                    # 引数が0個の場合
> ()
> >>> fruit("リンゴ", "みかん", "いちご", "バナナ")   # 引数が4個の場合
> ('リンゴ', 'みかん', 'いちご', 'バナナ')           # 表示 受け取った値はタプルに入っています
> ```
> 引数は何個でも構いません

▶必須の引数と*argsを組み合わせる

　必須の引数と可変長の*argsを組み合わせることもできます。たとえば、func(a, b, *args)の最初の2個の引数は順にa、bに入り、残りの引数はargsにタプル形式でまとめて入ります。最初の2個の引数は必須の位置引

数で省略することはできません。

次のroute()では、最初のstartとendの引数は必須ですが、続けて指定する経由地点はオプションです。まず、受け取った引数をいったんリストにし、次に「スタート→経由地点→ゴール」の文字列に変換して出力します。

> **File** 最初の2個は必須の引数、残りはオプションの引数
>
> «file» route_args.py

```python
def route(start, end, *args):       # startとendは必須です
    # 引数からルートのリストを作る
    route_list = [start]        # スタート地点
    route_list += list(args)    # 経由地点
    route_list += [end]         # ゴール地点
    # リストの要素を→で連結した文字列にする
    route_str = "→".join(route_list)
    print(route_str)

# route() を試す
start = "東京"
end = "宮崎"
route(start, end, "神戸", "長崎", "熊本")    # 3個目以降の引数は何個でも構いません
                                              # この2個は必須です
```

例ではスタート地点を東京、ゴール地点を宮崎、経由地点を"神戸"、"長崎"、"熊本"にしているので、「東京→神戸→長崎→熊本→宮崎」のように出力されます。

【実行】route_args.pyを実行する

```
$ python route_args.py
東京→神戸→長崎→熊本→宮崎    ── 3個目以降の引数の値は、途中の経由地として連結されます
```

> **MEMO**
>
> ***argsはポインタ変数？**
> Cプログラマなどは*argsはポインタ変数を想像してしまうかもしれませんが、Pythonの*argsはそれとはまったく違うので間違えないようにしましょう。

▶ キーワード引数を辞書で受ける書式　**kwargs

kwargsはキーワード引数を辞書で受け取ります（キーワード引数 ☞ P.243）。キーワード引数の引数名が辞書のキーになり、引数の値がそのキーの値になります。なお、引数名はkwargsである必要はありません。kwargsと書くのは慣例です。

> **書式** 複数のキーワード引数をまとめて辞書に変換して受け取る
>
> ```
> def 関数名(**kwargs):
>     ステートメント
> ```

たとえば、fruit(**kwargs)を定義したならば、fruit(apple=2, orange=3, banana=1)を実行すると変数kwargsには{"apple":2, "orange":3, "banana":1}の辞書が入ります。kwargsを出力して中身を確認してみましょう。

Pythonインタプリタ　キーワード引数を辞書で受け取る

```
>>> def fruit(**kwargs) :          ——— *が1個ではなく2個付いています
...     print(kwargs)
...
>>> fruit(apple=2, orange=3, banana=1)
{'apple': 2, 'orange': 3, 'banana': 1}  ——— キーワード引数から辞書が作られます
```

▶必須の引数と**kwargsを組み合わせる

*argsと同じように必須の引数と**kwargsを組み合わせることができます。次のentry()は最初のnameとgenderが必須ですが、その後の引数はオプションです。entry()では最初の2つの引数とオプションで指定したキーワード変数を合わせた辞書dataを作ります。2つの辞書を合わせるupdate()については辞書の説明を参考にしてください（☞ P.219）。

File　必須の引数と**kwargsを組み合わせて辞書を作る

«file» entry_kwargs.py

```
def entry(name, gender, **kwargs) :
    data = {"name" : name, "gender" : gender}    # 必須の引数の辞書
    data.update(kwargs)         # 必須の辞書とオプションの辞書を1つに合わせる
    print(data)

# entry()を試す
entry(name="大山坂道", gender="男性", age=27, course="E")
```

この2つは必須です　　　これらは自由です

では、entry_kwargs.pyを実行してみましょう。entry()には、必須の引数であるname、genderに加えて、age、courseをキーワード引数で指定しています。これらが辞書になって出力されます。なお、name、genderはキーワード引数ではなく位置変数として値だけを指定しても結果は同じになります。

【実行】entry_kwargs.pyを実行する

```
$ python entry_kwargs.py
{'name': '大山坂道', 'gender': '男性', 'age': 27, 'course': 'E'}
```

❶ MEMO

コマンドライン引数の利用

コマンドプロンプトからPythonファイルを実行する際に、実行するプログラムに引数を渡すことができます。引数を受け取るには、次のようにPythonファイルを実行します。引数と引数の間はカンマではなく空白で区切ります。このようにPythonファイルを実行すると、プログラム側では引数をsys.argvで取り出すことができます。sys.argvには、[ファイル名, 引数1, 引数2, 引数3, …, 引数n]のリストが入ります。

> **書式** Pythonファイルの実行と合わせて引数を送る
>
> $ python ファイル名 引数1 引数2 引数3 … 引数n

これを確かめるために、まずは簡単に次の2行をファイルに書いて保存します。sys.argvを利用するには、先にsysモジュールをインポートする必要があります。

File コマンドライン引数の中身を確かめる

«file» cmdline_args1.py

```
import sys
print(sys.argv)          ── コマンドライン引数はsys.argvにリストで入ります
```

では、次のように実行してみましょう。sys.argvの値が出力された結果を確認すると先頭はファイル名で、続いて引数が入ったリストです。ここで、数値だった引数は文字列になっている点に注意してください。

【実行】コマンドライン引数を付けてsys_argv.pyを実行する

```
$ python cmdline_args1.py 10 20 30      ── コマンドライン引数
['cmdline_args1.py', '10', '20', '30']
```

機能を確認したところで、コマンドライン引数で渡された数値の合計、平均を求めるプログラムを作ってみましょう。

File コマンドライン引数で渡された数値の合計、平均を求める

«file» cmdline_args2.py

```
import sys

def calc(nums) :
    total = sum(nums)
    print( f"合計：{total}")
    if nums :        # nums が空ではないとき True
     ave = total/len(nums)
     print( f"平均：{ave}")

# コマンドライン引数で関数を実行する
args = sys.argv[1:]       # 先頭のファイル名を取り除いたリスト
nums = [float(num) for num in args]    # 数値のリストにする
calc(nums)        # 関数を実行する
```

では、cmdline_args2.pyを使って3、5、6、2、8の合計と平均を求めてみましょう。

【実行】cmdline_args2.pyで3、5、6、2、8の合計と平均を求める

```
$ python cmdline_args2.py 3 5 6 2 8 ── コマンドライン引数で与えた数値の合計を求めます
合計：24.0
平均：4.8
```

Section 10-3
他のPythonファイルの関数を使う

これまでは関数を定義するコードと関数を使うコードを同じファイルに書いていましたが、よく利用する関数はファイルに保存しておき、それを呼び出して使えると便利です。その方法は、mathモジュールやrandomモジュールをインポートして関数を利用する場合とまったく同じです（☞ P.78）。

モジュールをインポートする

例として円／ドル換算する関数yen2dollar()とドル／円換算をおこなうdollar2yen()を定義したexchange.pyを用意します。このPythonファイルをモジュールと呼びます。

File yen2dollar() と dollar2yen() が定義してあるモジュールファイル

«file» **exchange.py**

```
# 円をドルに換算する
def yen2dollar(yen, rate, charge = 0) :
    dollar = yen / (rate + charge)
    return dollar

# ドルを円に換算する
def dollar2yen(dollar, rate, charge = 0) :
    yen = dollar * (rate - charge)
    return yen
```

関数定義をファイルに保存します

そして、このexchange.pyで定義してあるyen2dollar()を使って25000円が何ドルになるかを計算します。このコードを書いたファイルをexchange.pyと同じ階層に保存します。

コードでは、まずimport文でexchangeモジュールを読み込みます。拡張子の.pyを付ける必要はありません。yen2dollar()を呼び出すには、exchange.yen2dollar()のようにexchangeを指定するのを忘れないようにします。print()では、3桁区切りのカンマと小数点以下2位まで表示する書式指定をしています。

File exchange.py で定義してある yen2dollar() を使う

«file» **mymoney.py**

```
import exchange       # exchange モジュールを読み込む
yen = 25000
rate = 114.22         # 円／ドル（中間値）
charge = 1.0          # 為替手数料
dollar = exchange.yen2dollar(yen, rate, charge)
print(f"{dollar :,.2f} ドル ")
```

- 関数が定義されているファイルを指定します
- 関数を呼び出します

【実行】mymoney.pyを実行する

```
$ python mymoney.py
216.98 ドル
```

なお、モジュールをインポートすると同じ階層に__pycache__という名のフォルダが作られ、その中にキャッシュファイルが生成されます。

モジュールを再読込する

importして試していたモジュールのコードを書き替えて、再びimportして動作チェックを行ってもコードの変更が更新されないという現象に悩まされます。その原因はimportされたモジュールはキャッシュされるからです。更新後のコードを反映させるためには、Pythonインタプリタを再起動するか、importlibモジュールにあるreload()でモジュールを再読み込みします。

たとえば、先のexchange.pyのコードを書き替えたのでリロードしたいという場合には、次のように実行します。

Pythonインタプリタ exchange.pyをリロードする

```
>>> import importlib
>>> importlib.reload(exchange)          モジュールを書き替えた場合は再読込します
```

パッケージのモジュールをインポートする

複数のモジュールをフォルダに入れている場合には、そのフォルダをパッケージとして指定します。たとえば、judgement.pyがmylibフォルダに保存されている場合で説明しましょう。

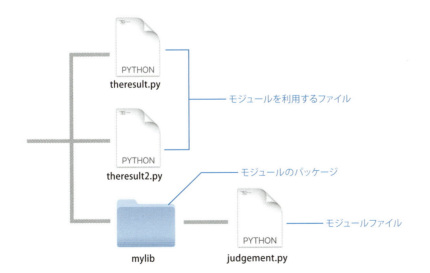

judgement.pyには、次のaverage()が定義してあります。

> **File** mylib フォルダにある judgement.py で average() が定義されている

«file» **mylib/judgement.py**

```
def average(*args) :
    if args :           # args が空でないときに実行する
        ave = sum(args)/len(args)
        return ave
    else :
        return None
```

パッケージ／モジュール

mylibフォルダにあるjudgement.pyで定義されているaverage()を利用するには、次のようにfrom mylibでパッケージを指してjudgementモジュールを読み込まなければなりません。average()を呼び出すには、judgement.average()のように呼び出します。

> **File** mylib フォルダの judgement モジュールを読み込む

«file» **theresult.py**

```
from mylib import judgement    # mylib フォルダの judgement モジュールを読み込む

result = judgement.average(56, 67, 46, 81, 76)    ——— モジュール.関数名で呼び出します
print(result)
```

theresult.pyを実行すると引数で与えた56、67、46、81、76の平均値65.2が表示されます。

【実行】theresult.pyを実行する

```
$ python theresult.py
65.2
```

judgement.average()ではなく、average()だけで呼び出せるようにするにはパッケージ名としてmylib.judgementを指定します。

> **File** average() だけで呼び出せるようにインポートする

«file» **theresult2.py**

```
from mylib.judgement import average    #average() だけで呼び出せるようにする
                   ——— パッケージ.モジュールで指定します
result = average(56, 67, 46, 81, 76)    ——— average() だけで実行できます
print(result)
```

では、theresult2.pyを実行してみましょう。さきほどと同じように平均値65.2が表示されます。

【実行】theresult2.pyを実行する

```
$ python theresult2.py
65.2
```

カレントディレクトリの確認と移動

　モジュールをインポートする場合に、現在のPythonインタプリタのカレントディレクトリとモジュールファイルとの保存場所の位置関係によっては、指定したモジュールを読み込めない場合があります。

　その場合にはパッケージのパスを正しく指定し直すか、Pythonインタプリタのカレントディレクトリを移動します。カレントディレクトリは、Pythonをいったん終了してコマンドプロンプト（ターミナル）で移動できますが、osモジュールを利用するとPythonインタプリタでもディレクトリの移動ができます。

▶ osモジュールでディレクトリを移動する

　カレントディレクトリを確認するには、osモジュールをインポートし、os.getcwd()を実行します。

Pythonインタプリタ　カレントディレクトリを確認する
```
>>> import os
>>> os.getcwd()        # カレントディレクトリを確認する
'/Users/yoshiyuki/Documents/writing/writing_Python/Python3_sample/Part2/Chapter10'
```

　カレントディレクトリを移動するには、os.chdir("パス")を実行します。パスは絶対パスか相対パスで指定できます。相対パスの書き方がわからない場合は、移動したいフォルダをドロップすれば絶対パスが入ります。

Pythonインタプリタ　カレントディレクトリを相対パスで移動する
```
>>> os.chdir("./Section10-3")      # 現在のディレクトリにある Section10-3 フォルダに移動する
>>> os.getcwd()         ――― カレントディレクトリの確認
'/Users/yoshiyuki/Documents/writing/writing_Python/Python3_sample/Part2/Chapter11/Section10-3'
>>> os.chdir("../Section10-4")     # 同じ階層の Section10-4 フォルダに移動する
>>> os.getcwd()         ――― カレントディレクトリの確認
'/Users/yoshiyuki/Documents/writing/writing_Python/Python3_sample/Part2/Chapter10/Section10-4'
```

> **ⓘ MEMO**
> **配布用のパッケージ**
> 配布用のパッケージはDistutilsというパッケージング用フレームワークを使って作ることができます。

❗ MEMO

関数の説明をhelp()で表示できるようにするdocstring

関数の1行目に関数の説明文を書いておくと、自分にも他の人にもわかりやすい関数になります。説明文は、#で始めるコメント文ではなく、クォーテーションで囲った文字列で書いておくのがポイントです。というのは、help(関数名)でその文字列を表示できるからです。トリプルのクォーテーションで囲んで、複数行の詳しい説明文を付けることもできます（☞ P.47）。これをdocstringといいます。では、実際に関数にdocstringを付けて、help()で確認してみましょう。次のcheer.pyにはcheer()が定義してあり、def文の先頭行に'''と'''で囲んだ説明文が書いてあります。

File 関数定義の1行目に説明文の文字列を書いておく

«file» **cheer.py**

```
def cheer(who = "君"):
    '''
    引数で励ましたい人を教えてください。
    教えてくれた人を励まします！
    '''
    print(who + "はスゴイ！最高だ！")
```

では、cheerモジュールを読み込んで、help(cheer)でcheer()の説明を確認してみましょう。help(cheer)を実行するとhelpモードに変わり1行目に書いた説明が表示されます。qをタイプするとページャーが終了して元のモードに戻ります。

Pythonインタプリタ help()で関数の説明文を確認する

```
>>> import cheer
>>> help(cheer)          # helpモードに移行します（qでモードを終了）
         ──── helpウィンドウが開いてる間は一時停止しています
>>>
```

```
Help on module cheer:

NAME
    cheer

FUNCTIONS
    cheer(who='君')
        引数で励ましたい人を教えてください。
        教えてくれた人を励まします！

FILE
    /Users/yoshiyuki/Documents/writing/writing_Python/Python3_sample/Part2/Chapter10/Section10-3/cheer.py

(END)
```

helpモードになります。
関数の書式とコメント文に書いた説明が表示されます。
qをタイプすると閉じます。

せっかくなので、cheer()の動作も確かめておきましょう。cheer()に引数を省略した場合と引数を指定した場合の結果を試します。

Pythonインタプリタ cheer()を試す

```
>>> cheer.cheer()           #引数を省略した場合
君はスゴイ！最高だ！
>>> cheer.cheer("五十嵐")    #引数を入れた場合
五十嵐はスゴイ！最高だ！
```

Part 2　基礎：Pythonの基本構文を学ぶ

Chapter 11
関数の高度な利用

この章では高度な関数の形式を紹介します。具体的には、関数オブジェクト、クロージャ、ラムダ式、ジェネレータといった内容です。これらはプログラミング初心者の方には少しばかり難易度が高いかもしれません。ここで無理に取り組む必要はないので、必要になったときに読み返してください。

Section 11-1　関数オブジェクトとクロージャ
Section 11-2　イテレータとジェネレータ

Section 11-1
関数オブジェクトとクロージャ

この節では関数オブジェクト、クロージャ、無名関数（ラムダ式）などを説明します。これらは関数を関数の引数として渡したり、関数に独自の値をもたせたいときなどに利用します。

関数オブジェクト

関数は数値や文字列などの値と同じようなオブジェクトです。つまり、関数を変数に代入したり、関数の引数に渡したりすることができます。たとえば、次のようにhello()を定義して関数名のhelloを変数msgに代入すると、msg()でhello()を実行できるようになるのです。

Pythonインタプリタ hello()を変数msgに代入して実行する

```
>>> def hello() :
...     print("ハロー ")
...
>>> msg = hello        # 関数を代入する
>>> msg()              # 変数msgに入っている関数を実行する
ハロー
```

したがって、msgに代入する関数が違うならばmsg()で実行される関数が変わることになります。ここが関数オブジェクトの面白いところです。次の例ではdo()に渡した引数funcをfunc()で実行します。この例ではconditionが1なので、do()にはthanks が渡されてthanks()が実行されます。もし、conditionが1でなければhiが渡されてhi()が実行されます。

File do()に引数で渡された関数を実行する

«file» do.py

```
def do(func) :
    func()         # 引数で受け取った関数を実行する

def thanks() :
    print("ありがとう ")         ── do()に渡して実行する関数

def hi() :
    print("やあ！")

# do()を実行
condition = 1
if condition == 1 :
    do(thanks)         ── conditionが1なので、引数でthanks関数を渡します
else :
    do(hi)
```

【実行】do.pyを実行する

```
$ python do.py ——— do(thanks)では結果としてthanks()が実行されます
ありがとう
```

▶ 引数と戻り値がある場合

関数オブジェクトに引数があり、値を返す場合には次のようなコードになります。calc()で実行する関数は child() または adult() です。どちらも人数を引数として取るので、child(num) ならば calc(child, num) のようにして関数と引数を受け取ります。calc() では func で受けた関数を実行し、その戻り値を return します。

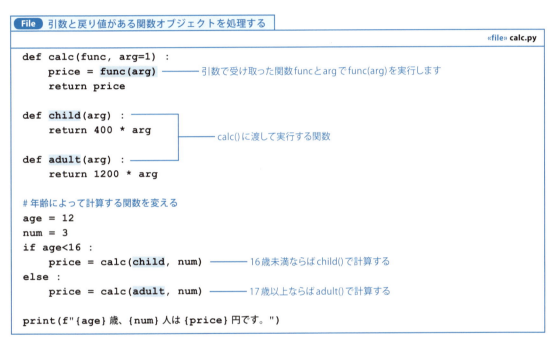

File 引数と戻り値がある関数オブジェクトを処理する

«file» calc.py

```
def calc(func, arg=1) :
    price = func(arg)       ——— 引数で受け取った関数funcとargでfunc(arg)を実行します
    return price

def child(arg) :
    return 400 * arg        ┐
                            ├ calc()に渡して実行する関数
def adult(arg) :            │
    return 1200 * arg       ┘

# 年齢によって計算する関数を変える
age = 12
num = 3
if age<16 :
    price = calc(child, num)    ——— 16歳未満ならばchild()で計算する
else :
    price = calc(adult, num)    ——— 17歳以上ならばadult()で計算する

print(f"{age}歳、{num}人は{price}円です。")
```

calc.pyを実行すると、例題ではage = 12なのでcalc(child, num)が実行されて料金計算はchild(num)で行われます。

【実行】calc.pyを実行する

```
$ python calc.py
12 歳、3 人は 1200 円です。
```

クロージャ（関数閉包）

クロージャ（関数閉包）は関数の中に関数を定義する方法で定義します。クロージャとは何か？を知るために次のclosure_charge.pyのcharge()を見てください。charge()はクロージャを作る関数です。

charge()の中にはもうひとつ別の関数calc()が定義されています。そして、charge()が呼び出されるとreturn calcにより、このcalc()が値として返されます。calc()は関数なので、戻り値は関数オブジェクトになります。

File priceを保持するクロージャを定義する

«file» closure_charge.py

```python
# クロージャの定義
def charge(price) :
    # 関数の実態
    def calc(num) :
        return price * num    # charge()の戻り値として関数のcalc()を返します
    return calc

# クロージャ（関数オブジェクト）を2種類作る
child = charge(400)     # 子供料金 400円
adult = charge(1000)    # 大人料金 1000円
# 料金を計算する
price1 = child(3)       # 子供3人 ──── charge(400)で作られた関数を使って計算します
price2 = adult(2)       # 大人2人 ──── charge(1000)で作られた関数を使って計算します
print(price1)
print(price2)
```

calc()は price * num の結果を返す関数です。ここで重要なのはpriceです。priceの値は、charge(400)のように呼ばれたときに引数として渡されます。charge(400)の戻り値はcalcですが、このときのcalc()はreturn 400 * numのようにpriceの値が代入されたコードになっています。同様にcharge(1000)ならば、calc()はreturn 1000 * numのようにpriceに1000が代入されたコードになっているのです。

では、あらためてclosure_charge.pyの続きを見てみましょう。charge()の定義に続いて書いてあるのは次の2行です。変数のchildとadultには、それぞれcharge()からcalcが代入されています。

File クロージャ（関数オブジェクト）を2種類作る

«file» closure_charge.pyからの抜粋

```python
child = charge(400)      # 子供料金 400円
adult = charge(1000)     # 大人料金 1000円
```

childに代入されたcharge(400)の戻り値はpriceが400になったcalc、adultに代入されたcharge(1000)の戻り値はpriceが1000になったcalcになります。すなわち、childには子供料金の専用関数が代入され、adultには大人料金の専用関数が代入されたわけです。

このchildとadultに入っている関数を使って、料金を計算しているのが次の2行です。child(3)は子供が3人の場合、adult(2)は大人が2人の場合です。それぞれの引数はcalc()の引数であるnumに渡されます。

関数オブジェクトとクロージャ　Section 11-1

> **File** クロージャを使って料金を計算する
>
> 《file》closure_charge.py からの抜粋
> ```
> price1 = child(3)    # 子供3人 ──────── priceは400で、400 * 3 を計算します
> price2 = adult(2)    # 大人2人 ──────── priceは1000で、1000 * 2 を計算します
> ```

では、child(3)とadult(2)の計算がうまくいくのかどうか、closure_charge.pyを実行して確かめてみましょう。子供3人は400 * 3で1200円、大人2人は1000 * 2で2000円になり、計算が正しく行われたことがわかります。

【実行】closure_charge.pyを実行する

```
$ python closure_charge.py
1200
2000
```

無名関数（匿名関数、ラムダ式）

Pythonではlambda（ラムダ）式で無名関数を書きます。ラムダ式の書式は次のとおりです。

> **書式** ラムダ式
>
> **lambda** 引数1, 引数2, 引数3, ... , 引数n : 実行するステートメント

では簡単なラムダ式の例を示します。まず、幅wと高さhから面積を求めるarea(w, h)をdefを使って関数定義した場合を見てください。area(3, 4)のように関数を呼び出すとw * hを計算して12が返ります。

> **Pythonインタプリタ** def文を使ってarea(w, h)を定義した場合
> ```
> >>> def area(w, h):
> ...     return w * h
> ...
> >>> num = area(3, 4)
> >>> num
> 12
> ```

これにラムダ式を使うと次のように書くことができます。ラムダ式の書式と見比べるとわかるように、コロンの左が引数のwとhで、コロンの右が実行するw * hです。そして、ラムダ式で作った関数オブジェクトをfuncに入れたならば、func(3, 4)のように実行しています。

> **Pythonインタプリタ** lambdaを使ってarea(w, h)と同じ機能の関数オブジェクトを作る
> ```
> >>> func = lambda w, h : w * h
> >>> num = func(3, 4)
> >>> num
> 12
> ```
> （`w, h` は「式の引数」、`w * h` は「計算する式」）

ラムダ式をいったん変数に入れなくても、次のように直接実行することもできます。

Python インタプリタ　ラムダ式を直接実行する

```
>>> num = (lambda w, h: w * h)(3, 4)
>>> num
12
```

ラムダ式 ──┘　　　　└── 引数 w、h に与えて計算する数値

▶ **引数の初期値、キーワード引数の利用**

ラムダ式でも引数に初期値を設定したり、キーワード引数で値を渡したりできます。次の例は 2 つの引数の burger と potato に初期値が設定されているので、ラムダ式を代入した price() を実行する際にキーワード引数を使って potato の値だけを指定して burger の値を省略しています。

Python インタプリタ　ラムダ式で引数に初期値を設定する

```
>>> price = lambda burger=1, potato=0 : burger*240 + potato*100
>>> price(potato = 2)
440
```

受け取る引数 ──┘　　　　└── 計算する式

ソート関数を作る

リストの値をソートする sort() および sorted() では、値を比較する際に使用する関数を指定できます。len()、lower() を使って文字列を並び替える例をリストの章で説明しましたが（☞ P.170）、ここでは比較関数を自分で定義したいと思います。

次の例では data に入っている値を "XS"、"S"、"M"、"L" の順にソートします。そのままソートするとアルファベット順になるので、文字の大きさを size() で定義し、これを比較関数として使います。size() では、引数として渡されたサイズが sizelist リストの何番目の要素なのかをインデックス番号を index() で調べて返します。data をソートする sort() で key = size を指定すると各要素を順に size() に渡し、その戻り値でソートを行います。

File　["XS", "S", "M", "L"] の順になるようにソートする

«file» sort_size.py

```python
def size(item) :
    sizelist = ["XS", "S", "M", "L"]     # この順に並び替える
    pos = sizelist.index(item)           # item のインデックス番号を値として返す
    return pos

# 並び替えるリスト
data = ["S", "M", "XS", "L", "M", "M", "XS", "S", "M", "L", "M"]
data.sort(key = size)      # data をサイズ順に並べる
print(data)
```

── 比較関数を定義します

【実行】sort_size.py を実行する

```
$ python sort_size.py
['XS', 'XS', 'S', 'S', 'M', 'M', 'M', 'M', 'M', 'L', 'L']
```
── size() で定義した順に並んでいます

▶ソート関数をラムダ式で書く

比較関数をラムダ式で指定することもできます。次の例はsize()を関数定義せずにラムダ式で書いた場合です。

> Python インタプリタ　sort()の比較関数をラムダ式で書く

```
>>> sizelist = ["XS", "S", "M", "L"]          ── この順に並び替えます
>>> data = ["S", "M", "XS", "L", "M", "M", "XS", "S", "M", "L", "M"]
>>> data.sort(key = lambda item : sizelist.index(item))
>>> data                                        └── ラムダ式
['XS', 'XS', 'S', 'S', 'M', 'M', 'M', 'M', 'M', 'L', 'L']
```

map()でラムダ式を指定する

ラムダ式を利用する場面の1つとしてmap()があります。map()の書式は次のとおりで、リストなどから順に要素を取り出し、その要素を引数にして指定の関数を実行します。map()の戻り値はmap型の値ですが、list()でリストに変換できます。

> 書式　map()

map(関数 , イテラブル)

たとえば、次のコードを実行するとリストnumsから順に数値を取り出してdouble()で2倍にします。戻った値をlist()でリストに変換するとすべての要素が2倍になったnums2が作られます。

> File　map()を使ってリストの数値をすべて2倍にする
> 《file》map_double.py

```
def double(x) :
    return x * 2

nums = [4, 3, 7, 6, 2, 1]
nums2 = list(map(double, nums))    ── numsから順に値を取り出して、double()で
print(nums2)                           実行した結果をリストにします
```

では、map_double.pyを実行してみましょう。numsリストに入っている値がすべて2倍になったリストが出力されます。

【実行】map_double.pyを実行する

```
$ python map_double.py    ── リストnumsの値が2倍になっています
[8, 6, 14, 12, 4, 2]
```

このコードはラムダ式を使うことで、次のように簡素なコードになります。

Python インタプリタ map()の関数にラムダ式を使う

```
>>> nums = [4, 3, 7, 6, 2, 1]
>>> nums2 = list(map(lambda x : x * 2, nums))
>>> nums2                    └─ ラムダ式
[8, 6, 14, 12, 4, 2]
```

ただ、この操作ならばmap()を使わずにリスト内包表記のほうがわかりやすいかもしれません。（リスト内包表記☞ P.173）

Python インタプリタ map()を使わずにリスト内包表記で書いた場合

```
>>> nums = [4, 3, 7, 6, 2, 1]
>>> nums2 = [num * 2 for num in nums]
>>> nums2              └─ リスト内包表記
[8, 6, 14, 12, 4, 2]
```

fillter()でラムダ式を使用する

fillter()はリストなどのイテラブルから条件に合う要素だけを抜き出す関数です。条件は関数で指定します。

書式 filter()

filter(関数 **,** イテラブル **)**

map()と同様に関数はラムダ式で記述できます。次の例ではnumsから正の値だけを抜き出しています。

Python インタプリタ filter()を使って正の値だけを抜き出したリストを作る

```
>>> nums = [4, -3, 9, 1, -2, -4, 5]
>>> nums2 = list(filter(lambda x : x>0, nums))
>>> nums2         └─ numsをフィルタリングします
[4, 9, 1, 5]
```

これもまたリスト内包表記で記述できます。

Python インタプリタ リスト内包表記を使った場合

```
>>> nums = [4, -3, 9, 1, -2, -4, 5]
>>> nums2 = [num for num in nums if num>0]
>>> nums2         └─ リスト内包表記
[4, 9, 1, 5]
```

Section 11-2
イテレータとジェネレータ

イテレータとは値に含まれている要素を順に1個ずつ取り出せるオブジェクトです。リストなどのイテラブルも要素を順に取り出せるオブジェクトですが、別々の場所から1個ずつ取り出していくといったことはできません。ジェネレータはイテレータを作る関数です。

イテラブルとイテレータ

リスト、文字列、タプル、辞書などはイテラブル（iterable）です。イテラブルは要素を順に取り出せるオブジェクトです。イテラブルは取り出された要素の位置を管理しないのに対して、イテレータ（iterator）は要素を1個取り出すごとにどこまで取り出されているかという状態を保持して待っています。そして次に要素を取り出そうとすると先ほどの続きからの要素を取り出します。イテレータも要素を順に取り出すことができるオブジェクトですが、この点がイテラブルと違います。

少しわかりにくいのでイテレータの動作を具体的な例で見てみましょう。

イテラブルからイテレータを作る

イテレータはiter()を使ってイテラブルから作ることができます。次のようにcolorsリストを用意し、iter(colors)を実行してcolors_iterを作ります。colors はイテラブル、colors_iterはイテレータです。colors_iterの型を調べるとlist_iteratorと表示されます。

Python インタプリタ　リストからイテレータを作る

```
>>> colors = ["red", "blue", "green", "yellow"]         ──── リストはイテラブルです
>>> colors_iter = iter(colors)         ──── イテレータを作ります
>>> type(colors_iter)
<class 'list_iterator'>
```

では、colors_iterイテレータから要素を順に取り出してみます。イテレータから要素を取り出すにはnext(colors_iter)のように実行します。すると最初の要素の"red"が出力されます。続いてもう1回next(colors_iter)を実行すると、2番目の要素の"blue"が出力されます。このようにnext()でどこまで要素を取り出したかをイテレータは記憶しています。next(colors_iter)を続けて実行していくと、1個ずつ要素が取り出され、取り出す要素が無くなったところでStopIterationエラーになります。

Python インタプリタ　colors_iter イテレータから要素を順に取り出す

```
>>> next(colors_iter)      # 最初の要素が取り出されます。
'red'
>>> next(colors_iter)      # 次の要素が取り出されます。
'blue'
>>> next(colors_iter)      # さらに次の要素が取り出されます。
'green'
>>> next(colors_iter)
'yellow'
>>> next(colors_iter)      # 取り指す要素がなくなったのでエラーになりました。
Traceback (most recent call last):
  File "<stdin>", line 1, in <module>
StopIteration
```

ジェネレータ関数でイテレータを作る

イテラブルなオブジェクトからイテレータを作るのではなく、ジェネレータ関数を定義してイテレータのように要素を取り出せるオブジェクトを作ることもできます。ジェネレータ関数は通常の関数とは違い return の代わりに yield で値を返します。

次の menu_generator() はもっとも簡単なジェネレータ関数です。menu_generator() を呼ぶと戻り値としてジェネレータが作られます。作られたオブジェクトのタイプは generator です。

Python インタプリタ　ジェネレータを作る menu_generator() 関数

```
>>> def menu_generator() :
...     yield "ワイン"           ──── 呼ばれたならば返す値を順に yield で指定します
...     yield "サラダ"
...     yield "スープ"
...     yield "ステーキ"
...     yield "アイスクリーム"
...
>>> menu = menu_generator()      ──── menu ジェネレータが作られました
>>> type(menu)
<class 'generator'>
```

ジェネレータはイテレータと同じように next() で要素を 1 個ずつ取り出すことができます。では、試してみましょう。

イテレータとジェネレータ | Section 11-2

> **Python インタプリタ** menuジェネレータから要素を1個ずつ取り出す

```
>>> next(menu)    ——— 実行する度に値が1個ずつ取り出されます
'ワイン'
>>> next(menu)
'サラダ'
>>> next(menu)
'スープ'
>>> next(menu)
'ステーキ'
>>> next(menu)
'アイスクリーム'
>>> next(menu)
Traceback (most recent call last):
  File "<stdin>", line 1, in <module>
StopIteration    ——— 最後まで取り出し終わっているとエラーになる
```

なお、ジェネレータはイテラブルなオブジェクトと同じようにfor-inで値を取り出すこともできます。ただし、いったんすべての要素を取り出した状態からは要素を取り出すことはできないので注意が必要です。要素を取り出すには、あらためてジェネレータを作る必要があります。

> **Python インタプリタ** ジェネレータの要素をfor-inで取り出す

```
>>> menu = menu_generator()    ——— menuジェネレータを作ります
>>> for item in menu :    ——— menuジェネレータからすべての値を順に取り出します
...     print(item)
...
ワイン
サラダ
スープ
ステーキ
アイスクリーム    ——— 全部取り出したところでfor文を抜けます
```

> **!MEMO**
>
> **ジェネレータのメリット**
>
> ジェネレータとイテラブルは共通する点が多いですが、膨大な要素を含んでいるイテラブルから要素を順に取り出すためには、すべての要素をメモリ内に格納する必要があります。その点、ジェネレータは随時要素を取り出すので、必要なだけの要素を取り出したならばそこで処理を終了するということも可能となり、作業メモリが少なくて済むというメリットがあります。

▶数列を計算する

次のジェネレータ関数num_generator()で作るジェネレータは、数列の値を順に生成します。コードでは、その値を引数としてdo_something()を実行します。

File 数列の値を生成するジェネレータ

《file》num_gen.py

```python
# 数列の値を作るジェネレータ
def num_generator() :
    n = 0
    while True :
        num = n*n + 2*n + 3      # 数列式
        yield num                 ——— ジェネレータが次に返す値
        n += 1
```
（def num_generator()行に「ジェネレータを作る関数」の注釈）

```python
# 何かを行う関数
def do_something(num) :
    return (num%2, num%3)

# ジェネレータが返す値を使って処理を行う
gen = num_generator()             ——— genジェネレータを作ります
for i in range(1, 10) :
    num = next(gen)       # ジェネレータから次の値を取り出す
    result = do_something(num)    ——— ジェネレータから取り出した値で実行する
    print(result)
```

num_gen.pyを実行するとジェネレータから取り出された値でdo_something()を実行した結果が表示されます。do_something()は2で割った余りと3で割った余りをタプルで返します。結果を見るとジェネレータから取り出された数列は、奇数偶数が交互になっていて、3で割り切れる値が2個続いたならば3個目は2余る数が繰り返すことがわかります。

【実行】genジェネレータから取り出した値でdo_something()を10回繰り返した結果

```
$ python num_gen.py
(1, 0)  ┐
(0, 0)  ┘ ——— 奇数偶数が繰り返す
(1, 2)  ┐
(0, 0)  │
(1, 0)  ├——— 3で割ると2余る数が2個おきに出てくる
(0, 2)  ┘
(1, 0)
(0, 0)
(1, 2)
```

Fizz Buzzゲームを作る

ジェネレータを使ってFizz Buzzゲームを作ってみましょう。Fizz Buzzはグループで楽しむ遊びです。1から順に交代で数を言っていき、3の倍数は「Fizz」、5の倍数は「Buzz」、3と5の倍数は「FizzBuzz」と言い換えます。言い間違ったら負けです。

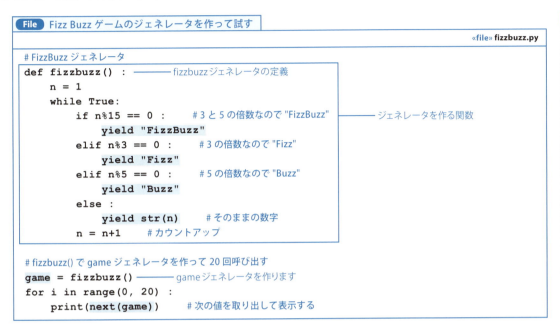

では、fizzbuzz.pyを実行してみましょう。3の倍数は「Fizz」、5の倍数は「Buzz」、両方の倍数は「FizzBuzz」にしてカウントアップされています。

【実行】fizzbuzz.pyを実行する

```
$ python fizzbuzz.py
1
2
Fizz ──── 3の倍数
4
Buzz ──── 5の倍数
Fizz
7
8
Fizz
Buzz
11
Fizz
13
14
FizzBuzz ──── 3と5の倍数
16
17
Fizz
19
Buzz
```

Chapter 11 関数の高度な利用

▶単語当てクイズを作る

　今度は簡単な単語当てクイズを作ってみます。次のword_quiz()は、引数で受け取った単語を先頭から1文字ずつ明かしていき、何という単語かを当てるクイズです。例では"Python"を答えとして、"P"、"Py"、"Pyt"、"Pyth"、"Pytho"、"Python"のようにヒントが出ます。"Python"からfor-inで1文字取り出し、先に取り出した文字と1文字ずつ連結したhintを作ってyieldで返してジェネレータを作ります。

　このword_quiz()でクイズのヒントを取り出すジェネレータを作ったならば、input()でキーボード入力された単語とhint = next(quiz)で取り出したヒントの単語とを比較して正解かどうかを調べます。正解するまでwhile文でループするので、ループしてnext(quiz)を実行する度に正解の単語が明らかになります。

File ジェネレータ関数を使って単語当てクイズを作る

«file» quiz_generator.py

```python
def word_quiz(word) :           ── word_quizジェネレータの定義
    hint = ""
    for letter in word :        ── 引数で受け取った文字列から1文字ずつ取り出します
        hint += letter     # 先に取り出した文字に連結していく
        yield hint         # ヒントを返す
                          ── これまでに取り出した分を次の値として返します
# 出題する
ans = "Python"         # 正解
quiz = word_quiz(ans)      # ジェネレータを作る
while True :
    try :
        hint = next(quiz)      # ヒントを取り出す
        print(hint)
        word = input("この単語は？：")
        if ans.lower() == word.lower() :    # 大文字小文字を区別しないで比較
            point = len(ans) - len(hint)
            print( f"正解です！得点：{point}")
            break
        else :
            print("違います。")
    except :
        print("終了です。得点：0")
        break
```

　では、quiz_generator.pyを実行してクイズを試してみましょう。ヒントで考えられる単語を入力していき、"Pyth"のところで"Python"と正解を出したのでそこで終了しています。

【実行】quiz_generator.pyを実行して単語当てクイズを試す

```
$ python quiz_generator.py
P ──────── ヒントが1文字ずつ取り出されます
この単語は？：peace
違います。
Py
この単語は？：pylon
違います。
Pyt
この単語は？：pytagoras
違います。
Pyth
この単語は？：python
正解です！得点：2
```

ジェネレータ式を使う

　ジェネレータにはリスト内包表記に似た書式があります。ジェネレータ式（ジェネレータ内包表記）は一番外の囲みが( )で、ジェネレータ式と言います。たとえば、次のようなジェネレータ式を書くことができます。次のジェネレータは1から5までにある奇数を順に返します。

Python インタプリタ　ジェネレータ式を使う

```
>>> odd_gen = (odd for odd in range(1, 6, 2))   ── odd_genジェネレータを作ります
>>> next(odd_gen)                                 1〜6の奇数のシーケンス
1
>>> next(odd_gen)
3
>>> next(odd_gen)
5
>>> next(odd_gen)
Traceback (most recent call last):
  File "<stdin>", line 1, in <module>
StopIteration
```

▶ ジェネレータをリストに変換する

　ジェネレータはlist()でリストに変換することができます。内容を手軽に確認したい場合などに便利です。

Python インタプリタ　ジェネレータをリストに変換して確認する

```
>>> even_data = (even for even in range(0, 10, 2))
>>> list(even_data)                              ── 0〜10の偶数のシーケンス
[0, 2, 4, 6, 8]   ──── ジェネレータのすべての値がリストになります
```

ジェネレータに値を送る

　ジェネレータから値を取り出すだけではなく値を送ることもできます。その方法は、received = yieldのようにyieldを変数に代入する式を書いておき、ジェネレータオブジェクトにsend()を使って値を送ると、receivedに値が入ります。

　次に簡単な例を示します。received = yield n の式を見てください。ジェネレータが呼ばれるとnを返していますが、一方でジェネレータにsend()された値はreceivedに代入されます。

　まずはジェネレータgenを作ってnext(gen)で取り出される値を調べてみましょう。すると、0、1、2のようにカウントアップされます。

Pythonインタプリタ　ジェネレータを作って値を取り出す

```
>>> def testgen() :
...     n = 0
...     while True :
...         received = yield n    ── yieldで値を返すだけでなく、send()された値を受けて
...         if received :                receivedに代入します
...             n = received     ── send()で受け取った値がreceivedに入っているときに実行します
...         else :
...             n = n + 1
...
>>> gen = testgen()
>>> next(gen)
0
>>> next(gen)
1
>>> next(gen)
2
```

　次にgen.send(10)を実行し、next(gen)を続けて実行していくと、11、12のように送った値の続きからカウントアップするようになります。

Pythonインタプリタ　ジェネレータに値を送る

```
>>> gen.send(10)    ── genジェネレータに10を送ります
10              ── nの値が10になって、10からカウントアップします
>>> next(gen)
11
>>> next(gen)
12
```

サブジェネレータを利用する

ジェネレータで返す値をほかのジェネレータやイテレータを呼び出して作り出すこともできます。呼び出すジェネレータをサブジェネレータ、イテレータをサブイテレータと言います。構文では yield from サブジェネレータ、yield from サブイテレータのように値を作り出す機能を他に任せるので、この方法を「yield の操作を委譲する」という表現もします。

では、具体例を見てみましょう。次の main_gen() で作るジェネレータは、最初の1個と最後の1個は自身で定義している "start" と "end" を返しますが、その間の値は yield from で指定したサブイテレータ、サブジェネレータから順に値を取り出します。それぞれの値が尽きたところで次のサブイテレータ、サブジェネレータへと移行している点にも注目してください。

File 値の生成をサブイテレータとサブジェネレータを利用する

«file» subgenerator.py

```
# メインのジェネレータ
def main_gen(n):
    yield "start"
    yield from range(n, 0, -1)   # サブイテレータから値を作る
    yield from "abc"              # サブイテレータから値を作る
    yield from [10, 20, 30]       # サブイテレータから値を作る
    yield from sub_gen()          # サブジェネレータから値を作る
    yield "end"

# サブジェネレータ
def sub_gen():
    yield "X"
    yield "Y"
    yield "Z"
```

では、main_gen() でジェネレータを作って試してみましょう。subgenerator モジュールをインポートしたならば subgenerator.main_gen(3) でジェネレータ gen を作り、list(gen) で値を確認します。

Python インタプリタ main_gen() からジェネレータを作って値を確認する

```
>>> import subgenerator
>>> gen = subgenerator.main_gen(3)
>>> list(gen)       # 値を確認する
['start', 3, 2, 1, 'a', 'b', 'c', 10, 20, 30, 'X', 'Y', 'Z', 'end']
```

すると yield from で指定したジェネレータからも値が順に取り出されています。また、yield "start" は "start" を戻しますが、yield from "abc" は "abc" はイテレータとして機能し、"a"、"b"、"c" のように1文字ずつ戻していることもわかります。

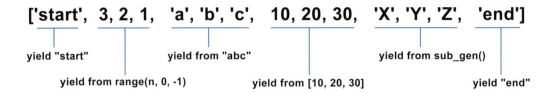

Part 2　基礎：Pythonの基本構文を学ぶ

Chapter 12

クラス定義

この章ではクラス定義、継承、アクセス権、ポリモーフィズムなどのオブジェクト指向プログラミングの基本的な知識を説明します。クラス定義を学ぶことで、文字列、リスト、辞書など、これまで使ってきたオブジェクトへの理解もより一層深まります。オブジェクト指向プログラミングにより、開発の効率や保守性も上がります。

Section 12-1　クラス定義
Section 12-2　クラスの継承
Section 12-3　プロパティを利用する

Section 12-1
クラス定義

この節では、基本的なクラス定義の方法を説明します。クラス定義を行うことで、独自のオブジェクトを作ることができるようになります。クラスの拡張などについては次節以降で説明します。

クラスとインスタンス

数値、文字列、リスト、タプル、辞書など、Pythonのデータはすべてクラスから作られたオブジェクトです。「Section 4-3 オブジェクトのメソッド」ではオブジェクトの型と実行できるメソッドといった説明をしました（☞ P.83）。ここでクラスとオブジェクトについて、その概念を整理しておきましょう。

▶クラスはオブジェクトの仕様書

オブジェクトはクラスから作ります。すなわち、クラスは「どんなオブジェクトを作るか？」を書いたオブジェクトの仕様書、設計図です。クラスから作ったオブジェクトのことを「インスタンス」と呼びます。

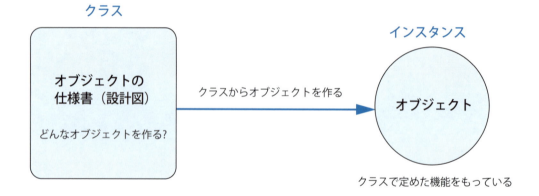

> **❶ MEMO**
> **オブジェクトの型**
> オブジェクトにどんな機能があるかは、そのオブジェクトの仕様が定義してあるクラスを知ればわかります（type() ☞ P.67）。オブジェクトを作ったクラスは「型」と呼ばれますが、オブジェクトの型はクラス以外でも定義できます（構造体で定義できる）。型はオブジェクトの機能だけではなく、必要となるメモリサイズなども表します。

クラス定義 | Section 12-1

クラスを定義する

それではクラスを定義する方法を説明します。クラス定義のもっとも短い書式はクラス名を指定する1行です。ただ、1行だけでは定義文のブロックにならないので、何かステートメントが必要です。クラス名は1文字目だけを大文字にするのが慣例となっています。関数定義などと同じようにステートメントは半角4文字だけ字下げをして書きます。

> **書式　クラス定義**
>
> **class** クラス名 **：**
> 　　　ステートメント

次はCarクラスを定義したコードです。最低でも1行のステートメントが必要なので、ここでは何も実行しないpassを書いておきます。

Python インタプリタ　Carクラスを定義する
```
>>> class Car:
...     pass    # 何もしない
...
```

▶ クラスからインスタンスを作る

クラスからオブジェクトを作る、すなわちクラスからインスタンスを作るにはクラス名に()を付けて呼び出すだけです。Carクラスのインスタンスは Car()で作ることができます。同じ型の車を何台でも作れるように、Car()を実行するだけでCarクラスから car1、car2 のように何個でもインスタンスを作ることができます。

Python インタプリタ　Carクラスのインスタンスを2個作る
```
>>> car1 = Car()
>>> car2 = Car()
```

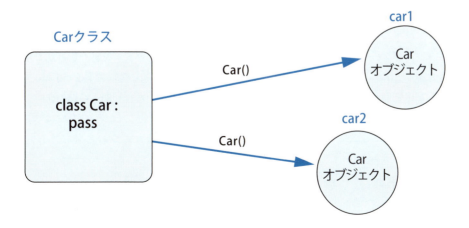

オブジェクトの仕様を定義する

　Carクラスを定義しましたが、Carクラスには中身がありません。これでは新しいクラスを作った意味が無いので、クラスの中身を書いていきましょう。

　クラスはオブジェクトの仕様書なので、オブジェクトの仕様をクラスに書くことになります。オブジェクトの仕様とは何かと言えば、オブジェクトに「どのような属性の値をもち、何ができるのか？」です。つまり、クラスではオブジェクトの「属性（値）」と「実行できること」を定義します。具体的には、属性は変数で定義し、実行できることはメソッド（関数）で定義します。

　では、Carクラスのオブジェクトの仕様を定義してみましょう。Carクラスのオブジェクトには、次に示す変数とメソッドがあるとします。

変数	値
color	車の色（初期値 "white"）
mileage	走行距離（初期値 0）

メソッド	機能
drive	引数で指定した距離だけドライブする

▶初期化メソッド

　クラス定義にはインスタンスが作られたときに自動的に実行される「初期化メソッド」を書くことができます。初期化メソッドの名前は、__init__ です。名前の前後にアンダースコアが2個付いているメソッドは、「特殊メソッド」と呼ばれ、__init__ は特殊メソッドの1つです。初期化メソッドの引数は初期化処理で利用しますが、第1引数は必ずselfにします。

> **書式** 初期化メソッド
>
> ```
> def __init__( self, 引数2, 引数3, ... ):
>     初期化の処理
> ```

▶ インスタンス変数を初期化する

インスタンス変数はこの初期化メソッドで初期化します。このとき、初期化メソッドの第1引数で受け取るselfを参照する形で次のように初期化します。

> **書式** インスタンス変数を初期化する
>
> **self.** 変数名 = 初期値

Carクラスの初期化メソッドではcolor、mileageの2個のインスタンス変数を初期化します。次のコードで示すように self.color、self.mileageの式で変数を参照して値を設定します。

File Carクラス：初期化メソッドでインスタンス変数を初期化する

«file» car_class1.py

```python
# Car クラス
class Car :
    # 初期化メソッド
    def __init__(self, color = "white") :
        self.color = color      # 引数で受け取った値を代入
        self.mileage = 0        # 0からスタート
```

▶ モジュールからクラスをインポートする

car_class1.pyに保存してあるCarクラスからインスタンスを作るには、car_class1.pyが入っているフォルダがカレントディレクトリになるように移動しておきます。カレントディレクトリを移動する方法は先にも説明しましたが（☞ P.37、P.253）、コマンドプロンプト（ターミナル）で cd "パス" を実行するのが簡単です。移動先のパスは、car_class1.pyが入っているフォルダをドロップするだけで入力できます。

【コマンドプロンプト（ターミナル）】cdでカレントディレクトリを移動する

```
$ cd /Users/yoshiyuki/Documents/writing/writing_Python/Python3_sample/Part2/Chapter13/Section13-1
```

カレントディレクトリを移動したならばPythonインタプリタを起動して、Carクラスのインスタンスを作ってみましょう。まず最初にcar_class1モジュールからCarクラスをインポートします。Carクラスをインポートしたならば、引数なしのCar()でインスタンスcar1を作ります。次のcar2はCar("red")でインスタンスを作ります。

Pythonインタプリタ Carクラスのインスタンスを作る

```python
>>> from car_class1 import Car
>>> car1 = Car()
>>> car2 = Car("red")
```

▶インスタンス変数の値を確認する

さて、Carクラスからcar1とcar2の2個のインスタンスを作りました。ここでインスタンス変数の値がどうなっているかを確認してみましょう。car1のインスタンス変数colorならばcar1.color、car2ならばcar2.colorのように、「インスタンス.変数名」でアクセスすることができます。

> **書式 インスタンス変数にアクセスする**
>
> インスタンス.変数名

まず、Car()で作ったcar1の値を確認します。colorには初期値の"white"、mileageには0がそれぞれ設定されているのがわかります。

Pythonインタプリタ Car()で作ったcar1のインスタンス変数の値
```
>>> car1.color      # 初期値の "white" が設定されている
'white'             ← インスタンスcar1のcolorの値
>>> car1.mileage
0
```

次にCar("red")で作ったcar2の値を確認します。するとcolorには引数で与えた"red"が設定されています。

Pythonインタプリタ Car("red")で作ったcar2のインスタンス変数の値
```
>>> car2.color      # 引数で指定した "red" が設定されている
'red'               ← インスタンスcar2のcolorの値
>>> car2.mileage
0
```

▶インスタンス変数の値はインスタンスごとに保持される

ここで重要なポイントが2つあります。1つは同じCarクラスから作ったインスタンスであるにも関わらず、colorの値がcar1とcar2では異なっているという点です。Carクラスはオブジェクトがもつ属性すなわち変数を指定しているだけで、その値はインスタンスごとに保持されます。

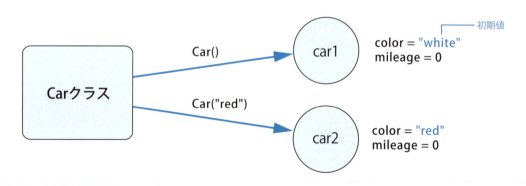

クラス定義 | Section 12-1

▶ 初期化メソッドの第1引数 self

　もう1つの注目点は、Car("red")でcolorに設定する色を渡していますが、初期化メソッドの第1引数はselfであり、colorは第2引数です。colorは"white"が初期値と設定されているので省略できますが、selfには初期値が設定されていないので省略できないはずです。

File Car クラスの初期化メソッド

«file» car_class1.py

```python
def __init__(self, color = "white") :     # 初期化メソッド
    self.color = color      # 引数で受け取った値を代入
    self.mileage = 0        # 0からスタート
```

　Car("red")を実行すると__init__()が呼ばれるわけですが、第1引数のselfには自動的に値が入り、Car("red")の引数は初期化メソッドの第2引数から渡されていくことになります。ここでselfに何が入っているかと言えばインスタンス自身の参照です。したがって、self.color、self.mileageがインスタンス変数を指すわけです。self.color = color の式は、self.colorで参照しているインスタンス変数colorに引数で受け取ったcolorの値を設定しています。

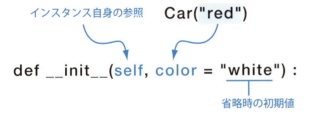

▶ インスタンス変数の値を更新する

　「インスタンス.変数」の式でインスタンス変数の値を確認できることがわかりましたが、値を設定して更新することもできます。たとえば、car1.colorには"white"が設定されていますが、これを"green"に設定し直すことができます。

Pythonインタプリタ 　インスタンス変数colorの値を更新する

```
>>> car1.color        # color には "white" が設定されている
'white'
>>> car1.color = "green"       # "green" に設定し直す
>>> car1.color
'green'  ——————— "green"になりました
```

　Carクラスのもうひとつのインスタンス変数mileageも同様です。car1.mileageでアクセスすれば好きな数値に変更できます。

```
Python インタプリタ   インスタンス変数 mileage の値を更新する
>>> car1.mileage        # mileage の現在の値は 45
45
>>> car1.mileage = 100       # 100 に設定する
>>> car1.mileage
100 ———— 100 になりました
```

しかし、総距離を自由に変更できるのは運用上に問題があるように思えます。この問題に対処するために、変数にアクセス権を設定することができます。（☞ P.298）

> **MEMO**
> **名前はselfでなくてもよい？**
> 第1引数のselfは単なる引数名に過ぎず、予約語でもありません。しかし、慣例としてselfが使われているので必ずselfを使いましょう。

インスタンスメソッドを定義する

では次に「インスタンスが実行できること」をインスタンスメソッドで定義する方法を説明します。インスタンスメソッドの定義方法は関数の定義方法と同じです。ただ唯一違うのは、先に説明した初期化メソッドと同じように関数の第1引数を self にする点です。インスタンスメソッドの第1引数にもインスタンス自身の参照が自動的に送られます。引数2以降がない場合にも self は省略せずに書きます。

> **書式** インスタンスメソッドを定義する
>
> **def** メソッド名 **(self,** 引数 2, 引数 3, **...) :**
>   ステートメント

それではCarクラスにdrive() インスタンスメソッドを定義してみましょう。drive()の機能は引数で受け取った距離だけドライブします。具体的には、引数で受け取った距離をインスタンス変数 mileage に加算して総距離を記録し、「?? km ドライブしました。総距離は ?? km です。」のように表示する機能にしたいと思います。

Carクラス定義にdrive()の定義を追加すると次のコードになります。これでCarクラスにはインスタンス変数のcolor、mileageとインスタンスメソッドのdrive()が実装されました。

File インスタンスメソッド drive() を実装した Car クラス

«file» car_class2.py

```python
# Car クラス
class Car :
    # 初期化メソッド
    def __init__(self, color = "white") :
        self.color = color       # 引数で受け取った値を代入
        self.mileage = 0       # 0 からスタート
```

クラス定義 Section 12-1

```
# インスタンスメソッド
def drive(self, km) :      第1引数をselfにします
    self.mileage += km
    msg = f"{km}kmドライブしました。総距離は{self.mileage}kmです。"
    print(msg)
```

▶インスタンスメソッドを実行する

Carクラスからcar1インスタンスを作成してdrive()を実行してみましょう。インスタンスメソッドを実行するには、car1.drive(15)のように対象となるインスタンスを指してメソッドを呼び出します。

> **書式** インスタンスメソッドを実行する
>
> インスタンス.メソッド()

Carクラスからcar1インスタンスを作成してcar1.drive(15)を実行すると「15kmドライブしました。総距離は15kmです。」と表示されます。続けてcar1.drive(20)を実行すると「20kmドライブしました。総距離は35kmです。」と表示されます。ちゃんと総距離に走行距離が加算されていることから、インスタンス変数mileageの値が保持されていることがわかります。

【実行】car1インスタンスを作りdrive()を実行する
```
>>> from car_class2 import Car
>>> car1 = Car()          car1インスタンスを作ります
>>> car1.drive(15)        car1に対してインスタンスメソッドdrive()を実行します
15kmドライブしました。総距離は15kmです。
>>> car1.drive(20)
20kmドライブしました。総距離は35kmです。    総距離が加算されています
```

同じようにcar2インスタンスも作って、car1、car2でdrive(10)を実行してみましょう。car1、car2の総距離はそれぞれのインスタンス変数mileageで記録されていることが確認できます。

【実行】car1、car2でdrive(10)を実行して、それぞれの総距離を確かめる
```
>>> car2 = Car("red")        car2インスタンスを作ります
>>> car2.drive(10)           car2に対してインスタンスメソッドdrive()を実行します
10kmドライブしました。総距離は10kmです。    car1とcar2では総距離が個別に保持されています
>>> car1.drive(10)
10kmドライブしました。総距離は45kmです。
```

クラスメンバー

クラス定義ではインスタンス変数とインスタンスメソッドを定義するということを説明してきましたが、クラス自身がクラス変数とクラスメソッドをもつことができます。クラス変数の値はインスタンスで共有して使うことができ、クラスメソッドもインスタンスから実行できます。これは、車を作る工場にもデータと機能があるのと同じです。

クラス変数とクラスメソッドは「クラスメンバー」と呼び、これに対してインスタンス変数とインスタンスメソッドは「インスタンスメンバー」と呼びます。つまりクラス定義には、次の図に示すようにクラスメンバーとインスタンスメンバーの定義文があるわけです。

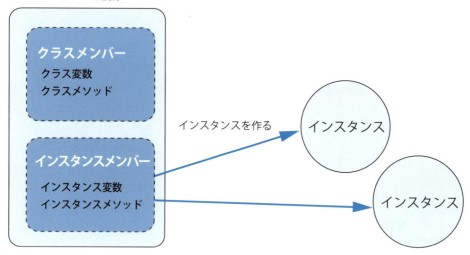

▶ クラス変数を定義する

クラス変数は普通の変数と同じく「変数 = 値」で初期化します。

> **書式** クラス変数を初期化する
>
> 変数 = 初期値

それではCarクラスにmakerとcountというクラス変数を追加します。makerの初期値は"PEACE"、countの初期値は0で初期化します。Carクラスのコードは次のようになります。

クラス定義　Section 12-1

File クラス変数を追加した Car クラス

«file» car_class3.py

```python
# Car クラス
class Car :
    # クラス変数
    maker = "PEACE"      # 自動車メーカー
    count = 0            # 台数

    # 初期化メソッド
    def __init__(self, color = "white") :
        self.color = color      # 引数で受け取った値を代入
        self.mileage = 0        # 0からスタート

    # インスタンスメソッド
    def drive(self, km) :
        self.mileage += km
        msg = f"{km}kmドライブしました。総距離は{self.mileage}kmです。"
        print(msg)
```

▶ クラス変数にアクセスする

クラス変数はクラスの値なので、「クラス.変数名」で参照します。

書式 クラス変数に参照する

クラス.変数名

Carクラスのクラス変数には、Car.maker、Car.countのように直接Carクラスに対してアクセスします。インスタンスを作る必要もありません。

Python インタプリタ　クラス変数の値を確認する

```
>>> from car_class3 import Car
>>> Car.maker          ――― Carクラスのクラス変数 maker を調べます
'PEACE'
>>> Car.count          ――― Carクラスのクラス変数 count を調べます
0
```

クラスメソッドを定義する

　クラスメソッドを定義する書式は次のとおりです。メソッド自体は普通の関数と同じようにdef文で定義します。このとき第1引数をclsにします。clsは省略できません。そしてもう1つ、def文の前に@classmethodと書きます。@で始まる文はデコレータといいます。

> **書式** クラスメソッドを定義する
>
> ```
> @classmethod
> def メソッド名 ( cls, 引数2, 引数3, ... ) :
>     ステートメント
> ```

次のcountup()はCarクラスに追加するクラスメソッドです。countup()ではクラス変数countをカウントアップします。ここでcountup()の第1引数clsを使ってcls.countでクラス変数countを参照している点に注目してください。Car.countをcls.countと書くことができることから、clsがクラス自身を指していることがわかります。クラスメソッドでクラス変数を参照する場合はこのようにclsを使って記述します。

File クラスメソッド countup()

«file» car_class4.py

```
# クラスメソッド
  @classmethod
  def countup(cls) :
      cls.count += 1
      print(f" 出荷台数：{cls.count}")
```

▶インスタンスメソッドからクラスメンバーを使う

クラスメソッドのcountup()を実行するタイミングは新たにインスタンスが作られて、初期化メソッドが実行されるときです。つまりcountはCarクラスのインスタンスの個数を数えています。初期化メソッドでクラスメソッドを実行するにはCar.countup()のようにクラスを指して実行します。

さらに初期化メソッドでは新たにインスタンス変数self.mynumberを作成し、カウントアップした直後のCar.countを代入します。これで各インスタンスは自分が何個目に作られたインスタンスなのか、その製造番号をself.mynumberでもっていることになります。

File クラスメソッドとクラス変数を利用する初期化メソッド

«file» car_class4.py

```
# 初期化メソッド
  def __init__(self, color = "white") :
      Car.countup()          # カウントアップする ――― クラスメソッド countup()を実行します
      self.mynumber = Car.count   # 自分の番号 ――― インスタンス変数 mynumberに
      self.color = color     # 引数で受け取った値を代入   自分の番号として保存します
      self.mileage = 0       # 0からスタート
```

それではCarクラスの全体のコードを確認してみましょう。クラス変数、クラスメソッド、初期化メソッド、インスタンス変数、インスタンスメソッドのすべての定義が含まれています。

クラス定義　Section 12-1

File クラスメソッドと初期化メソッドを書き替えた Car クラス定義

«file» car_class4.py

```
# Car クラス
class Car :
    # クラス変数
    maker = "PEACE"     # 自動車メーカー     ← クラス変数
    count = 0           # 台数

    # クラスメソッド
    @classmethod
    def countup(cls) :                      ← クラスメソッド
        cls.count += 1
        print(f"出荷台数:{cls.count}")

    # 初期化メソッド
    def __init__(self, color = "white") :
        Car.countup()        # カウントアップする ――― クラスメソッドを実行します
        self.mynumber = Car.count    # 自分の番号 ――― クラス変数を参照しています
        self.color = color   # 引数で受け取った値を代入
        self.mileage = 0     # 0からスタート

    # インスタンスメソッド
    def drive(self, km) :
        self.mileage += km
        msg = f"{km}kmドライブしました。総距離は{self.mileage}kmです。"
        print(msg)
```

▶ クラスメソッドを実行する

　新しいCarクラスを使ってcar1、car2、car3を作って、作成したインスタンスの数がカウントアップされるかどうか確認してみましょう。インスタンスを作った直後に表示される出荷台数がカウントアップされていることから、初期化メソッドからクラスメソッドのcountup()が実行されていることがわかります。

【実行】インスタンスを作ると出荷台数がカウントアップされるかどうか確かめる

```
>>> from car_class4 import Car
>>> car1 = Car()
出荷台数:1
>>> car2 = Car("red")
出荷台数:2
>>> car3 = Car("blue")
出荷台数:3 ――― クラス変数cls.countで保持されているインスタンスの個数がカウントアップされています
```

【実行】各インスタンスのインスタンス変数mynumberの値を確かめる

```
>>> car1.mynumber
1
>>> car2.mynumber
2
>>> car3.mynumber
3
```

> **MEMO**
> **静的メソッド**
> デコレータ@staticmethodを付けた静的メソッド（スタティックメソッド）と呼ばれるメソッドがあります。静的メソッドはクラスメソッドと同じように機能します。クラスメソッドと異なり第1引数のclsは不要です。

作った後から変数とメソッドを追加する

　クラスメンバーやインスタンスメンバーを動的に後から追加できます。次に具体例を示しますが、動的にメンバーを追加する方法はどちらも同じです。こういうこともできるという程度に知っておいてください。

▶クラスにメンバーを追加する

　クラス定義されていないクラス変数の値を調べようとするとAttributeErrorが発生しますが、未定義のクラス変数に値を設定してもエラーにはならず、そのままクラス変数が作られて値が設定されます。

　次のSimpleクラスには何も定義されていませんが、Simple.x = 100を実行するとクラス変数xがSimpleクラスに動的に追加され、そのまま通常のクラス変数として利用できるようになります。

Pythonインタプリタ　Simpleクラスに動的にクラス変数xを追加する
```
>>> class Simple :         # Simple クラス定義
...     pass　　　　　Simpleクラスにはメンバーがありません
...
>>> Simple.x = 100         # クラス変数 x を追加する
>>> Simple.x * 2
200
```

　クラスメソッドを動的に追加するには「クラス.メソッド＝関数オブジェクト」のようにメソッドを設定します。ただし、設定する関数オブジェクトはクラス定義でクラスメソッドを定義する場合と異なり第1引数はclsにはしません。

　次の例ではSimple.greetingにhello()を設定しています。もとのメソッドはhello()ですが、Simple.greeting()で実行します。

Pythonインタプリタ　Simpleクラスに動的にクラスメソッドgreetingを追加する
```
>>> def hello(msg = "ハロー"):      # hello() メソッド定義
...     print(msg)
...
>>> Simple.greeting = hello         # greeting クラスメソッドを追加する
>>> Simple.greeting("おはよう！")    # 実行する
おはよう！
```

▶インスタンスにメンバーを追加する

　インスタンス変数およびインスタンスメソッドを動的に追加する方法もクラスメンバーの場合と同じです。インスタンスに動的に追加したメンバーは、あたかも既製品に後からオプションを付けたようにインスタンス

固有のメンバーになります。

次の例ではSimpleクラスからインスタンスobjを作り、インスタンス変数aを動的に追加しています。

> **Pythonインタプリタ**　動的にインスタンス変数を追加する
> ```
> >>> obj = Simple()
> >>> obj.a = 123
> >>> obj.a
> 123
> ```

次の例ではインスタンスobj1とobj2を作り、それぞれにインスタンスメソッドplay()を追加しています。obj1.playにはdrum()メソッド、obj2.playにはsax()メソッドを設定します。クラス定義でインスタンスメソッドを定義する場合と異なり、第1引数はselfではありません。

> **Pythonインタプリタ**　動的にインスタンスメソッドを追加する
> ```
> obj1 = Simple()
> obj2 = Simple()
> >>> def drum(beat = "トコトコ"):
> ...     print(beat)
> ...
> >>> def sax(phrase = "プープー"):
> ...     print(phrase)
> ...
> >>> obj1.play = drum       ── obj1にplay()を追加します
> >>> obj2.play = sax        ── obj2にplay()を追加します
> ```

どちらも追加したインスタンスメソッドはplay()ですが、設定したメソッドが違うので実行すると違う動作になります。引数を省略してplay()だけで実行するとその違いが分かります。

> **Pythonインタプリタ**　追加したインスタンスメソッドを実行する
> ```
> >>> obj1.play("ドンドコ")
> ドンドコ
> >>> obj1.play()           ── obj1のplay()ではdrum()が実行されます
> トコトコ
> >>> obj2.play()           ── obj2のplay()ではsax()が実行されます
> プープー
> ```

▶ 追加したメンバーを削除する

後から追加したメンバーの値を消去するにはNoneを設定するか、del文で削除します。Noneを設定した場合も自動的にメモリから削除されます。

> **Pythonインタプリタ**　追加したメンバーを削除する
> ```
> >>> obj1.a = None
> >>> obj1.play = None
> >>> del Simple.x
> ```

Section 12-2
クラスの継承

クラス継承こそがクラスを利用するオブジェクト指向プログラミングの最大の利点と言っても過言ではありません。クラス継承を利用することで既存のクラスの拡張を効率よく行うことができ、保守性も上がります。「継承」という言葉が難しく思わせますが、実際には大変わかりやすい考え方です。

継承とは

クラスの継承とは、既存のクラスを拡張するように自身のクラスを定義する方法です。クラスAをもとにクラスBを作りたいとき、クラスAを継承して追加変更したい機能だけをクラスBで定義します。ベースになるクラスAを改変せずに拡張するので、拡張による影響がクラスAには及ばないというメリットがあります。

▶ スーパークラスとサブクラス

クラスAを継承してクラスBを作る場合、クラスAを「スーパークラス」、クラスBを「サブクラス」と呼びます。一般にこの呼び方にはいくつかあり、「スーパークラス／サブクラス」、「基底クラス／派生クラス」、「親クラス／子クラス」のようなペアで使います。

スーパークラスの機能をサブクラスが受け継ぐことになりますが、このときサブクラスがスーパークラスを指名します。そこで図などでは「サブクラス → スーパークラス」のようにサブクラスからスーパークラスに向けて矢印を書きます。サブクラスはスーパークラスを知っていますが、スーパークラスは自分のサブクラスがどのクラスになるのかは知りません。

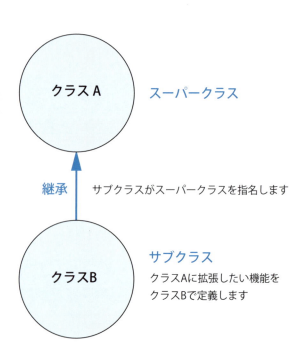

クラスを継承する

スーパークラスをもつサブクラスの書式は次のようになります。サブクラスがスーパークラスを指名します。

Section 12-2 クラスの継承

> **書式 サブクラスのクラス定義**
>
> **class** サブクラス名 **(** スーパークラス名 **) :**
> 　　ステートメント

簡単な例で継承を試してみましょう。まず、インスタンスメソッドhello()をもったAクラスを定義します。

Pythonインタプリタ　スーパークラスにするAクラス定義

```
>>> class A:           # A クラス
...     def hello(self):    ── Aクラスのインスタンスメソッド
...         print(" ハロー ")
...
```

続いてAクラスを継承したBクラスを定義します。class B(A)のようにAクラスをスーパークラスとして指定します。Bクラスにはインスタンスメソッドのbye()を定義しておきましょう。

Pythonインタプリタ　Aクラスを継承したサブクラスになるBクラス定義

```
>>> class B(A):        # A クラスを継承した B クラス
...     def bye(self):      ── Bクラスのインスタンスメソッド
...         print(" グッバイ ")
...
```

準備ができたところで、Bクラスのインスタンスobjを作ります。Aクラスで定義されているobj.hello()を実行すると、正しく「ハロー」と出力されます。もちろん、Bクラスで定義されているbye()も実行できます。

Pythonインタプリタ　Bクラスのインスタンスを作って継承したメソッドを試す

```
>>> obj = B()          # B クラスのインスタンスを作る
>>> obj.hello()        # A クラスから継承したインスタンスメソッドを実行する
ハロー
>>> obj.bye()          # B クラスのインスタンスメソッドを実行する
グッバイ
```

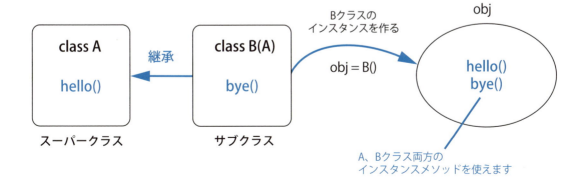

モジュールから読み込む

次の例はDatalogクラスをモジュール（datalog.py）に保存しておき、インポートしてMydataクラスのスーパークラスとして使う例を示します。

スーパークラスになるDatalogクラスのlog()では、引数のデータdataと現在日時nowを(now, data)のタプルにしてインスタンス変数のloglistリストに追加していきます。現在日時はdatetimeモジュールのnow()で取得できます。

File Datalog クラス（スーパークラス）

«file» datalog.py

```python
# datetime モジュール
from datetime import datetime
# Datalog クラス
class Datalog:
    # 初期化メソッド
    def __init__(self):
        self.loglist = []    ── インスタンス変数loglistを初期化します

    # インスタンスメソッド
    def log(self, data):
        now = datetime.now()    # 現在の日時データ
        item = (now, data)      # タプルを作る
        self.loglist.append(item)    # loglist リストに追加する
```

外部ファイルのDatalogクラスをスーパークラスにするには、import文でモジュールを読み込む必要があります。from datalog import Datalog のように読み込めばclass Mydata(Datalog)でDatalogクラスを継承したMydataを定義できます。もし、import datalogでdatalogモジュールをインポートするならば、class Mydata(datalog.Datalog)のようにDatalogクラスを指します。

MydataクラスにはDatalogクラスのインスタンス変数loglistの要素をすべて取り出してプリントするprintlog()が定義してあります。

File Mydata クラス（サブクラス）の定義

«file» mydata_test.py

```python
# Datalog クラスが定義してあるモジュールをインポートする
from datalog import Datalog    ── スーパークラスとして指定するためにインポートします
# Datalog クラスを継承した Mydata クラス
class Mydata(Datalog):    ── Datalogクラスをスーパークラスにします
    def printlog(self):
        # スーパークラスのインスタンス変数の値を取り出す
        for date, data in self.loglist :
            print(date, data)    └── スーパークラスで定義してあるインスタンス変数にアクセスします
```

mydata_test.pyでは、続いてMydataクラスのインスタンスobjを作り、obj.log("あいう")、obj.log("abc")のようにログデータを追加していきます。そして、obj.printlog()を実行してloglistの中身を出力します。イン

スタンスobjに実行するlog()はスーパークラスのDatalogクラスで定義されているメソッドであり、printlog()はサブクラスのMydataクラスで定義されているメソッドです。どちらのメソッドも区別なく実行できます。

File Mydata クラスのインスタンスの作成

«file» **mydata_test.py**

```
（mydata_test.py の続き）
# Mydata クラスのインスタンスを作って試す
obj = Mydata()
obj.log(" あいう ")    # スーパークラスのインスタンスメソッドを実行
obj.log("abc")
obj.log(123)
obj.printlog()    # サブクラスのインスタンスメソッドを実行
```

mydata_test.pyを実行すると、次のようにprintlogリストの中身が出力されます。

【実行】mydata_test.pyを実行する

```
$ python mydata_test.py
2017-03-13 23:34:38.938078 あいう     ──── Datalogクラスの初期化メソッドで日付が入ります
2017-03-13 23:34:38.938085 abc
2017-03-13 23:34:38.938086 123
```

オーバーライド

　継承して利用しているスーパークラスのメソッドを書き替えたい場合があります。このようなときにスーパークラスのコードを書き替えるのではなく、サブクラスで同じ名前のメソッドを定義して上書きしてしまう方法があります。これをオーバーライド（over ride）と呼びます。

▶ **サブクラス、スーパークラスのメソッドを使い分ける**

　次のGreet2クラスはGreetクラスのサブクラスです。Greetクラスにはhello()とbye()の2つのメソッドがありますが、サブクラスのGreet2クラスにもhello()があります。つまり、Greet2クラスのhello()はGreetクラスのhello()をオーバーライドします。したがって、Greet2クラスのインスタンスを作ってhello()を実行するとGreet2クラスで定義されているhello()が呼ばれて実行されます。

　ここで、引数のnameが省略されてnameがNoneだった場合には、スーパークラスのGreetクラスで定義されているhello()を実行したいと思います。スーパークラスはsuper()で参照することができ、super().hello()でスーパークラスのGreetクラスで定義されているhello()を実行することができます。つまり、hello()に引数があればGreet2クラスのhello()、引数がなければGreetクラスのhello()が実行されるわけです。

Chapter 12 クラス定義

File スーパークラス Greet の hello() をサブクラスでオーバーライドする

«file» **override.py**

```
# スーパークラス
class Greet():
    def hello(self):
        print(" やあ！ ")

    def bye(self):
        print(" さよなら ")

# サブクラス
class Greet2(Greet):          ── Greetクラスを継承します
    # スーパークラスのメソッドをオーバーライドする
    def hello(self, name = None):   ── Greetクラスのhello()をオーバーライドします
        if name :
            print(name + " さん、こんにちは！ ")
        else :
            super().hello()    # スーパークラスの hello() をそのまま使う
```

スーパークラス Greet
def hello(self):

サブクラス Greet2
def hello(self, name = None): ← hello(" 井上 ")

引数がある場合はサブクラスの hello() を実行する

スーパークラス Greet
def hello(self): ← super().hero()

サブクラス Greet2
def hello(self, name = None): ← hello("")

引数がない場合はスーパークラスの hello() を実行する

では実際に Greet2 クラスのインスタンスを作って hello() を試してみましょう。obj.hello(" 井上 ") のように引数で名前を与えると「井上さん、こんにちは！」と表示され、引数無しで obj.hello() を実行するとスーパークラスの hello() が呼ばれて「やあ！」と表示されます。

【実行】Greet2クラスでオブジェクトを作り、hello()を引数ありとなしで試す

```
>>> from override import Greet2
>>> obj = Greet2()
>>> obj.hello(" 井上 ")        # 引数があるのでサブクラス Greet2 の hello() が実行される
井上さん、こんにちは！
>>> obj.hello()                # 引数がないのでスーパークラス Greet の hello() が実行される
やあ！
```

スーパークラスの初期化メソッドに引数を渡す

　スーパークラスの初期化メソッドに引数を渡す必要がある場合があります。たとえば、次のPersonクラスにはnameとageのインスタンス変数があり、初期化メソッドの引数が設定されています。そして、PersonクラスをスーパークラスにするPlayerクラスにも初期化メソッドがあり、Playerクラスのインスタンス変数であるnumberとpositionの値を引数で受け取って初期化します。

File Personクラスの初期化メソッドはPlayerクラスの初期化メソッドにオーバーライドされる

«file» super1.py

```
# スーパークラス
class Person():
    def __init__(self, name, age):    ── このままではスーパークラスの初期化メソッドは実行されません
        self.name = name
        self.age = age

# サブクラス                    ── Personクラスを継承します
class Player(Person):
    def __init__(self, number, position):    ── Personクラスの初期化メソッドを
        self.number = number                    オーバーライドしてしまいます
        self.position = position
```

　PersonクラスとPlayerクラスの両方に初期化メソッドがある場合、サブクラスの初期化メソッドがスーパークラスの初期化メソッドをオーバーライドしてしまうので、Playerクラスのインスタンスを作ったときにPersonクラスの初期化メソッドは実行されません。つまり、Personクラスで定義されているnameとageは初期化されないことになります。

▶ **サブクラスからスーパークラスを参照する**

　Playerクラスの初期化メソッドとともにPersonクラスの初期化メソッドも実行されるようにするには、super().__init__()のようにしてスーパークラスであるPersonクラスの初期化メソッドを呼びます。

　Personクラスの初期化メソッドにはself、name、ageの引数があるので、super().__init__(name, age)のように引数も同時に渡します。このときに第1引数のselfは不要なので注意してください。

スーパークラス
```
def __init__(self, name, age):
    self.name = name
    self.age = age
```

サブクラス
```
def __init__(self, name, age, number, position):
    super().__init__(name, age)
    ...
    ...
```
スーパークラスの初期化メソッドを呼び出す

Playerクラスのクラス定義を次のように書き替えます。初期化メソッドにスーパークラスのname、ageに加えて、自身のインスタンス変数を初期化するためのnumber、positionを追加します。

File PersonクラスをスーパークラスにするPlayerクラス

«file» super2.py

```python
# スーパークラス
class Person():
    def __init__(self, name, age):
        self.name = name
        self.age = age


# サブクラス
class Player(Person):
    def __init__(self, name, age, number, position):
        super().__init__(name, age)    # スーパークラスの初期化メソッドを呼び出す
        self.number = number           # スーパークラスに引数の値を渡します
        self.position = position
```

それではPlayerクラスをインポートしてインスタンスを作ってみましょう。スーパークラスのPersonクラスで定義されているインスタンス変数name、ageの値を確認すると、どちらも値が設定されています。

Pythonインタプリタ Playerクラスのインスタンスを作る

```
>>> from super2 import Player
>>> player1 = Player("青木", 16, 10, "MF")
>>> player1.name                  ── この2つの値はスーパークラスのPersonに渡します
'青木'
>>> player1.age
16
>>> player1.number
10
>>> player1.position
'MF'
```

Section 12-3

プロパティを利用する

インスタンス変数の値を外部から読み取ったり、更新したりできないように属性を設定することができます。その方法として、非公開にしたインスタンス変数のゲッター関数、セッター関数を定義し、1個のプロパティのように見せかけます。基本的な考え方は同じですが、方法がいくつかあるので順に解説します。

インスタンス変数を非公開にする

インスタンス変数をアンダースコア2個の __ からはじまる名前にするだけで、外部から値を調べたり、値を設定することができない変数になります。

たとえば、次のPersonクラスには__nameというインスタンス変数がありますが、この__nameにはサブクラスも含めてクラスの外からアクセスできません。ただ、アクセスできないのは外からだけで、who()のように内部ではself.__nameで自由に使うことができます。

File 非公開のインスタンス __name をもつ Person クラス

«file» person.py

```
class Person():
    def __init__(self, name):
        self.__name = name      #非公開のインスタンス変数

    def who(self):
        print(self.__name + "です。")  ──── クラス内では利用できます
```

ではPersonクラスのインスタンスmanを作って、__nameにアクセスできるかどうか確かめてみましょう。するとman.who()で名前を調べることはできますが、man.__nameではAttributeErrorになります。

Python インタプリタ Personクラスのインスタンスを作って__nameにアクセスできるか確かめる

```
>>> from person import Person
>>> man = Person("宇佐美")
>>> man.who()  ──── インスタンスメソッドを介して__nameの値を調べることはできます
宇佐美です。
>>> man.__name  ──── 直接アクセスするとエラーになります
Traceback (most recent call last):
  File "<stdin>", line 1, in <module>
AttributeError: 'Person' object has no attribute '__name'
```

プロパティのゲッター、セッターを指定する

　インスタンス変数の値を返すゲッター関数と値を設定するセッター関数を作ることで、非公開のインスタンス変数の値の取得と設定をクラスの外からでもできるようになります。変数の操作を関数を介して行うことで、変数の値を使いやすい値に変換して返したり、変数に不都合な値が設定されないように制限を設けるといったことができるようになります。

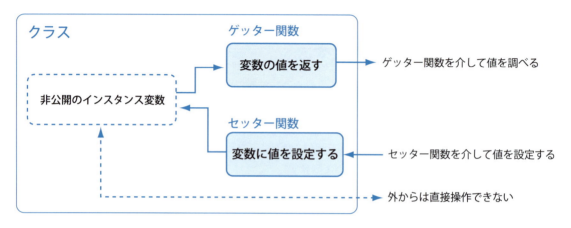

▶ プロパティでアクセスする

　インスタンス変数の操作にゲッター関数、セッター関数を使うことを説明しましたが、1個の変数にアクセスするために2個の関数を使うのでは手軽とは言えません。そこでさらに「プロパティ」という考え方を導入します。

　@classmethodを付けてクラスメソッドを定義しましたが（☞ P.284）、それと同じようにゲッター関数には@property、セッター関数には@プロパティ名.setter のデコレータを付けます。そして、ゲッター関数とセッター関数の関数名を同じにすることが重要なポイントです。すると2つの関数が公開された1個のインスタンス変数、属性（プロパティ）のように振る舞うようになります。

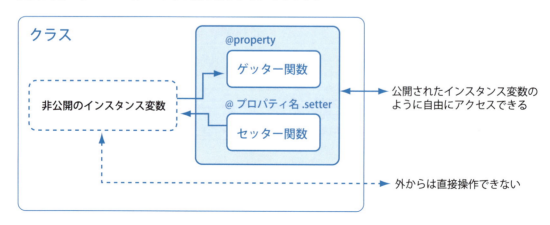

プロパティを利用する　Section 12-3

たとえば、次に例をあげるGoodsクラスにはゲッター関数name()とセッター関数name()があります。インスタンス.nameを参照するとゲッター関数name()が呼ばれ、インスタンス.nameに値を設定すると設定値が引数となってセッター関数name()が呼ばれます。これはまるで公開されたインスタンス変数nameがあるのと同じです。外からはまさか別々の関数が呼ばれているとは気付かないのです。

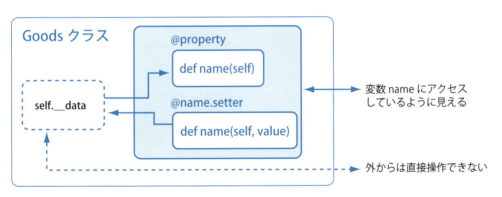

▶ Goodsクラス

次のコードはGoodsクラスの初期化メソッドです。初期化メソッドではインスタンス変数の__dataを初期化します。名前の前に__が付いているので__dataはクラスの外からはアクセスできない非公開のインスタンス変数です。__dataには辞書の{"name":name, "price":price}が代入されています。

この非公開の__data辞書の値にアクセスするためにnameプロパティとpriceプロパティを作ります。1つ目のnameプロパティでは__data辞書のnameキーにアクセスします。まず関数名nameのゲッター関数とセッター関数を作り、ゲッター関数には@property、セッター関数には@name.setterのデコレータを付けます。

297

Chapter 12 クラス定義

> **File** name プロパティを定義するゲッター関数とセッター関数
>
> «file» goods_property.py
>
> ```python
> # name プロパティ（ゲッター）
> @property
> def name(self):
>     return self.__data["name"]      # __data 辞書の name キーの値を返す
>
> # name プロパティ（セッター）
> @name.setter
> def name(self, value):
>     self.__data["name"] = value     # __data 辞書の name キーに値を設定する
> ```

もうひとつは__data辞書のpriceキーの値にアクセスするpriceプロパティです。priceプロパティではゲッター関数だけを定義し、セッター関数は定義しません。こうすることで、priceプロパティは外からはリードオンリーのインスタンス変数に見えます。ゲッター関数のprice()では__data辞書のpriceキーの値をそのまま返すのではなく、"6,800円" のように3桁区切りに"円"を付けて返します。

> **File** price プロパティのゲッター関数
>
> «file» goods_property.py
>
> ```python
> # price プロパティ（ゲッター）
> @property
> def price(self):
>     price = self.__data["price"]         # __data 辞書の price キーの値を取り出す
>     price_str = f"{price:,}円"           # 3桁区切りの文字列にして返す
>     return price_str
> ```

Goodsクラス全体の定義ファイルをあらためて見てみましょう。

> **File** Goods クラスに name プロパティと price プロパティ（リードオンリー）を定義する
>
> «file» goods_property.py
>
> ```python
> # Goods クラス
> class Goods :
>     # 初期化メソッド
>     def __init__(self, name, price):
>         # 非公開の __data インスタンス変数（辞書）
>         self.__data = {"name":name, "price":price}  ——— プロパティの値は非公開の
>                                                          __data 辞書に保存します
>     # name プロパティ（ゲッター）
>     @property
>     def name(self):
>         return self.__data["name"]      # __data 辞書の name キーの値を返す
>
>     # name プロパティ（セッター）
>     @name.setter
>     def name(self, value):
> ```

```
        self.__data["name"] = value     # __data 辞書の name キーに値を設定する

    # price プロパティ（ゲッター）
    @property ─────── price にはセッター関数がないのでリードオンリーになります
    def price(self):
        price = self.__data["price"]    # __data 辞書の price キーの値を取り出す
        price_str = f"{price:,}円"      # 3 桁区切りの文字列にして返す
        return price_str
```

▶ プロパティにアクセスする

では Goods クラスをインポートして Goods("dream", 6800) でインスタンス shoes を作り、name プロパティの値の取り出しと設定を試してみましょう。

shoes.name を調べると "dream" が返り、shoes.name = "Dream 8" を実行すると shoes.name に "Dream 8" が設定されています。name プロパティの値を内部的には __data 辞書で管理していることはまったくわかりません。

Python インタプリタ Goods クラスのインスタンス shoes を作り name プロパティにアクセスする

```
>>> from goods_property import Goods
>>> shoes = Goods("dream", 6800)
>>> shoes.name                      # name の値を調べる
'dream'                                                         ─── name プロパティがあるように見えます
>>> shoes.name = "Dream 8"          # name の値を更新する
>>> shoes.name
'Dream 8'
```

▶ リードオンリーのプロパティ

続いて price プロパティの値を調べてみます。shoes.price を調べると " 6,800円" のように表示されます。この値は実際には __data 辞書の price キーで 6800 と入っています。3 桁区切りと"円"はゲッター関数で処理した結果です。

そして、shoes.price = 7200 のように値を設定すると、price プロパティにはセッター関数が定義されていないので AttributeError になります。つまり、price プロパティはリードオンリーです。

Python インタプリタ price はリードオンリー

```
>>> shoes.price         # price の値を調べる
'6,800円'
>>> shoes.price = 7200  # price を更新しようとするとエラーになる ─── price プロパティにはセッターが
Traceback (most recent call last):                                ないのでリードオンリーです
  File "<stdin>", line 1, in <module>
AttributeError: can't set attribute
```

property()でゲッター、セッターを指定する

　デコレータを使わずに プロパティ変数のゲッターとセッターをproperty()で指定することができます。ゲッター関数はget_プロパティ、セッター関数はset_プロパティの名前で定義するのが慣例です。

　Goodsクラスのnameプロパティとpriceプロパティをデコレータを使わずにproperty()で定義すると次のようになります。

> **書式** プロパティのゲッター、セッターをproperty()で指定する
>
> プロパティ変数 = **property(** ゲッター関数 **,** セッター関数 **)**

File 2個のプロパティをproperty()で定義したGoodsクラス

«file» goods_property2.py

```python
class Goods:
    # 初期化メソッド
    def __init__(self, name, price):
        # 非公開の__dataインスタンス変数（辞書）
        self.__data = {"name":name, "price":price}

    # nameプロパティのゲッター
    def get_name(self):
        return self.__data["name"]

    # nameプロパティのセッター
    def set_name(self, value):
        self.__data["name"] = value

    # priceプロパティのゲッター
    def get_price(self):
        price = self.__data["price"]
        price_str = f"{price:,}円"
        return price_str

    # プロパティの設定
    name = property(get_name, set_name)  ── nameプロパティのゲッター／セッターを指定します
    price = property(get_price)          ── priceプロパティのゲッターを指定します
```

Part 3　応用：科学から機械学習まで

Chapter 13

テキストファイルの読み込みと書き出し

プログラムの利用を進めていくと、処理するデータを手入力するのではなくテキストファイルから読み込みこむ、プログラムの結果を画面に表示するだけではなくテキストファイルに保存する、あるいはログとして書き込んでいくといったことが必要になります。この章でその方法を学びましょう。

Section 13-1　テキストファイルを読み込む
Section 13-2　テキストファイルへの書き出し

Section 13-1
テキストファイルを読み込む

解析したいデータをテキストファイルから読み込みたい場合があります。ファイルを開くとファイルオブジェクトになります。このファイルオブジェクトに対して読み書きを行います。対象のファイルを指定するにはパスを指定する方法のほかに、GUIアプリを作ることができるtkinterモジュールを利用してファイルダイアログを利用する方法があります。

テキストファイルを読み込む

解析したいデータをテキストファイルから読み込むことができます。テキストファイルを読み込むには次の3つの操作を行います。

- **step 1** ファイルを開く
- **step 2** テキストデータを読み込む
- **step 3** ファイルを閉じる

最初にテキストファイルを開いて中身を表示する簡単なコードを見てみましょう。次の例で開くファイルは、カレントディレクトリのdataフォルダに入っているfox.txtです。「The quick brown fox jumps over the lazy dog.」と書いてあるテキストファイルです。open()で開き、read()で読み込み、close()で閉じます。

Pythonインタプリタ テキストファイルを読み込んで中身を表示する

```
>>> file = "./data/fox.txt"
>>> fileobj = open(file)          # 1. ファイルを開く
>>> text = fileobj.read()         # 2. テキストデータを読み込む
>>> fileobj.close()               # 3. ファイルを閉じる
>>> print(text)
The quick brown fox jumps over the lazy dog.
```

▶ ファイルを開く

ファイルは組み込み関数のopen()で開きます。open()の完全な書式は次のとおりです。ファイルのパスだけでなく、オープンモード、バッファ、テキストエンコーディング、改行コードなども指定できます。open()で読み込んだ値はファイルオブジェクトになります。

書式 ファイルを開く open()の完全な書式

open(file, mode="r", buffering=-1, encoding=None,
     errors=None, newline=None, closefd=True, opener=None)

このうち省略できないのはファイルのパスだけで、ほかの引数は省略が可能です。一般には次の簡易な書式で対応できます。

> **書式** ファイルを開く open()
>
> open(file, mode="r", encoding=None)

第1引数のfileはファイルのパスです。ファイルを相対パスで指定できます。modeではファイルのデータを読み込むのか、書き込むのか、テキストファイルなのか、バイナリデータなのかといったモードを指定します。テキストの読み込みならば"rt"、テキストの追記ならば"at"、バイナリの読み込みならば"rb"のようにモードを組み合わせて指定します。modeを省略すると"rt"と同じになり、テキストファイルを読み込み専用のモードで開きます。

mode	説明
"r"	読み込み用に開く。（デフォルト）
"w"	書き込み用に開く。ファイルが存在する場合は上書きする
"x"	排他的な生成に開く。ファイルが存在する場合は失敗する
"a"	書き込み用に開く。ファイルが存在する場合は追記する
"b"	バイナリモード
"t"	テキストモード（デフォルト）
"+"	読み込み／書き込みで開く
"U"	ユニバーサル改行 モード（非推奨）

encodingはテキストファイルを読み込む場合に、そのテキストファイルのエンコーディングを指定する引数です。encodingを省略すると現在のプラットフォームと同じになります。読み込もうとしたテキストファイルとエンコーディングの指定が合っていない場合にはエラーになって読み込めません。

encoding	説明
"utf_8"	UTF8
"euc_jp"	日本語 EUC
"iso2022_jp"	JIS
"shift_jis"	ShiftJIS

> **!MEMO**
> **プラットフォームのエンコーディング**
> 現在のプラットフォームのテキストエンコーディングは locale.getpreferredencoding(False) で取得できます。
>
> **Pythonインタプリタ** プラットフォームのテキストエンコーディングを調べる
> ```
> >>> import locale
> >>> locale.getpreferredencoding(False)
> 'UTF-8'
> ```

▶ テキストデータを読み込む

read()を実行するとopen()で読み込んだファイルオブジェクトをいっきに最後まで（EOFまで）読み込みます。

Pythonインタプリタ	テキストデータを最後まで読み込む

```
>>> text = fileobj.read()          # 2. テキストデータを読み込む
```

▶ ファイルを閉じる

open()で開いたファイルは必ずclose()で閉じます。他の場所から開かれて混乱が生じないように、読み込んだデータを処理するよりも前にファイルを閉じるのが鉄則です。

Pythonインタプリタ	ファイルを閉じる

```
>>> fileobj.close()                # 3. ファイルを閉じる
```

with-as文を使ってファイル処理を行う

open()でファイルオブジェクトを作る方法にはwith-as文を使う構文もあります。この構文ではclose()でファイルを閉じる必要がありません。先のコードをwith文を使って書くと次のようになります。

Pythonインタプリタ	with-asを使ってテキストファイルを読み込む

```
>>> file = "./data/fox.txt"
>>> with open(file) as fileobj:    # ファイルオブジェクトを作る
...     text = fileobj.read()       # ファイルを読み込む
...     print(text)                  fileobjになります
...
The quick brown fox jumps over the lazy dog.
```

▶ テキストを読み込んで単語リストを作る

withの構文を使って、テキストデータに含まれている単語をスペースで区切ってリストにするコードを書いてみましょう。文字列をスペースで区切ってリストにするには、text.split(" ")を実行するだけです。これを実行する前に末尾のピリオドをtext.rstrip(".")で削除しておきます。

File	テキストを読み込んで単語リストを作る

«file» with_open.py

```
file = "./data/fox.txt"
with open(file) as fileobj:                # ファイルオブジェクトを作る
    text = fileobj.read()                  # ファイルを読み込む
    newtext = text.rstrip(".")             # 末尾のピリオドを削除しておく
    wordlist = newtext.split(" ")          # スペースで区切ってリストにする
    print(wordlist)
```

では実行してみましょう。fox.txtに入っていた英文の単語がリストに入ります。

【実行】with_open.pyを実行する

```
$ python with_open.py
['The', 'quick', 'brown', 'fox', 'jumps', 'over', 'the', 'lazy', 'dog']
```

なお、このコードではfileが存在するかどうか、テキストエンコードが合っているかどうかといったエラーに対応していません。ファイルをオープンする際には、エラーを回避するために例外処理に組み込む必要があります。ファイルが存在するかどうかのチェックについては次節で説明します（☞ P.315）。

コマンドライン引数でパスを受け取る

　open()で開くファイルのパスをコマンドライン引数で受け取ることができます。コマンドライン引数とは、ターミナル（コマンドプロンプト）からPythonを起動する際に、実行するプログラムファイル名と合わせて入力する引数のことです。

　たとえば、次のようにターミナルからcomline_argv.pyを実行する際に引数として値をプログラムに渡すことができます。次の例では "hello" と123をプログラムに渡しています。プログラムファイル名と引数とはカンマではなく半角空白で区切ります。

【実行】comline_argv.pyに "hello" 123のオプションを付けて実行する

```
$ python comline_argv.py "hello" 123
```
― 半角空白で区切って引数を送ります
― コマンドライン引数

　コマンドライン引数は、sysモジュールのsys.argvにリストで入ります。リストの先頭の値はプログラムファイル名で、続く引数が順に入っています。実行するcomline_argv.pyのコードは次の3行です。sysモジュールをインポートし、sys.argvの値をそのまま出力します。

File 受け取ったコマンドライン引数をそのまま出力する

«file» comline_argv.py

```python
import sys
arglist = sys.argv      # コマンドライン引数を受け取る
print(arglist)          # そのまま出力する
```

　comline_argv.pyにコマンドライン引数を付けて実行した結果は次のとおりです。ファイル名と引数がsys.argvにリストで入っています。また、引数として渡した123が文字列で入っていることにも注意してください。このように引数は文字列で取り込まれるので、"hello"もダブルクォートで囲まなくても構いません。

【実行】受け取ったコマンドライン引数をそのまま出力する

```
$ python comline_argv.py "hello" 123
['comline_argv.py', 'hello', '123']
```
― 数値も文字列で入ります
― 1個目はファイル名です

▶ コマンドライン引数で指定したファイルを開く

では、読み込むファイルをコマンドライン引数で指定するコードを書いてみましょう。コードではパスが渡されなかった場合を考慮して、sys.argvの要素がプログラムファイル名だけで2個未満だった場合はプログラムを中断します。プログラムの中断は、sysモジュールのexit()メソッドで行えます。

sys.argvの個数が2個以上だった場合にはsys.argvの2個目すなわちsys.argv[1]からファイルのパスを取得し、open(file)でファイルオブジェクトを作ります。あとはこれまでの処理と同じで、ファイルオブジェクトにread()を実行してファイルデータを読み込みます。

File コマンドライン変数で渡されたファイルのパスを開く

«file» comline_open.py

```python
import sys
if len(sys.argv)<2 :      ── 1個目の引数はプログラムファイル名なので2個以上のときに処理します
    print("読み込むファイル名を指定してください。")
    sys.exit()           # プログラムを中断する

file = sys.argv[1]       ── ファイルのパスはargv[1]に入っています
with open(file) as fileobj:   # ファイルオブジェクトを作る
    text = fileobj.read()     # ファイルを読み込む
    print(text)
```

では、実際に./data/fox.txtを引数にして、ファイルを読み込めるかどうか確認してみましょう。

【実行】dataフォルダのfox.txtを読み込んで出力する

```
$ python comline_open.py ./data/fox.txt    ── 読み込むファイルのパスを引数で渡します
The quick brown fox jumps over the lazy dog.
```

ファイルをダイアログで選ぶ

開くファイルをオープンダイアログで選ぶこともできます。これを実現するにはGUIアプリを作ることができるtkinterモジュールの機能を利用します。

次のコードを実行するとオープンファイルダイアログが開きテキストファイルを開いて表示することができます。なお、読み込むテキストエンコーディングにはUTF8が指定してあります。

ファイルを選んで開きます

テキストファイルを読み込む　Section 13-1

File ダイアログボックスで選んだテキストファイルを読み込んで表示する

《file》askopen_text.py

```python
import tkinter as tk
import tkinter.filedialog as fd
# tk アプリウインドウを表示しない
root = tk.Tk()
root.withdraw()
# オープンダイアログを表示する
file = fd.askopenfilename(           # file にはダイアログで選択したファイルのパスが入ります
    title = "ファイルを選んでください。",
    filetypes=[("TEXT", ".txt"), ("TEXT", ".py"), ("HTML", ".html")]
)                                    # ダイアログで選択できるファイルの種類を指定します
# ファイルが選択されたならば開く
if file:                             # パスが入っていれば True
    with open(file, "r", encoding="utf_8") as fileobj:    # ファイルを開く
        text = fileobj.read()        # ファイルを読み込む
        print(text)
```

　import文に続く2行はアプリウインドウを表示しないためのコードです。この2行がなくてもオープンダイアログでテキストファイルを選択することはできますが、これがないと真っ白の小さなtkアプリウインドウが表示されます。

　オープンダイアログはfiledialogモジュールのaskopenfilename()で開きます。filetypesでは（タイプ, 拡張子）のタプルをリストで指定すると、オープンダイアログでは指定したタイプのファイルだけが選択可能になります。この例ではテキストファイル（.txt）、Pythonファイル（.py）、HTMLファイル（.html）を選択できるようにしています。

　ダイアログでファイルを選んで開くとファイルのパスが返ってくるので変数fileに代入します。ダイアログボックスでキャンセルするとfileには値が入りません。そのままopen()を実行するとエラーになるので、if文でfileにパスが入っているかどうかを確認してからファイルをオープンします。

テキストデータを少しずつ読み込む

　これまでの例ではテキストファイルのデータを1回ですべて読み込んでいましたが、open()で開いたファイルオブジェクトをテキストストリームとして少しずつにわけて読み込むこともできます。

　テキストファイルを開いた場合に作られるファイルオブジェクトはTextIOBaseクラスを継承しています。テキストデータを読み込むために利用するread()、readline()はTextIOBaseクラスで定義されているメソッドです。

▶ 指定文字数ずつ読み込む

　read()は引数が負の値かNoneならばテキストデータを最後まで読み込みますが、読み込む最大文字数を指定することができます。たとえばread(10)ならば10文字読み込みます。続けてread(10)を実行すれば、次の10文字を読み込みます。

Chapter 13 テキストファイルの読み込みと書き出し

File テキストファイルから10文字ずつ読み込む

«file» read10.py

```
file = "./data/fox.txt"
with open(file, "r", encoding="utf_8") as fileobj:     # ファイルオブジェクトを作る
    while True:
        text = fileobj.read(10)      # 10文字ずつ読み込む
        if text :       # 文字列があれば出力する ── textに文字列があればTrueになります
            print(text)
        else:
            break       # 読み込みを終了する
```

では10文字ずつ読み込まれるようすを試してみましょう。print()で10文字ごとに出力します。

【実行】read10.pyを実行する

```
$ python read10.py
The quick 
brown fox 
jumps over
 the lazy 
dog.
```
── fox.txtから読み込んだ文字列

▶ 1行ずつ読み込む

readline()はテキストファイルを1行ずつ読み込む関数です。次の例ではファイルオブジェクトからreadline()で1行ずつ読み込んでprint()で1行ずつ出力しています。なお、読み込んだ行の末尾に改行コードが付いているので、改行コードをrstrip()で削除したalineを出力します。

File ファイルオブジェクトから1行ずつ読み込んで出力する

«file» readline_text.py

```
file = "./data/tsuretsuregusa.txt"
with open(file, "r", encoding="utf_8") as fileobj:  # ファイルオブジェクトを作る
    while True :
        line = fileobj.readline()       # 1行ずつ読み込む
        aline = line.rstrip()           # 改行を取り除く
        if aline :       # 文字列があれば出力する
            print(aline)
        else:
            break       # 読み込みを終了する
```

ではこれを実行してみます。読み込んでいるtsuretsuregusa.txtは吉田兼好の「徒然草」です。

【実行】readline_text.pyを実行する

```
$ python readline_text.py
つれづれなるまゝに
日くらし
硯にむかひて
心に移りゆくよしなし事を         ─── tsuretsuregusa.txt から読み込んだ文字列
そこはかとなく書きつくれば
あやしうこそものぐるほしけれ
徒然草／吉田兼好
```

ファイルオブジェクトをイテレータとして扱う

実はopen()で読み込んだファイルオブジェクトは行単位で要素を取り出せるイテレータです。したがって、next(fileobj)で1行ずつ取り出すことができます（イテレータ ☞ P.173）。次の例では順に取り出した行を変数targetで指定した文字をfind()で検索します（find() ☞ P.87）。文字が含まれていたならばそこで読み込みを終了し、文字が見つかった行を表示します。この例では「心」の字を検索しています。

File ファイルオブジェクトをイテレータとして操作し文字を検索する

«file» fileobject_iter.py

```python
file = "./data/tsuretsuregusa.txt"
target = "心"           ─── "心"を検索します
with open(file, "r", encoding="utf_8") as fileobj:     # ファイルオブジェクトを作る
    while True:
        try :
            line = next(fileobj)        # イテレータから１行取り出す
            if line.find(target)>=0 :   # 文字を検索する
                print(f"「{target}」が見つかりました。")   ─── find()は見つかった位置を返します
                print(line, end = "")
                break                   ─── イテレータの最後まで来たのでブレイクします
        except StopIteration:   # EOF
            print(f"「{target}」は見つかりませんでした。")
            break
```

ではfileobject_iter.pyを実行して「心」が含まれている行を抽出してみましょう。すると「心に移りゆくよしなし事を」の行が見つかります。

【実行】fileobject_iter.pyを実行する

```
$ python fileobject_iter.py
「心」が見つかりました。
心に移りゆくよしなし事を  ─── 「心」が見つかった行
```

▶ for-in文で取り出す

ファイルオブジェクトの値はfor-in文で1行ずつ取り出すこともできます。次の例ではnumdata.txtのファイルオブジェクトfileobjの各行の値をfor-in enumerateを使ってlineに順に取り出し（enumerate ☞ P.172）、リスト内包表記を利用して数値に変換すると同時に値判定をしたリストを作ります。

Chapter 13 テキストファイルの読み込みと書き出し

読み込む元のnumdata.txtの各行は次のようにカンマ区切りの数値です。

●numdata.txtの中身

```
4.69, 2.06, 0.75, 5.84, 9.58, 9.96, 3.77, 4.66, 7.27, 4.90
5.92, 2.22, 9.38, 8.72, 3.67, 0.38, 1.43, 3.02, 1.79, 0.22
8.17, 5.11, 1.14, 7.66, 8.01, 6.85, 2.07, 2.55, 4.26, 1.42
6.26, 0.37, 6.73, 6.82, 3.72, 2.03, 9.90, 6.55, 6.29, 2.90
0.93, 6.87, 9.93, 9.74, 1.43, 3.52, 1.25, 7.60, 5.51, 6.97
```

このテキストファイルを読み込んで以下のようなリストを出力します。この例では値が2.0以下を1、それ以上を0に置き換えています。

【実行】data_emuerate.pyを実行する

```
$ python data_emuerate.py
0:[0, 0, 1, 0, 0, 0, 0, 0, 0, 0]
1:[0, 0, 0, 0, 0, 1, 1, 0, 1, 1]
2:[0, 0, 1, 0, 0, 0, 0, 0, 0, 1]
3:[0, 1, 0, 0, 0, 0, 0, 0, 0, 0]
4:[1, 0, 0, 0, 1, 0, 1, 0, 0, 0]
```

テキストファイルの読み込みと値の変換を行うコードは次のようになります。これを実行すると値の大きさで判定済みのリストが出力されます。

File カンマ区切りのデータを読み込み、各行を大きさ判定結果のリストに変換する

«file» data_emuerate.py

```python
file = "./data/numdata.txt"
limit = 2.0
with open(file, "r", encoding="utf_8") as fileobj:
    for i, line in enumerate(fileobj):      # ファイルオブジェクトから1行ずつ取り出す
        if line == "\n":
            continue        # 改行コードのみはスキップ
        datalist = line.split(",")      # リストにする
        # limit 以下のとき1、大きいとき0に変換する
        result = [int(float(num)<=limit) for num in datalist]
        print(f"{i}:{result}")
```

for-in enumerateを使ってlineに取り出したデータはカンマ区切りの文字列なので、line.split(",")でリストdatalistに変換します。続くリスト内包表記の数値変換では、int(float(num)<=limit)の式でlimit以下のときに1、limitより大きな値のとき0に置き換えています。結果はenumerate()でlineと同時に取り出した行番号iと合わせて出力します。

なお、読み込んだデータの途中や最後に改行コードだけの空行があった場合には、リスト内包表記で行っているfloat(num)の数値変換でエラーになります。そこで、その行を処理しないように事前にチェックして処理をスキップしています。

Section 13-2
テキストファイルへの書き出し

この節では計算結果などをテキストファイルに書き出す方法を説明します。保存先をダイアログで選択する、保存するためのフォルダを作成する、既存ファイルがあった場合に上書きするかどうかを選択するといった方法を説明します。

テキストファイルに書き出す

データをテキストファイルに書き出す手順は読み込む場合と共通しています。データをテキストファイルに書き込むには次の3つの操作を行います。

- **step 1** ファイルを開く
- **step 2** テキストデータを書き込む
- **step 3** ファイルを閉じる

1のファイルを開く操作はファイルを読み込む場合と同じで組み込み関数のopen()を使ってファイルオブジェクトを作りますが、このときにテキストファイルに書き出すならばmodeに"w"または"a"を指定します。"w"は上書き、"x"は上書き不可、"a"は追記です。（mode ☞ P.303）

まず簡単な例を見てみましょう。次のコードをPythonインタプリタで実行するとカレントディレクトリにsample.txtが作られて2行のテキストが書き出されます。

Pythonインタプリタ テキストデータをファイルに書き込む

```
>>> file = "sample.txt"
>>> fileobj = open(file, "w", encoding = "utf_8")   # 1. ファイルを開く
                        上書きモードで開きます
>>> fileobj.write("こんにちは\n")                    # 2. テキストデータを書き込む
6       書き出した文字数です
>>> fileobj.write("Pythonをはじめよう\n")             # 2. 続きを書き込む
13
>>> fileobj.close()     # 3. ファイルを閉じる
```

まずopen()でファイルオブジェクトfileobjを作ります。"w"モードなので指定したファイルがなければ新規にファイルを作成します。既存のファイルがあればファイルの内容を消して上書きします。

データの書き込みはwrite()です。fileobj.write("こんにちは\n")を実行すると"こんにちは\n"がファイルに書き込まれ、文字数の6が返ってきます。続けてfileobj.write("Pythonをはじめよう\n")を実行すると先に書き込んだ内容に"Pythonをはじめよう\n"が追記されます。最後にfileobj.close()を実行するとファイルが閉じてファイルの書き込みが終了します。

●書き出されたsample.txt

```
こんにちは
Pythonをはじめよう
```

▶with-as文でファイルオブジェクトを作る

前節でも説明したようにopen()でファイルオブジェクトを作る方法にはwith-as文を使う構文もあります。この構文ではclose()でファイルを閉じる必要がありません。先のコードをwith-as文を使って書くと次のようになります。実行後に表示される数字はwrite()で書き込んだ文字数です。

Pythonインタプリタ with-as文を使ってテキストファイルを書き出す

```
>>> file = "sample.txt"
>>> with open(file, "w", encoding = "utf_8") as fileobj:
...     fileobj.write("こんにちは \n")
...     fileobj.write("Pythonをはじめよう \n")
...
6
13
```

❶ MEMO

ユニバーサル改行モード

OSによって改行コードが異なりますが、write()での書き出しにおいて改行コードを"\n"で指定しておけばプラットフォームに合わせて自動的に補完されます。改行コードが自動的に置き換わらないようにしたい場合には、open()の引数で newline = "" を追加します。

既存のファイルに追記する

open()のmodeを"a"にしてファイルを書き出すと、指定のファイルが存在しない場合は新規ファイルが作られ、ファイルがある場合にはその内容に追記されます。

次のminilog.pyを実行するとコマンドライン引数で添えたメモをlog.txtに追記していきます。記録には、日時、メモ、区切り線が書き込まれていきます。コマンドライン引数がなかった場合はsys.exit()でプログラムを中断して書き込みを行いません。（コマンドライン引数 ☞ P.305）

File コマンドライン引数を log.txt に追記していく

«file» minilog.py

```
import sys
from datetime import datetime
file = "log.txt"

if len(sys.argv)<2 :    ─── 1個目の引数はファイル名なので2個以上のときに処理します
    sys.exit()          # プログラムを中断する

now = str(datetime.now())    # 現在の日時データ
memo = sys.argv[1]           # コマンドライン引数から受け取ったメモ
```

```
line = "-"*10          # 区切り線
with open(file, "a") as fileobj:    # 追記モードのファイルオブジェクト
    fileobj.write(now + "\n")       ─ 追記モードで開きます
    fileobj.write(memo + "\n")      ─ コマンドライン引数で受け取ったメモ
    fileobj.write(line + "\n")
```

それでは実際にminilog.pyでメモを記録してみましょう。カレントディレクトリにlog.txtが作られて、minilog.pyを実行する度にメモが追記されていきます。

【実行】コマンドラインからメモを付けてminilog.pyを実行する

```
$ python minilog.py 森は美しく暗く深い    ─ ファイルに書き込む1行メモ
$ python minilog.py 捧げた花が枯れる
$ python minilog.py 涙とともにパンを食べる
```

●書き出された log.txt

```
2017-03-20 15:52:01.155224
森は美しく暗く深い
----------
2017-03-20 15:52:21.722018    ─ 実行する度にファイルにメモが追記されていきます
捧げた花が枯れる
----------
2017-03-20 15:52:59.119962
涙とともにパンを食べる
----------
```

保存先をダイアログボックスで指定する

前節で読み込むファイルをオープンダイアログで選択する方法を紹介しましたが（☞ P.306）、ここではファイルの保存先をダイアログボックスで指定する方法を紹介します。

保存ダイアログボックスもオープンダイアログと同じようにtkinterモジュールの機能を利用します。保存ダイアログボックスでは、filedialogモジュールのasksaveasfilename()を使います。基本的な使い方はaskopenfilename()と同じですが、sksaveasfilename()ではinitialfile引数で保存するファイルの初期値を指定し、defaultextension引数で拡張子を指定します。次のコードでは保存するファイルの初期設定は"mydata.txt"のテキストファイルになります。

【File】保存ダイアログを表示する

«file» asksave_text.py

```
file = fd.asksaveasfilename(
    initialfile = "mydata",         ─ 拡張子を除いたファイル名
    defaultextension = ".txt",      ─ 拡張子
    title = "保存場所を選んでください。",
    filetypes=[("TEXT", ".txt")]
)
```

Part 3　応用：科学から機械学習まで

Chapter 13　テキストファイルの読み込みと書き出し

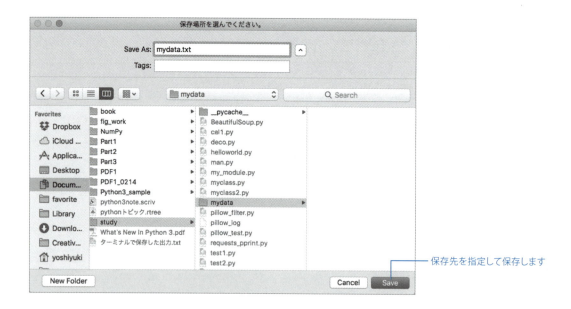

保存先を指定して保存します

　表示されたダイアログボックスで保存先を選び、ファイル名を決定してSaveボタンをクリックすると、保存するファイルのフルパスが変数fileに入ります。ただし、キャンセルするとfileの値は空になるので、fileにパスが入っているかどうかをif文でチェックする必要があります。
　fileに値が入っているならばファイルオブジェクトを作成してgetdata()から取り出した値savedataを保存します。この例ではgetdata()が返すランダムな数字を保存しています。保存データはストリングである必要があるので、getdata()では数値をストリングに変換して返しています。

File　保存先をダイアログボックスで指定する

«file» asksave_text.py

```
import tkinter as tk
import tkinter.filedialog as fd
from random import random

# 書き出すデータを作る
def getdata():
    num = random()
    return str(num)      # ストリングデータを返します

# tk アプリウインドウを表示しない
root = tk.Tk()
root.withdraw()
# 保存ダイアログを表示する
file = fd.asksaveasfilename(
    initialfile = "mydata",
    defaultextension = ".txt",
    title = " 保存場所を選んでください。",
```

```
        filetypes=[("TEXT", ".txt")]
)
# パスが選ばれたならば保存する
savedata = getdata()      # 保存するデータを取得する
if file:
                          ┌── 上書きモードで開きます
    with open(file, "w", encoding="utf_8") as fileobj:    # ファイルを開く
        len = fileobj.write(savedata)    # テキストを書き込む
        print(f"{len} 文字保存しました。")
```

ファイルがあるかどうかチェックする

　open()にはフォルダを作成する機能はないので、保存しようとしたフォルダが存在しなければエラーになります。また、保存しようとしたパスに同名のファイルがあったときにそのまま上書きしてよいかどうかも確認する必要があるでしょう。

　指定のパスが存在するか、指定のファイルが存在するかどうかをチェックするには、osモジュールにあるpath.exists()を利用します。

　次の例はカレントディレクトリにdataフォルダがあるかどうかをチェックしています。dataフォルダがあればTrue、なければFalseが返ってきます。

Python インタプリタ　カレントディレクトリにdataフォルダがあるかどうかチェックする

```
>>> import os                       # os モジュールをインポートしておく
>>> os.path.exists("./data")        # data フォルダがある
True
>>> os.path.exists("./data2")       # data2 フォルダはない
False
```

▶ 保存フォルダがなければ作成して保存する

　次のコードではカレントディレクトリのdataフォルダにsample.txtがあれば上書きしてもよいかどうかを確認しています。yならばファイルを上書きし、nならば処理を中断します。

　カレントディレクトリにdataフォルダがなかった場合には、os.makedirs()でフォルダを作成します。この例では保存フォルダは "./data/" ですが、"./data/data2/data3/"のように階層が深く、たとえ途中までのフォルダが存在していても最終的に必要な末端フォルダを作成します。

File　フォルダがなければ作成し、ファイルがあれば上書きするかどうか確認する

«file» exists_text.py

```
import os
from random import randint

# 保存フォルダとファイルパス
folder = "./data/"
file = folder + "sample.txt"
```

```python
# ファイルを保存する
def filewrite():
    if not os.path.exists(folder) :      # 保存フォルダがなければ作る
        os.makedirs(folder)          # フォルダを作る ──────── フォルダがなければ作ってファイルを保存します
    with open(file, "w", encoding="utf_8") as fileobj:
        num = randint(0, 100)
        fileobj.write(f"{num} が出ました。")
        print(" ファイルを保存しました。")

# 既存のファイルの有無チェック
if os.path.exists(file) :       # 既存ファイルがある場合
    while True:
        answer = input(" 上書きしてもよいですが？（y / n）")
        if answer == "y" :                  ┗━━ 既存ファイルがあったとき上書きするかどうか確認します
            filewrite()
            break
        elif answer == "n":
            break
else :
    filewrite()
```

では実際にコードを試してみましょう。dataフォルダもない状態で実行するとdataフォルダが作られて、その中にsample.txtが保存されます。続けて実行すると既存のファイルがある状態なので、上書きしてもよいかどうかが確認されます。ここでyを入力するとファイルが上書きされます。

【実行】exists_text.pyを続けて2回試す

```
$ python exists_text.py
ファイルを保存しました。────── dataフォルダにsample.txtが新規作成されます。
$ python exists_text.py          次はこのファイルを上書きしてもよいか確認することになります
上書きしてもよいですが？（y / n）y
ファイルを保存しました。
```

dataフォルダも作られます

ファイルが作られてデータが保存されます

Part 3 応用：科学から機械学習まで

Chapter 14

グラフを描く

数値をグラフ化することによって見えてくるデータがあります。科学や統計のデータ分析結果や機械学習のデータを見るためにもグラフ表示は欠かせません。この章ではMatplotlibパッケージに含まれるモジュールを使って各種のグラフ作成の基本を紹介します。なお、表示するデータの一部を次章で解説するNumPyの配列を使って作成しています。次章と合わせて学んでください。

Section 14-1　基本的なグラフの書き方
Section 14-2　よく使うグラフ
Section 14-3　複数のグラフを並べる

Section 14-1
基本的なグラフの書き方

Matplotlibパッケージにはさまざまなグラフを描くことができるモジュールが含まれています。この節ではpyplotモジュールで簡単な線グラフを描いて、グラフを描くための基本的な知識を学びます。

線グラフを描く

数値データをもとにグラフを描くにはMatplotlibパッケージにあるライブラリを利用します。Matplotlibは標準ライブラリに含まれていませんが、Anacondaをインストールした環境であればインストール済みです（☞P.18、P.24）。最初に描くグラフは線グラフです。線グラフはmatplotlib.pyplotモジュールで描くことができます。

▶折れ線グラフ

ここではまず、点を直線でつなぐ折れ線グラフを描いてみましょう。最初にmatplotlib.pyplotモジュールをインポートします。pltの別名でインポートするのが一般的です。

グラフで描くデータdataはリストで用意します。matplotlibは、リストのほかに次章で解説するNumPyの配列（numpy.ndarray）もグラフ化できます。

次の例ではリストdataに入っている数値をグラフにしています。plt.show()を実行するとグラフを表示するウインドウが表示されます。ウインドウの下にはツールボタンがあり、拡大表示や画像ファイルへの書き出しボタンがあります。ウインドウを閉じるとインタプリタに実行が戻ります。

Python インタプリタ　リストdataの数値をグラフ化する

```
>>> import matplotlib.pyplot as plt      # matplotlib.pyplot モジュールを読み込む
>>> data = [2., 2.3, 4.1, 2.4, 5.3, 3.2, 4.6]    # グラフ化するデータ
>>> plt.plot(data)       # グラフを描く
>>> plt.show()           # 表示する ——— show()を実行するとグラフが表示されます
```

- Y軸はdataの最低値～最大値で自動的に決まります
- グラフを表示するウインドウが開きます
- X軸は要素のインデックス番号です

表示された折れ線グラフをよく見てみましょう。x軸には0〜6の目盛り、y軸には2.0〜5.0の目盛りが付いています。x軸はdataの要素のインデックス番号を示し、y軸はdataの値の範囲から自動的に決まっています。

▶ x軸、y軸の値を両方指定する

先の例ではx軸は要素のインデックス番号でしたが、plot(X, Y)のように両軸の値を引数で指定することでx軸にも値を指定できます。

たとえば、次のようにx軸が価格（price）、y軸が個数（count）のグラフを作りたいならば、plt.plot(price, count)とするだけでグラフを作ることができます。

File x軸price、y軸countのグラフを作る

«file» pyplot_xy.py

```
import matplotlib.pyplot as plt
price = [200, 300, 400, 500, 600]
count = [31, 29, 25, 28, 26]
plt.plot(price, count)      # グラフを描く
plt.show()           # 表示する
```

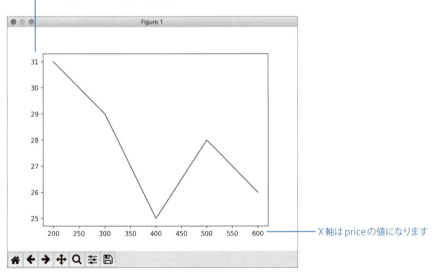

Y軸はcountの値になります

X軸はpriceの値になります

タイトルと軸ラベルを付ける

これで簡単な折れ線グラフができましたが、これではx軸とy軸が何の値なのかわかりません。そこでグラフのタイトルと軸ラベルを表示したいと思います。タイトルはplt.title()、x軸のラベルはplt.xlabel()、y軸のラベルはplt.ylabel()で付けることができます。

File タイトルと軸ラベルを付ける

«file» pyplot_label_title.py

```python
import matplotlib.pyplot as plt
price = [200, 300, 400, 500, 600]
count = [31, 29, 25, 28, 26]
plt.plot(price, count)      # グラフを描く
plt.title("count - price")  # タイトル
plt.xlabel("price")         # x軸のラベル
plt.ylabel("count")         # y軸のラベル
plt.show()                  # 表示する
```

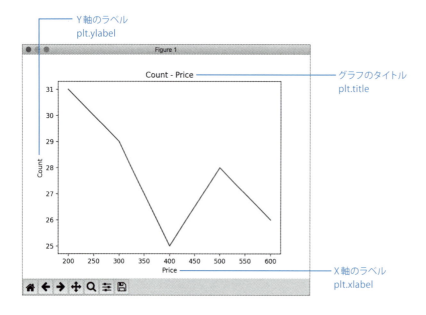

グリッドとマーカーを表示する

実用的な折れ線グラフになってきましたが、値がプロットされている位置がわかりにくいので、プロットされている位置にマーカーを表示し、さらに背景にはグリッドを表示してみましょう。

マーカーはグラフを描くplt.plot()にmarker="o"の引数を追加します。"o"はマーカーの形で小文字の"o"は丸いマーカーになります。グリッドはplt.grid(True)で表示されます。

Section 14-1 基本的なグラフの書き方

File グリッド表示とマーカー付きの折れ線グラフ

«file» pyplot_line.py

```
import matplotlib.pyplot as plt
price = [200, 300, 400, 500, 600]
count = [31, 29, 25, 28, 26]
plt.plot(price, count, marker="o")    # グラフを描く（マーカー付き）
plt.title("count - price")     # タイトル
plt.xlabel("price")            # x軸のラベル
plt.ylabel("count")            # y軸のラベル
plt.grid(True)                 # グリッド
plt.show()                     # 表示する
```

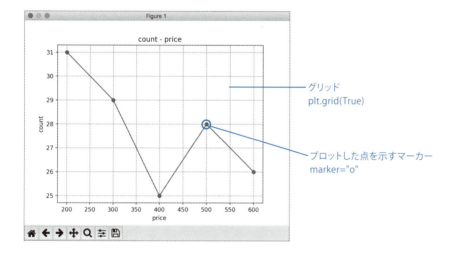

グリッド
plt.grid(True)

プロットした点を示すマーカー
marker="o"

曲線のグラフ

　曲線のグラフはプロット数が多いだけで直線を細かくつなげて描きます。たとえば、曲線のy = sin(x)のグラフを描く方法は先の折れ線グラフの描き方とまったく同じです。

　x座標のリストXはrange()で0〜360の角度を作ります。y座標のリストYを作るリスト内包表記では、Xから度数dを順に取り出し、これをmath.radians(d)でラジアンに変換した値をmath.sin()で計算しています。

File Sin グラフを描く

«file» pyplot_sin.py

```
import matplotlib.pyplot as plt
import math
X = range(0, 360)        # x軸の値
Y = [math.sin(math.radians(d)) for d in X]     # y軸の値
plt.plot(X, Y)           # グラフを描く ──── 折れ線グラフの描き方と同じです
plt.show()               # 表示する
```

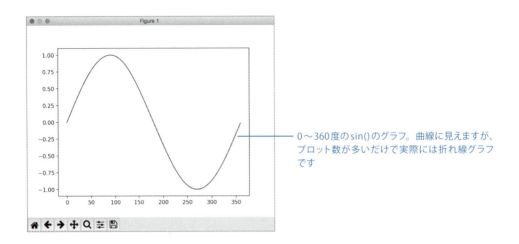

0〜360度のsin()のグラフ。曲線に見えますが、プロット数が多いだけで実際には折れ線グラフです

グラフを画像保存する

　plt.savefig()で画像保存を行うことができます。このとき、グラフを画面表示するplt.show()よりも先にplt.savefig()を実行しなければなりません。画面表示が不要ならば最後にplt.show()を実行する必要はありません。画像ファイルはカレントディレクトリに保存されます。保存パスの指定、上書きの確認などについては前節のテキスト保存を参考にしてください（☞ P.313）。

　次コードには先のpyplot_sin.pyに画像ファイルに保存する1行が追加されています。

File グラフを画像ファイルに保存する

«file» pyplot_savefig.py

```
import matplotlib.pyplot as plt
import math
X = range(0, 360)        # x軸の値
Y = [math.sin(math.radians(d)) for d in X]      # y軸の値
plt.plot(X, Y)           # グラフを描く
plt.savefig("sin.png")   # 画像ファイルに保存する ──── 画面に表示する前に画像として保存します
plt.show()               # 画面表示するならば最後で実行する
```

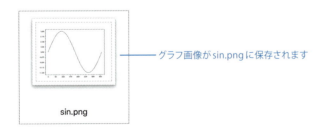

グラフ画像がsin.pngに保存されます

sin.png

複数のグラフを重ねる

1つの図に複数のグラフを重ねて表示することもできます。次の例ではsin()とcos()の値を1つのグラフに表示しています。1個のグラフを書く場合と同じようにplt.plot()でグラフを描き、最後でplt.show()を実行すれば複数のグラフが1つの図になります。複数の線を引くと違う色の線が自動で割り当てられます。

File sin()とcos()のグラフを重ねて描く

«file» pyplot_sincos.py

```
import matplotlib.pyplot as plt
import math
X = range(0, 360)         # x軸の値
S = [math.sin(math.radians(d)) for d in X]      # sinの値
C = [math.cos(math.radians(d)) for d in X]      # cosの値
plt.plot(X, S)       # sinグラフを描く
plt.plot(X, C)       # cosグラフを描く
plt.show()           # 表示する
```

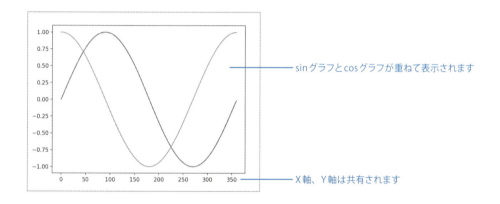

sinグラフとcosグラフが重ねて表示されます

X軸、Y軸は共有されます

線の色と種類、マーカー

1つのグラフに複数のデータの線が引かれているとき、線を区別しやすくするために破線にしたり、マーカーの種類を変更することができます。線の色や幅を指定することもできます。

次のコードを実行すると4本の折れ線グラフが引かれます。それぞれの線の色やスタイル、マーカーを違う種類に指定しています。

Chapter 14 グラフを描く

File 折れ線の種類やマーカーを違う種類に設定する

«file» pyplot_line2.py

```
import matplotlib.pyplot as plt
X = [100, 200, 300, 400, 500,]
Y1 = [40, 65, 80, 100, 90]
Y2 = [34, 56, 75, 91, 79]
Y3 = [25, 47, 68, 76, 73]
Y4 = [15, 40, 52, 64, 69]
plt.plot(X, Y1, marker="o", color = "blue", linestyle = "-")
plt.plot(X, Y2, marker="v", color = "red", linestyle = "--")
plt.plot(X, Y3, marker="^", color = "green", linestyle = "-.")
plt.plot(X, Y4, marker="d", color = "m", linestyle = ":")
plt.show()          # 表示する
```

マーカー、線色、スタイルを変えた4本の折れ線グラフを描きます

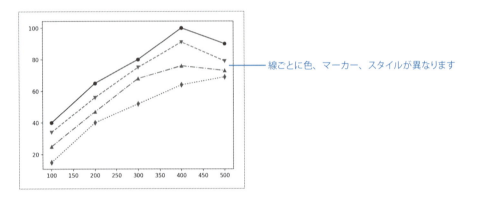

線ごとに色、マーカー、スタイルが異なります

▶ 色

線の色は自動で設定されますが、色を指定することができます。色はcolor="blue"またはc = "blue"のようにcolorあるいは省略形のcで指定できます。色は次の表のように"blue"、省略形の"b"のように指定します。color = "#7ac2ff"のようにRGBでも指定できます。

color	省略形
"green"	"g"
"red"	"r"
"cyan"	"c"
"magenta"	"m"
"yellow"	"y"
"black"	"b"
"white"	"w"

▶ 線の種類

実線、破線、点線などの線の種類はlinestyleで指定します。colorの指定と同じように実線ならば"dashed"または"--"のように省略形も使えます。線の太さはlinewidth = 2.5のように指定できます。

linestyle	省略形
"solid"	"-"
"dashed"	"--"
"dashdot"	"-."
"dotted"	":"

基本的なグラフの書き方 | Section 14-1

▶ マーカーの種類

makerで指定できるマーカーにはたくさんの種類があり、線の太さや塗り色なども指定できます。マーカーの種類には次のようなものがあります。

maker	マーカーの形	maker	マーカーの形
"."	点	"p"	五角形
","	ピクセル	"P"	十字（塗り）
"o"	丸	"*"	星
"v"	三角形（下向き）	"h"	六角形1
"^"	三角形（上向き）	"H"	六角形2
"<"	三角形（左向き）	"+"	十字
">"	三角形（右向き）	"x"	x
"1"	Y型（下向き）	"X"	x（塗り）
"2"	Y型（上向き）	"D"	菱形
"3"	Y型（左向き）	"d"	薄い菱形
"4"	Y型（右向き）	"l"	縦線
"8"	八角形	"_"	横線
"s"	四角形		

凡例を付ける

1つのグラフに複数のデータがある場合には凡例が必要です。まず、各線のplt.plot()にlabel = "Y1"のようにオプションで指定し、plt.legend(loc = "upper left")で凡例の位置を指定して表示します。ラベルをplt.plot()では指定せずに plt.legend(("Y1", "Y2", "Y3"), loc = "upper left")のように指定する方法もあります。

File 凡例を表示する

«file» pyplot_legend.py

```
import matplotlib.pyplot as plt
X = [100, 200, 300, 400, 500,]
Y1 = [40, 65, 80, 100, 90]
Y2 = [34, 56, 75, 91, 79]
Y3 = [25, 47, 68, 76, 73]
plt.plot(X, Y1, marker="o", linestyle = "-", label = "Y1")
plt.plot(X, Y2, marker="v", linestyle = "--", label = "Y2")
plt.plot(X, Y3, marker="^", linestyle = "-.", label = "Y3")
plt.legend(loc = "upper left")    # 凡例を作る
plt.show()           # 表示する
```

- label = "Y1" などは凡例で線のスタイル対応させるラベルです
- plt.legend(loc = "upper left") は凡例の位置をグラフの左上にします

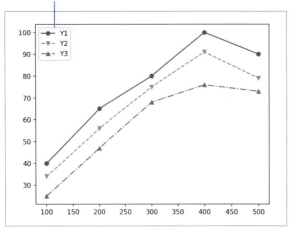

凡例が左上に表示されます

凡例を表示する位置locは次の値で指定します。"upper left"は2のようにコード（数値）でも指定できます。

loc	コード（数値）
'best'	0
'upper right'	1
'upper left'	2
'lower left'	3
'lower right'	4
'right'	5
'center left'	6
'center right'	7
'lower center'	8
'upper center'	9
'center'	10

Section 14-2

よく使うグラフ

前節ではpyplotモジュールで直線のグラフを描きましたが、pyplotモジュールにはさまざまなグラフを描くメソッドがあります。この節ではその中からいくつかを紹介します。

棒グラフ

縦棒グラフはpyplotモジュールのbar()で作ります。次のコードはリストVの値を縦棒グラフで描きます。x_posは棒の並び位置になります。X軸に表示する値（要素）のラベルはplt.bar()のtick_labelオプションで指定できます。

File 縦棒グラフを作る

«file» pyplot_bar.py

```
import matplotlib.pyplot as plt
labels = ["A", "B", "C", "D", "E", "F", "G", "H", "I", "J"]
x_pos = range(0, 10)
V = [91, 45, 17, 88, 47, 87, 49, 56, 67, 77]
plt.bar(x_pos, V, tick_label = labels)    # 縦棒グラフを描く
plt.show()       # 表示する
```
└─ X軸に表示するグラフのラベルを指定します

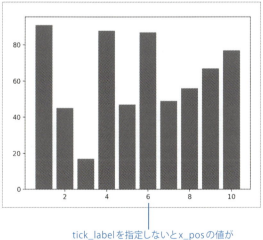

tick_labelを指定しないとx_posの値が表示されます

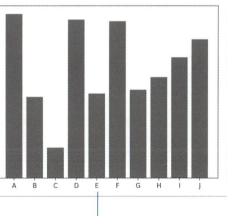

tick_labelを指定したので、各要素にラベルが付いています

▶ 横棒グラフ

横棒グラフはplt.barh()で作ります。y_posが棒の並び位置になり、Vの値を横棒の長さで示します。Y軸の値のラベルはplt.barh()のtick_labelオプションで指定できます。

File 横棒グラフを作る

«file» pyplot_barh.py

```python
import matplotlib.pyplot as plt
labels = ["A", "B", "C", "D", "E"]
y_pos = range(0, 5)
V = [91, 45, 17, 88, 47]
plt.barh(y_pos, V, tick_label = labels)      # 横棒グラフを描く
plt.show()        # 表示する
```

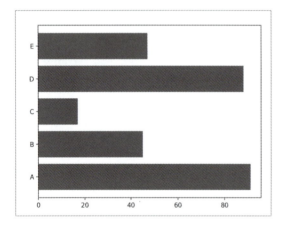

積み上げ棒グラフ

複数のデータを積み上げた棒グラフを作ることもできます。棒グラフを積み上げるには下のバーに続いて上のバーを描けばよいので、上のバーの開始位置（bottom）を下のバーの値にします。次の例で言えば、Aの値にBの値を積み上げるので、Bの棒グラフを描くplt.bar()で bottom = A を指定します。

このグラフではX軸の値のラベルをplt.bar()ではなくplt.xticks()でまとめて指定しています。長いラベル名が重ならないように rotation = "vertical" を付けることでラベルを回転して表示できます。

凡例のラベル名もplt.legend()で指定しています。そのためにはplt.bar()が返すインスタンスを変数bar1、bar2で受け取っておき、(bar1, bar2), ("man", "woman") のようにバーに対応するラベルをリストで指定します。

よく使うグラフ | Section 14-2

File 積み上げ棒グラフを描く

«file» pyplot_bar_bar.py

```
import matplotlib.pyplot as plt
labels = ["Green", "Red", "Yellow", "Blue", "Black", "White"]
x_pos = range(0, 6)         # 6本
A = [34, 46, 54, 45, 56, 37]
B = [17, 47, 55, 67, 38, 49]
bar1 = plt.bar(x_pos, A, color = "g")          # グラフAを描く
bar2 = plt.bar(x_pos, B, color = "c", bottom = A)   # グラフBを描く
plt.xticks(x_pos, labels, rotation = "vertical")    # X軸ラベル（垂直）
plt.legend((bar1, bar2), ("man", "woman"), loc = "upper right")   # 凡例を作る
plt.show()
```

- グラフAの上に積み上げます
- 凡例でバーとラベルを対応させます

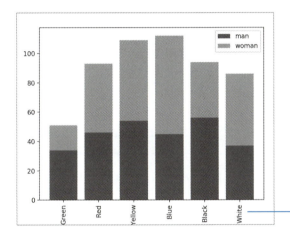

xticks()でラベルを指定します

散布図

　散布図はpyplotモジュールのscatter()で描きます。次のコードはリストX、リストYの各要素の値を順に取り出して組み合わせた点(x, y)をプロットした散布図を描きます。次の例ならば、(91, 39)、(45, 17)、(17, 45)のようにプロットしていきます。

File 散文図を描く

«file» pyplot_scatter.py

```
import matplotlib.pyplot as plt
X = [91, 45, 17, 88, 47, 87, 49, 56, 67, 23, 86, 20, 60, 67, 30, 41, 91, 55, 37, 14]
Y = [39, 17, 45, 32, 20, 14, 11, 48, 41, 13, 21, 40, 13, 14, 11, 40, 21, 18, 50, 25]
plt.scatter(X, Y)          # グラフを描く
plt.show()                 # 表示する
```

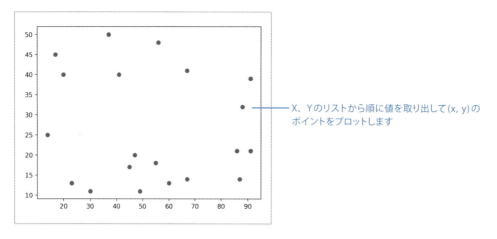

X、Yのリストから順に値を取り出して(x, y)のポイントをプロットします

▶ マーカーの設定

散布図でプロットするマーカーの形状や色は前節の線グラフを描くplt.plot()と同じです。マーカーの形状はmarker = "+"のように指定し、色はcolor = "red"のように指定できます。色の指定を省略すると自動で異なる色が選ばれます。

File マーカーの種類と色を指定する

«file» pyplot_scatter_marker.py

```
import matplotlib.pyplot as plt
X1 = [79, 49, 24, 61, 37, 47, 70, 53, 48, 20, 2, 64, 77, 78, 78, 8, 6, 14, 62, 43]
Y1 = [26, 31, 34, 36, 31, 35, 41, 49, 31, 37, 43, 24, 29, 37, 30, 46, 41, 40, 31, 39]
X2 = [97, 98, 33, 93, 59, 63, 30, 48, 88, 56, 91, 65, 69, 66, 67, 92, 96, 59, 49, 34]
Y2 = [62, 77, 60, 57, 46, 45, 49, 57, 60, 54, 53, 72, 46, 72, 59, 76, 67, 49, 42, 42]
plt.scatter(X1, Y1, marker = "+", color = "red")     # グラフを描く
plt.scatter(X2, Y2, marker = "^", color = "green")   # グラフを描く
plt.show()           # 表示する
```

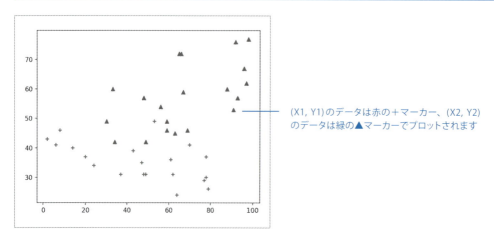

(X1, Y1)のデータは赤の+マーカー、(X2, Y2)のデータは緑の▲マーカーでプロットされます

▶ マーカーのサイズと透明度

マーカーのサイズをsで指定（初期値20）し、マーカーが重なっても見えるようにalphaで透明度（0～1）を指定できます。透明度が高くなるとマーカー自体が見えにくくなりますが、線幅linewidthsと縁色edgecolorsを指定することで消えないようにできます。

次のコードで表示しているデータは、NumPyのrandomモジュールのrand()を使って作った乱数の配列です。配列はリストと同じように複数の値を扱うためのオブジェクトで、rand(100)で100個の値（0～1）が入った配列を作ることができます。NumPyの配列については次章で解説します。

File マーカーのサイズ、透明度、縁の幅、縁線の色などを設定した散布図

«file» pyplot_scatter_marker2.py

```
import matplotlib.pyplot as plt
import numpy as np
X, Y = np.random.rand(100), np.random.rand(100)    # ランダムな配列を作る
plt.scatter(X, Y, marker = "o", s = 500, color = "cyan", alpha = 0.5,
            linewidths = 2, edgecolors = "b")      # グラフを描く
plt.show()        # 表示する
```
マーカーの線の色

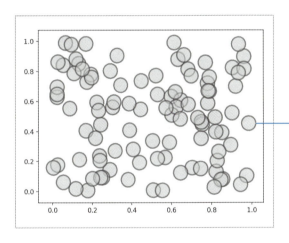

塗りが半透明なので重なっても隠れません。
枠線は透けないのでよくわかります

importに続く3行目のX, Y = ... の代入式はPythonではよく利用する式です。これはタプルのカッコが省略されている式で、右項の2個のタプルの値を左項のタプルの値をそれぞれの要素に代入します。（タプルのアンパック ☞ P.189）

▶ 値に応じてマーカーのサイズを変える

マーカーの表示位置はX、Yの値で決まりますが、マーカーのサイズを3番目のデータの値で決めることができます。マーカーのサイズはsで設定するので、sの値にリストあるいは配列を設定します。ここではNumPyで作成した乱数の配列Vを設定しています。

Chapter 14 グラフを描く

File 第3の値をマーカーの大きさで表現する

«file» pyplot_scatter_size.py

```python
import matplotlib.pyplot as plt
import numpy as np
X, Y = np.random.rand(100), np.random.rand(100)    # ランダムな配列を作る
V = np.random.rand(100)*1000 + 50          # サイズを決めるデータの配列
plt.scatter(X, Y, s = V, c = "b", alpha = 0.3, linewidths = 1, edgecolors = "b")    # グラフを描く
plt.show()
```

`s = V` ── Vの値をマーカーのサイズで表します

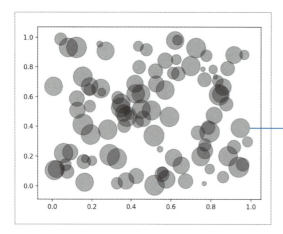

X、Y、Vの3つの値をグラフで表現します。
Vが大きいほど大きな円になります

▶値に応じてマーカーの色を変える

マーカーの色も値に応じて変更することができます。マーカーの色はcの値で設定するので、色ではなく値のリストまたは配列をcに設定します。そして、cmapでカラーマップを指定することで、値の大きさを色で表現できるようになります。色が表す値はカラーバーを表示することで確認できます。次の例では配列Vの値がカラーマップBlues（青のグラデーション）で表現されます。

File 第3の値をマーカーの色で表現する

«file» pyplot_scatter_cmap.py

```python
import matplotlib.pyplot as plt
import numpy as np
X, Y = np.random.rand(100), np.random.rand(100)    # ランダムな配列を作る
V = np.random.rand(100)     # 色の濃淡を決めるデータの配列
plt.scatter(X, Y, s = 200, c = V, cmap = "Blues", edgecolors = "b")    # グラフを描く
plt.colorbar()     # カラーバーを表示する
plt.grid(True)     # グリッド
plt.show()         # 表示する
```

カラーマップで塗り色を決めます

Section 14-2 よく使うグラフ

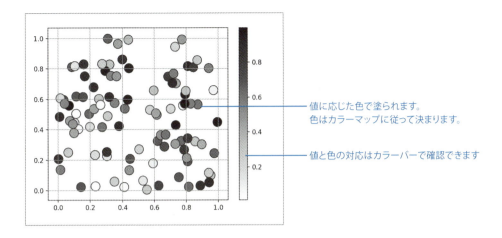

値に応じた色で塗られます。
色はカラーマップに従って決まります。

値と色の対応はカラーバーで確認できます

cmapで指定するカラーマップはcolorで指定する色とは異なります。定義済みのカラーマップには次のようなものがあります。

Blues、BuGn、BuPu、GnBu、Greens、Greys、Oranges、OrRd、PuBu、PuBuGn、PuRd、Purples、RdPu、Reds、YlGn、YlGnBu、YlOrBr、YlOrRd、afmhot、autumn、bone、cool、copper、gist_heat、gray、hot、pink、spring、summer、winter

これらのカラーマップの色見本はMatplotlibサイトにあります。また、カラーマップを自分で定義することもでき、サンプルコードも掲載されています。

http://matplotlib.org/examples/color/colormaps_reference.html

円グラフ(パイグラフ)

　円グラフはplt.pie()で作ります。円グラフは初期値では反時計回りに作られるので、データやラベルの並びに注意が必要です。グラフを時計回りに作っていきたい場合には、counterclock = False にします。また、値の開始角度startangleはX軸に対する角度で指定します。startangle = 90を指定すれば時計の12時の位置からスタートします。

File 円グラフを描く

«file» **pyplot_pie.py**

```
import matplotlib.pyplot as plt
labels = ["E", "D", "C", "B", "A"]      # ラベル(反時計回り)
V = [17, 25, 47, 68, 91]      # 値(反時計回り)
ex = [0, 0, 0.1, 0, 0]      # パイの切り出し
plt.pie(V, explode = ex, labels = labels, autopct = '%1.1f%%', startangle = 90)      # 円グラフを描く
plt.show()      # 表示する
```

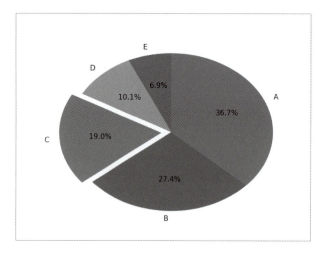

Section 14-3 複数のグラフを並べる

グラフを重ねて表示するのではなく、複数のグラフを左右や上下に並べて表示することもできます。グラフを並べるには、個々のグラフをサブプロット（subplot）に描画して配置します。軸のレンジを設定したり共有したりすることで、グラフを比較しやすいようにします。

サブプロットに描画する

複数のグラフを並べて配置するには、グラフをサブプロットに描画します。まず、plt.figure()で図のインスタンスfigを作ります。figはサブプロットを配置するベースになります。figを作ったならば、add_subplot()を実行してfigに空のサブプロットを追加します。このときにサブプロットをどう配置するかも決めてしまいます。配置位置はfig全体を縦横何分割するかを行数と列数で指定し、その何番目の位置か番号で指定します。

> **書式** サブプロットを作成追加する
> **add_subplot(** 行数 **,** 列数 **,** 番号 **)**

なお、引数が1桁の場合は行数、列数、番号つなげることができます。たとえば、add_subplot(2, 1, 1)はadd_subplot(211)のように書くことができます。

▶左右に並べる

最初にグラフを左右に並べて配置する例を示します。左右に並べるので、全体を1行2列で分割します。そして、左側が1番、右側が2番の位置になります。

コードで示すと左側はax1 = fig.add_subplot(1, 2, 1)、右側はax2 = fig.add_subplot(1, 2, 2)です。ax1、ax2には作成されたサブプロットのインスタンスが入ります。

グラフはサブプロットのax1、ax2に対して作成し、最後にfig.show()を実行するとfigが表示されます。サブプロットへのグラフの描画はplt.bar()と同じように行えます。

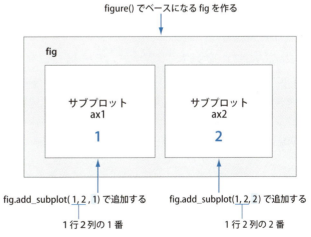

File グラフを左右に並べる

«file» subplot_12.py

```python
import matplotlib.pyplot as plt
X1, Y1 = range(0, 5), [61, 45, 27, 88, 47]
X2, Y2 = range(0, 5), [17, 39, 46, 40, 27]
labels = ["A", "B", "C", "D", "E"]
fig = plt.figure()           # 図を作る
# 1行2列の左                    ┌ 左側
ax1 = fig.add_subplot(1, 2, 1)    # サブプロットを追加する
ax1.bar(X1, Y1, color = "b", tick_label = labels)    # グラフの描画
ax1.set_title("dog")        # グラフのタイトル
# 1行2列の右                    ┌ 右側
ax2 = fig.add_subplot(1, 2, 2)    # サブプロットを追加する
ax2.bar(X2, Y2, color = "g", tick_label = labels)    # グラフの描画
ax2.set_title("cat")        # グラフのタイトル
plt.show()        # 図を表示する
```

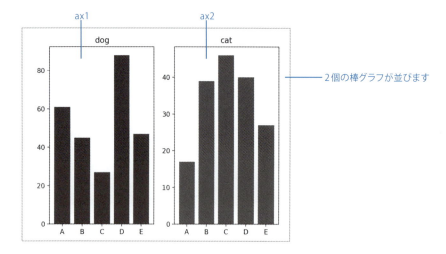

2個の棒グラフが並びます

▶ 上下に並べる

グラフを上下に並べるならば、サブプロットは2行1列で配置することになります。上のサブプロット ax1 は fig.add_subplot(2, 1, 1)、下のサブプロット ax2 は fig.add_subplot(2, 1, 2) で追加します。さらにここでは facecolor = "cyan" を指定してグラフに背景色を付けています。

グラフを上下に配置すると上のグラフのX軸のラベルと下のグラフのタイトルが重なってしまうので、plt.tight_layout() を実行して重ならないようにします。個々のグラフのタイトルは、set_title() で設定します。

Section 14-3 複数のグラフを並べる

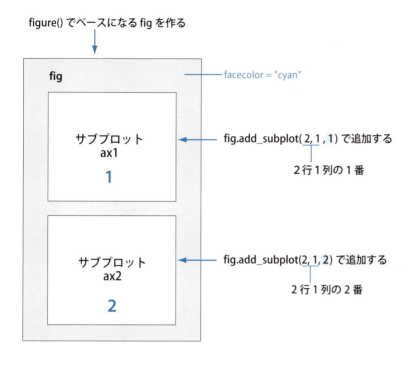

figure() でベースになる fig を作る

fig — facecolor = "cyan"

サブプロット ax1 **1** ← fig.add_subplot(2, 1, 1) で追加する
2 行 1 列の 1 番

サブプロット ax2 **2** ← fig.add_subplot(2, 1, 2) で追加する
2 行 1 列の 2 番

File グラフを上下に並べる

«file» subplot_21.py

```
import matplotlib.pyplot as plt
X1, Y1 = range(0, 7), [61, 45, 27, 88, 47, 56, 61]
X2, Y2 = range(0, 7), [17, 39, 46, 40, 27, 35, 41]
labels = ["A", "B", "C", "D", "E", "F", "G"]
fig = plt.figure()           # 図を作る
# 2 行 1 列の上
ax1 = fig.add_subplot(2, 1, 1, facecolor = "cyan")     # サブプロットを追加する
ax1.bar(X1, Y1, color = "b", tick_label = labels)      # グラフの描画
ax1.set_title("snake")       # グラフのタイトル
# 2 行 1 列の下
ax2 = fig.add_subplot(2, 1, 2, facecolor = "cyan")     # サブプロットを追加する
ax2.bar(X2, Y2, color = "g", tick_label = labels)      # グラフの描画
ax2.set_title("fish")        # グラフのタイトル
plt.tight_layout()           # 下の図のタイトルが重ならないようにする
plt.show()                   # 図を表示する
```

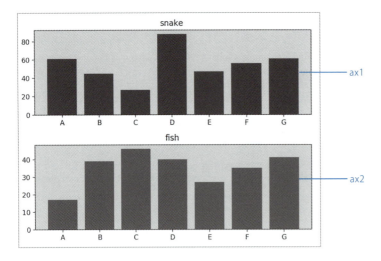

▶ 上に1個、下に2個のグラフを並べる

次のようにグラフを上に1個、下に2個並べる場合を考えてみましょう。このような場合、ほかのサブプロットとの関係は考えずにそれぞれの位置を考えます。上の1個は全体を2行1列に分割した場合の1番の位置、下の2個は2行2列に分割したときに3番と4番の位置になります。

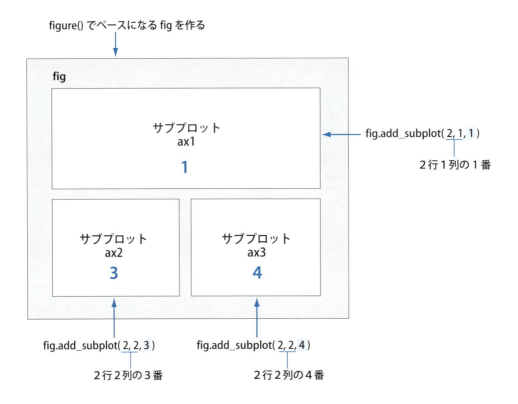

サブプロットをadd_subplot()で追加すべき位置がわかったならば、あとはこれまでと同じです。次の例では3つのデータの要素の個数が違っているので、ラベルの個数が合うように注意してください。

File 上に1個、下に2個のグラフを並べる

«file» subplot_2122.py

```python
import matplotlib.pyplot as plt
X1, Y1 = range(0, 7), [61, 45, 27, 88, 47, 56, 61]
X2, Y2 = range(0, 5), [77, 49, 56, 47, 67]
X3, Y3 = range(0, 4), [56, 41, 67, 76]
labels = ["A", "B", "C", "D", "E", "F", "G"]
fig = plt.figure()         # 図を作る
# 2行1列の上
ax1 = fig.add_subplot(2, 1, 1)    # サブプロットを追加する
ax1.bar(X1, Y1, color = "b", tick_label = labels)     # グラフの描画
ax1.set_title("dog")       # グラフのタイトル
# 2行2列の3番（下の左）
ax2 = fig.add_subplot(2, 2, 3)    # サブプロットを追加する
ax2.bar(X2, Y2, color = "g", tick_label = labels[:5])  # グラフの描画
ax2.set_title("cat")       # グラフのタイトル
# 2行2列の4番（下の右）
ax3 = fig.add_subplot(2, 2, 4)    # サブプロットを追加する
ax3.bar(X3, Y3, color = "c", tick_label = labels[:4])  # グラフの描画
ax3.set_title("bird")      # グラフのタイトル
plt.tight_layout()         # 下の図のタイトルが重ならないようにする
plt.show()                 # 図を表示する
```

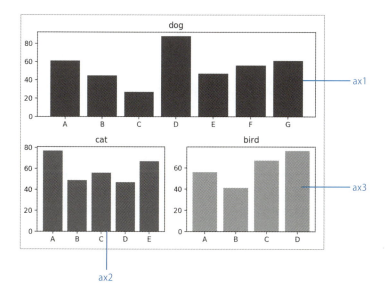

軸のレンジを調整する

グラフを並べて比較しようとしたとき、軸のレンジが異なっていると正しい比較が難しくなります。たとえば、この節の最初に作成したdogとcatの棒グラフを横に並べたグラフでは、Y軸のレンジが違うので値を比較する場合には注意する必要があります。

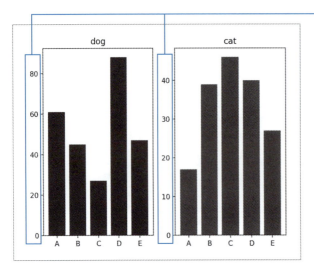

Y軸がdogは0〜80、catは0〜40のレンジになっているため、両者を比較する場合は注意が必要です

このような場合、軸のレンジ（最大値、最小値）を設定したり、サブプロット間で軸を共有する方法があります。

▶ 軸の最大値、最小値を指定する

次の例ではdogとcatのグラフのY軸の最大値と最小値を同じ値にしています。まず、ax1のdogグラフを描画した後でplt.ylim()を実行してY軸のレンジを取得します。値はタプルの(最小値, 最大値)で返ってくるので、ymin、ymaxで受けてアンパックします。

次にax2のcatグラフを描画した後でplt.ylim(ymin, ymax)を実行します。するとcatグラフのY軸はdogグラフと同じレンジになり、2つは同じスケールの比較しやすいグラフになります。

File Y軸の最大値と最小値を ax1 と ax2 で同じ値にする

«file» subplot_ax_ylim.py

```
import matplotlib.pyplot as plt
X1, Y1 = range(0, 5), [61, 45, 27, 88, 47]
X2, Y2 = range(0, 5), [17, 39, 46, 40, 27]
labels = ["A", "B", "C", "D", "E"]
fig= plt.figure()         # 図を作る
#1行2列の左
ax1 = fig.add_subplot(1, 2, 1)     # サブプロットを追加する
ax1.bar(X1, Y1, color = "b", tick_label = labels)    # グラフの描画
ax1.set_title("dog")      # グラフのタイトル
```

複数のグラフを並べる　Section 14-3

```
ymin, ymax = plt.ylim()      # 現在のY軸のレンジを取得する
#1行2列の右
ax2 = fig.add_subplot(1, 2, 2)      # サブプロットを追加する
ax2.bar(X2, Y2, color = "g", tick_label = labels)
ax2.set_title("cat")      # グラフのタイトル
plt.ylim(ymin, ymax)      # Y軸のレンジを ax1 と合わせる
plt.show()      # 図を表示する
```

2つの軸のレンジを合わせます

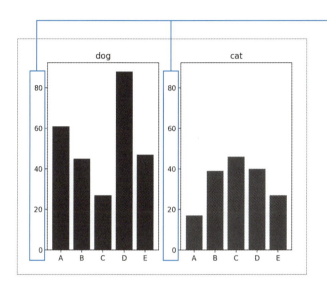

dogとcatのY軸のレンジが同じになりました

▶軸を共有する

　次はサブプロットでY軸を共有するコードです。これまではplt.figure()で作成したfigに対してサブプロットを追加してきましたが、次のコードでは plt.subplots(nrows=1, ncols=2, sharey=True) で1行2列のサブプロットを作成します。nrowsが行数、ncolsが列数です。そして sharey=True でY軸を共有するサブレイヤを作ることができます。X軸を共有したい場合にはsharex=Trueにします。

　このメソッドを実行すると fig, (ax1, ax2) のように値が返ってきます。あとはこれまでと同じようにax1、ax2に対してグラフを描画します。

File Y軸を共有したサブプロットにグラフを表示する

«file» subplot_ax_sharey.py

```
import matplotlib.pyplot as plt
X1, Y1 = range(0, 5), [61, 45, 27, 88, 47]
X2, Y2 = range(0, 5), [17, 39, 46, 40, 27]
labels = ["A", "B", "C", "D", "E"]
# Y軸を共有する2個のサブプロットを追加する
fig, (ax1, ax2) = plt.subplots(nrows=1, ncols=2, sharey=True)    # 1行2列のサブプロットを追加
ax1.bar(X1, Y1, color = "b", tick_label = labels)    # Y軸を共有したグラフ
ax1.set_title("dog")      # グラフのタイトルを設定
ax2.bar(X2, Y2, color = "g", tick_label = labels)    # Y軸を共有したグラフ
ax2.set_title("cat")      # グラフのタイトルを設定
plt.show()        # 図を表示する
```

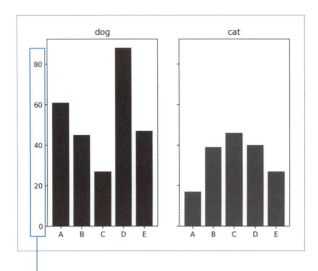

dogとcatの2つのグラフでY軸を共有します

Part 3　応用：科学から機械学習まで

Chapter 15

NumPyの配列

この章ではNumPyライブラリの配列を取り上げます。NumPyライブラリの配列はPython標準のリストよりも効率的に多次元配列を扱うことができ高速に行列演算が行えることから、行列演算が重要視される科学技術計算や機械学習において活用されています。

Section 15-1　配列を作る
Section 15-2　配列の要素へのアクセス
Section 15-3　配列の演算
Section 15-4　効率よく配列を作る

Chapter 15　NumPyの配列

Section 15-1
配列を作る

numpyモジュールをインポートして配列を作ります。リストとNumPyの配列は共通した機能が多く同じような操作がありますが、少しずつ異なっているのでその違いに注意してください。NumPyの配列は多次元配列の扱いに優れているので、まずは多次元配列の作り方をよく学んでください。

NumPyの配列を作る

NumPyライブラリを使い始めるには、最初にNumPyをインポートします。次のようにnumpyモジュールにnpの別名を付けて利用するのが慣例となっています。なお、NumPyライブラリは標準ライブラリではありませんが、Anacondaをインストールした環境であればNumPyはインストール済みです（☞ P.18、P.24）。

> **Python インタプリタ**　numpyモジュールにnpの別名を付けてインポートする
```
>>> import numpy as np
```

では、さっそく配列を作ってみましょう。NumPyの配列はnumpyモジュールのarray()関数で作ります。配列の要素は標準のリストまたはタプルで指定します。

> **書式**　配列を作る
>
> **array(** リスト **)**
> **array(** タプル **)**

次の例はリストの[1, 2, 3]からNumPyの配列を作っています。できあがった配列aをそのまま出力するとarray([1, 2, 3])のように表示されます。

> **Python インタプリタ**　リストから配列を作る
```
>>> a = np.array([1, 2, 3])
>>> a
array([1, 2, 3])
```

print()を使って出力すると[1 2 3]のように、要素と要素がカンマではなく半角空白で区切られて出力されます。

> **Python インタプリタ**　配列をprint()で出力する
```
>>> a = np.array([1, 2, 3])
>>> print(a)
[1 2 3]             ───── リストと異なり、カンマで区切られていません
```

タプルから配列を作ることもできます。(1, 2, 3)のように複数の値をカッコで囲んで1個のオブジェクトにしたものがタプルです。(☞ P.184)

> Python インタプリタ　タプルから配列を作る

```
>>> data = (1, 2, 3)
>>> a = np.array(data)
>>> a
array([1, 2, 3])
```

生成された配列の型をtype()で調べるとnumpy.ndarrayと返ってきます。これにより、NumPyの配列オブジェクトはndarrayクラスのメソッドやプロパティ（属性）を利用できることがわかります。

> Python インタプリタ　配列オブジェクトの型を調べる

```
>>> a
array([1, 2, 3])
>>> type(a)
<class 'numpy.ndarray'>        ── 配列の型
```

▶ 要素の型は混在できない

NumPyの配列は標準のリストと違って、要素の型を混在させることができません。数値だけの配列、文字列だけの配列のように同じ型の値の要素でなければなりません。int（整数）とfloat（浮動小数）を混在させるとintはfloatに変換されます。文字列と数値を混在させると数値は文字列に変換されます。配列の要素の型はdtypeプロパティで調べることができます。

> Python インタプリタ　配列の要素の型を調べる

```
>>> a = np.array([1, 2, 3])
>>> a.dtype        ── 要素の型
dtype('int64')
```

試しにintとfloatが混ざっている配列、文字列と数値、数値と論理値が混ざっている配列を作ってみます。いずれの場合も要素の型が自動的に変換されて統一されます。

> Python インタプリタ　型が混在している配列は作ることができない

```
>>> a = np.array([1, 1.5, 2])     # int と float
>>> a
array([ 1. ,  1.5,  2. ])         ── すべてfloatになります
>>> b = np.array(["1", 1.5, 2])   # 文字列と数値
>>> b
array(['1', '1.5', '2'],          ── すべて文字列になります
      dtype='<U3')
>>> c = np.array([True, False, 1.5])   # 論理値と数値
>>> c
array([ 1. ,  0. ,  1.5])         ── すべて数値（float）になります
```

Part 3 応用：科学から機械学習まで
Chapter 15　NumPyの配列

▶ **要素の型を指定して作る**

array()は第2引数でdtype=intやdtype=floatのように型を指定することができます。intを指定すると整数値に切り捨てられます。複素数型はcomplexを指定して変換します。

> **Pythonインタプリタ**　要素の型を指定して配列を作る

```
>>> a = np.array([1, 1.5, 2], dtype=int)    # 整数型で作る
>>> a
array([1, 1, 2])
>>> b = np.array([1, 2, 3], dtype=float)    # 浮動小数点型で作る
>>> b
array([ 1.,  2.,  3.])
>>> c = np.array([1, 1.5, 2], dtype=complex)    # 複素数型で作る
>>> c
array([ 1.0+0.j,  1.5+0.j,  2.0+0.j])
```

文字列は"<U"で指定すると最長の文字に合わせて'<U3'のようにデータの長さが決まります。また、作成する際にdtype="<U4"のように固定長を指定して作ることもできます。"<U4"にすると4文字以上は切り捨てられます。

> **Pythonインタプリタ**　文字列に変換して配列を作る

```
>>> d = np.array([1, 1.5, 2], dtype="<U")    # 文字列型で作る
>>> d
array(['1', '1.5', '2'],
      dtype='<U3')
>>> e =  np.array([9.123, 10.5, 12.11], dtype="<U4")
>>> e
array(['9.12', '10.5', '12.1'],       ──── 4文字に詰まります
      dtype='<U4')
```

▶ **配列の型を変換する**

配列をarray()の引数にして新しい配列を作れば、intの配列をfloatの配列にするというように、既存の配列を別の型に変換した配列を作れます。後ほど説明しますが、配列をスライスする際に型変換を行うこともできます（☞ P.355）。

> **Pythonインタプリタ**　int型の配列をもとにfloat型の配列を作る

```
>>> a_int = np.array([0, 1, 2, 3, 4, 5])
>>> a_float = np.array(a_int, dtype=float) ──── 要素の型を変換します
>>> a_float
array([ 0.,  1.,  2.,  3.,  4.,  5.])
```

配列を作る Section 15-1

多次元配列を作る

NumPyは多次元配列（多次元行列）を扱うことに優れています。多次元配列とは配列の中に配列がある入れ子の配列です。array()の引数に多重リストを与えると多次元配列が作られます。多次元配列を出力すると次の結果で示すように2行3列の行列の形式になるように改行されて表示されます。

Python インタプリタ　多重リストから2行3列の配列を作る

```
>>> import numpy as np
>>> a = np.array([[1, 2, 3], [4, 5, 6]])  ──── 2次元リストから配列を作ります
>>> a
array([[1, 2, 3],
       [4, 5, 6]])  ──── 2行3列の配列ができます
```

多次元配列をprint()で出力すると次のように表示されます。

Python インタプリタ　print()で出力した場合の表示

```
>>> print(a)
[[1 2 3]
 [4 5 6]]
```

次の例は行の値のリストを変数で用意して、3行3列の配列を作っています。3行3列の配列は3×3の配列（行列）とも書きます。

Python インタプリタ　3×3の配列を作る

```
>>> line1 = [10, 20, 30]
>>> line2 = [40, 50, 60]
>>> line3 = [70, 80, 90]
>>> a = np.array([line1, line2, line3])  ──── 3個のリストから配列を作ります
>>> print(a)
[[10 20 30]
 [40 50 60]  ──── 3行3列の配列ができます
 [70 80 90]]
```

$$\begin{matrix} & 列 & \\ 行 & \begin{bmatrix} 10 & 20 & 30 \\ 40 & 50 & 60 \\ 70 & 80 & 90 \end{bmatrix} \end{matrix}$$　3行3列（3×3）の配列

▶ 1次元配列を多次元配列に変換する

reshape()メソッドはreshape(行数, 列数)と指定して、1次元の配列を多次元配列に変換することができます。ただし、2行3列の配列を作るためには要素が6個必要というように、変換する配列の次元によって必要な要素の個数が決まります。

次の例では要素が6個のリストdataをarray()で配列に変換し、できた1次元配列aをa.reshape(2, 3)で2行3列の配列に変換しています。

Pythonインタプリタ 1次元配列を2行3列の配列に変換する

```
>>> data = [1, 2, 3, 4, 5, 6]
>>> a = np.array(data)  ── リストから配列を作ります
>>> a
array([1, 2, 3, 4, 5, 6])
>>> a = a.reshape(2, 3)  ── 2行3列の配列にします
>>> a
array([[1, 2, 3],
       [4, 5, 6]])
```

このコードではリストから配列を作る操作と多次元配列に変換する操作を別々に行っていますが、次のようにこの2つを連結して1行で実行することができます。

Pythonインタプリタ 1次元配列を2行3列の配列に変換する

```
>>> data = [1, 2, 3, 4, 5, 6]
>>> a = np.array(data).reshape(2, 3)  ── 1行で書くことができます
>>> a
array([[1, 2, 3],
       [4, 5, 6]])
```

▶ 多次元配列を1次元配列に戻す

逆に多次元配列を1次元配列に戻したい場合は、ravel()またはflatten()を使います。flatten()は新しくメモリを確保します。

Pythonインタプリタ 多次元配列を1次元配列にする

```
>>> a = np.array([[0,1], [2,3], [4,5]])
>>> a.ravel()
array([0, 1, 2, 3, 4, 5])  ── 1次元配列になります
>>> a.flatten()
array([0, 1, 2, 3, 4, 5])
```

▶ 構造を調べる

配列が何行何列の構造なのかを知りたいときはshapeプロパティで調べます。次の例は3行2列の配列なので(3, 2)のようにタプルで返ってきます（タプル ☞ P.184）。何次元の配列なのかはndimプロパティでわかります。

配列を作る　Section 15-1

```
>>> a = np.array([[0,1], [2,3], [4,5]])
>>> a
array([[0, 1],
       [2, 3],
       [4, 5]])
>>> a.shape
(3, 2)           ——— 3行2列
>>> a.ndim
2                ——— 2次元配列
```
Pythonインタプリタ　配列の構造を調べる

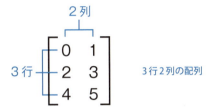

3行2列の配列

▶ 要素の個数

配列の要素の個数はsizeプロパティで調べることができます。次のように多次元配列の要素数も数えることができます。len(a)は1次元配列の要素を数えて3個になります。

```
>>> a = np.array([[0,1], [2,3], [4,5]])   ——— 3行2列の配列を作ります
>>> a.size
6            ——— 要素の個数
```
Pythonインタプリタ　配列の要素の個数

要素の追加、挿入、削除

要素の追加はappend()、挿入はinsert()、削除はdelete()の関数を使います。リストのappend()、insert()はリスト自体を直接変更するリストオブジェクトのメソッドですが、numpyの同名の関数は書式が違うだけでなく新しい配列を作ります。

▶ 要素を追加する

配列に要素を追加するには関数のappend()を使います。第1引数を配列にし、追加する値を第2引数で指定します。値はリストやタプルで複数個を同時に追加することもできます。関数を実行すると要素を追加した新しい配列が返り、元の配列は変化しません。

書式　配列に要素を追加する

append(配列 **,** 値 **, axis =** None**)**
append(配列 **,** リスト **, axis =** None**)**
append(配列 **,** タプル **, axis =** None**)**

次の例では配列aに値を追加しています。値を追加すると新しく配列bが作られて、元のaは変化していません。

> **Python インタプリタ** 配列に要素を追加する

```
>>> a = np.array([0, 1, 2])
>>> b = np.append(a, 3)    # 3を追加する
>>> a
array([0, 1, 2]) ────── 元の配列aは変化しません
>>> b
array([0, 1, 2, 3]) ────── 新しい配列bが作られます
```

次の例ではリスト[3, 4, 5]を使って、同時に3個の値を追加しています。

> **Python インタプリタ** 配列に同時に複数の値を追加する

```
>>> a = np.array([0, 1, 2])
>>> b = np.append(a, [3, 4, 5])  # 同時に3個の値を追加する
>>> b
array([0, 1, 2, 3, 4, 5]) ────── リストの状態ではなく要素が個別に追加されます
```

▶多次元配列に要素を追加する

多次元配列に要素を追加する場合には、行を追加するならばaxis = 0、列を追加するならばaxis = 1の引数を付けます。追加する要素は配列と同じ次元の配列でなければなりません。

> **Python インタプリタ** 2×3の配列に行を追加する

```
>>> a = np.array([1, 2, 3, 4, 5, 6]).reshape(2, 3)
>>> a
array([[1, 2, 3],
       [4, 5, 6]])
>>> b = np.append(a, [[7, 8, 9]], axis = 0)
                         │            └─ 行を追加します
                         └─ 配列aに合わせて2次元配列で追加します
>>> b
array([[1, 2, 3],
       [4, 5, 6],
       [7, 8, 9]])
```

▶要素を挿入する

配列に要素を挿入する関数はinsert()です。第1引数を配列にし、第2引数に挿入する位置、第3引数で値を指定します。値はリストやタプルで複数個を同時に追加することもできます。

> **書式** 配列に要素を挿入する
>
> **insert(** 配列 , 位置 , 値 , **axis =** None**)**
> **insert(** 配列 , 位置 , リスト , **axis =** None**)**
> **insert(** 配列 , 位置 , タプル , **axis =** None**)**

次の例では配列aの先頭から2番目の位置に値を挿入しています。値を挿入すると新しく配列bが作られます。

Python インタプリタ 配列に要素を挿入する

```
>>> a = np.array([0, 1, 2])
>>> b = np.insert(a, 1, 99)  ——— 配列aのインデックス1の位置に99を挿入します
>>> b
array([ 0, 99,  1,  2])  ——— 新しい配列bが作られます
```

リストを挿入すると挿入位置にリストの要素を追加した新しい配列が作られます。

Python インタプリタ 配列にリストの要素を挿入する

```
>>> b = np.insert(a, 1, [88, 99])
>>> b
array([ 0, 88, 99,  1,  2])  ——— 新しい配列bが作られます
```

要素が文字列の配列に挿入する場合には、配列の要素の中でもっとも長い文字列の長さが上限になります。これは配列が作られたときに要素のバイト数（itemezsize）が決まってしまうからです。たとえば、次のように配列の要素の中で最長の文字列が"bird"のとき"snake"を挿入すると"snak"で切れてしまいます。

Python インタプリタ 文字列を挿入すると最長の文字列に合わせた長さで切れる

```
>>> words = np.array(["dog", "cat", "bird"])
>>> new_words = np.insert(words, 0, "snake")  ——— 文字数の上限は最長の"bird"に合わせて4文字になります
>>> print(new_words)
['snak' 'dog' 'cat' 'bird']
       └——— 4文字で切れます
```

▶要素を削除する

指定の要素を削除した配列を作りたい場合はdelete()関数を使います。第1引数に対象の配列、第2引数に削除する要素の位置を指定します。なお、配列の部分を取り出した配列を作りたい場合にはスライスも利用できます（☞ P.355）。

次の例では配列の最後の要素を削除しています。配列の要素の個数はlen()で調べることができるので、それを利用します。

Python インタプリタ 最後の要素を削除した配列を作る

```
>>> words = np.array(["dog", "cat", "bird"])
>>> new_words = np.delete(words, len(words)-1)  ——— 要素数から1を引くと最後のインデックス番号になります
>>> print(new_words)
['dog' 'cat']  ——— 最後の"bird"を削除した配列new_wordsが作られます
```

配列の転置

配列の行と列の要素を入れ替えた配列は、transpose()関数または配列のTプロパティで得ることができます。

Pythonインタプリタ　配列の行と列の要素を入れ替える

```
>>> a = np.array([[0,1], [2,3], [4,5]])
>>> a
array([[0, 1],
       [2, 3],
       [4, 5]])
>>> np.transpose(a)         # transpose()で転置する
array([[0, 2, 4],
       [1, 3, 5]])
>>> a.T         # Tで転置する
array([[0, 2, 4],
       [1, 3, 5]])
```

結果は同じです。行と列が入れ替わります

配列の次元を上げる

1次元配列を2次元配列にするというように、配列の次元を上げることができます。次の例では1×5の1次元配列が5×1の2次元配列になっています。reshape()と違って行列数を知らなくても実行できます。

Pythonインタプリタ　1×5の配列を5×1の配列にする

```
>>> a = np.array([0, 1, 2, 3, 4])         1次元配列
>>> b = a[:, np.newaxis]
>>> b
array([[0],
       [1],
       [2],
       [3],
       [4]])
```

2次元配列

配列をリストに戻す

配列を標準のリストに戻したい場合にはtolist()を使います。多次元配列は構造を保ったまま多次元リストになります。

Pythonインタプリタ　配列をリストに変換する

```
>>> a = np.array([1, 2, 3, 4, 5])
>>> b = np.array([[0,1], [2,3], [4,5]])
>>> a.tolist()
[1, 2, 3, 4, 5]         配列がリストに変換されます
>>> b.tolist()
[[0, 1], [2, 3], [4, 5]]         多次元配列は多次元リストになります
```

Section 15-2
配列の要素へのアクセス

この節では配列の要素にアクセスする方法や条件によって要素を取り出したり、更新したりする方法を説明します。配列のスライス、ソートについても説明します。

要素の参照と更新

配列の要素にはリストと同じように0から数えるインデックス番号でアクセスします。配列aがあったとき、先頭の要素はa[0]、2番目の要素にはa[1]で参照できます。a[-1]は最後の要素を指します。

Pythonインタプリタ 配列の先頭、2番目、最後の要素を調べる

```
>>> a = np.array([10, 20, 30, 40, 50])
>>> a[0]         ——— 先頭の要素
10
>>> a[1]
20
>>> a[-1]        ——— 最後の要素
50
```

同じ方法で要素の値を変更することもできます。次の例では配列aの3番目の値を99に変更しています。

Pythonインタプリタ 配列の3番目の値を99に変更する

```
>>> a
array([10, 20, 30, 40, 50])
>>> a[2] = 99    ——— インデックス番号2の値を更新します
>>> a
array([10, 20, 99, 40, 50])  ——— 30が99に変更されます
```

▶多次元配列の要素の参照

多次元配列の場合も多次元リストと同じようにa[位置][位置]のようにして要素にアクセスできますが、配列ではもっと直感的にa[行,列]のように要素の位置を直接指し示すことができます。

> **書式** 多次元配列の要素を参照する（2次元の場合）
>
> 配列[位置][位置]
> 配列[行,列]

たとえば、先頭の要素はa[0][0]、2行1列目はa[1][0]でアクセスできますが、それぞれa[0,0]、a[1,0]でアクセスすることができます。同様に2行目の2番目の要素はa[1,1]、3行目の最後の要素はa[2,-1]のようにアクセスできます。

Chapter 15　NumPyの配列

Pythonインタプリタ　3行3列の配列の要素にアクセスする

```
>>> data = [10, 20, 30, 40, 50, 60, 70, 80, 90]
>>> a = np.array(data).reshape(3, 3)  ── 3行3列の配列に変換します
>>> a
array([[10, 20, 30],
       [40, 50, 60],
       [70, 80, 90]])
>>> a[0,0]   ── a[0][0]と同じ
10
>>> a[1,0]   ── a[1][0]と同じ
40
>>> a[1,1]   ── a[1][1]と同じ
50
>>> a[2,-1]  ── a[2][-1]と同じ
90
```

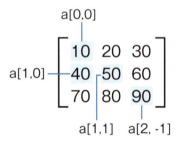

▶ 多次元配列の更新とその注意点

次のように配列aを作り、aからreshape()で2×2の配列bを作った場合を考えます。

Pythonインタプリタ　1次元配列aから2次元配列bを作る

```
>>> a = np.array([10, 20, 30, 40])
>>> b = a.reshape(2, 2)   ── 配列aから配列bを作ります
>>> a
array([10, 20, 30, 40])
>>> b
array([[10, 20],
       [30, 40]])
```

このとき、配列のaとbをis演算子で比較するとFalseが返ってくることから別々のオブジェクトだということになります。しかし、bの要素を更新するとaの要素も同じ値に書き替わってしまうので注意してください。

配列の要素へのアクセス　Section 15-2

> **Python インタプリタ**　reshape()で作った配列bを変更すると元の配列aも変更される

```
>>> a is b         # 同じオブジェクトではない
False   ——————配列a、bは別々のオブジェクトです
>>> b[0,0] = 99    # 配列bの要素を99に書き替える
>>> b
array([[99, 20],
       [30, 40]])
>>> a              # 配列aの要素も99に書き替わってしまった
array([99, 20, 30, 40])  ——————配列bの要素の変更が配列aに影響します
```

配列のスライス

　配列のスライスはリストの場合と同じです。スライスする範囲を[開始位置, 終了位置]で指定して要素を抜き出します。抜き出す範囲は開始位置と終了位置で指定しますが、開始位置〜（終了位置 - 1）の範囲になるので注意してください。（リストのスライス ☞ P.160）

> **書式　配列のスライス**
>
> 配列 **[開始位置 : 終了位置 : ステップ]**

　開始位置と終了位置は省略が可能です。配列[:]は配列全体を返します。配列[開始位置:]ならば開始位置から最後まで、配列[:終了位置]ならば最初から終了位置の手前までを抜き出した新しい配列を作ります。

> **Python インタプリタ**　配列をスライスする

```
>>> data = np.array([0, 10, 20, 30, 40, 50, 60, 70, 80, 90])
>>> data[:]        # すべての要素（複製したことになります）
array([ 0, 10, 20, 30, 40, 50, 60, 70, 80, 90])
>>> data[:4]       # 最初からインデックス番号3まで
array([ 0, 10, 20, 30])
>>> data[4:]       # インデックス番号4から最後まで
array([40, 50, 60, 70, 80, 90])
>>> data[3:7]      # インデックス番号3〜6
array([30, 40, 50, 60])
>>> data[::2]      # 先頭から1個飛び
array([ 0, 20, 40, 60, 80])
```

　ステップを-1にすると後ろから取り出していくことになり、並びが逆の配列を作ることができます。

> **Python インタプリタ**　要素を逆順にした配列を作る

```
>>> data[::-1]     # 末尾から1個ずつ取り出す
array([90, 80, 70, 60, 50, 40, 30, 20, 10,  0])
```

▶ 多次元配列のスライス

多次元配列をスライスすることもできます。少し複雑になりますが、[行のスライス指定, 列のスライス指定] のように行と列のスライスの指定をカンマで区切って指定します。

Python インタプリタ　多次元配列のスライス

```
>>> data = [10, 20, 30, 40, 50, 60, 70, 80, 90]
>>> a = np.array(data).reshape(3, 3)
>>> a
array([[10, 20, 30],
       [40, 50, 60],
       [70, 80, 90]])
>>> a[:2,]            ――― 0～1行目、すべての列
array([[10, 20, 30],
       [40, 50, 60]])
>>> a[:,1:]           ――― すべての行、1列目以降
array([[20, 30],
       [50, 60],
       [80, 90]])
>>> a[1:,1:]          ――― 1行目以降、1列目以降
array([[50, 60],
       [80, 90]])
```

▶ スライスと同時に型変換する

配列をスライスして新しい配列を作る際に、astype()を実行することで取り出した要素の型を変換することができます。次の配列aには浮動小数点が入っていますが、スライスしてa2を作る際にa[:2,].astype(int)のように実行して値を整数型（int）に変換しています。

Python インタプリタ　スライスと同時に型変換する

```
>>> data = [2.1, 3.5, 2.5, 4.3, 5.1, 1.6]
>>> a = np.array(data).reshape(3, 2)
>>> a
array([[ 2.1,  3.5],     ――― この2行を取り出します
       [ 2.5,  4.3],
       [ 5.1,  1.6]])
>>> a2 = a[:2,].astype(int)   # 最初の2行を取り出す際に整数に変換する
>>> a2
array([[2, 3],           ――― 値は整数に変換されています
       [2, 4]])
```

すべての要素を順に取り出す

すべての要素を順に取り出したい場合には、リストと同じようにfor文を利用できます。（☞ P.171）

Python インタプリタ　配列の要素を順に取り出す

```
>>> data = np.array([0, 10, 20, 30, 40, 50, 60, 70, 80, 90])
>>> for item in data:
...     print(item)
...
0
10
20
30
40
50
60
70
80
90
```

リストの場合と同じようにenumerate()を使って繰り返し回数を添えることもできます。（☞ P.172）

Python インタプリタ　enumerate()を使って要素を順に取り出す

```
>>> words = ["flower", "bird", "wind", "moon"]
>>> for i, item in enumerate(words, 1):
...     print(i, item)
...
1 flower
2 bird
3 wind
4 moon
```

`i`には繰り返し回数が入ります

▶多次元配列から要素を取り出す

多次元配列の要素を順に取り出したい場合にはenumerate()ではなくNumPyのndenumerate()を利用します。次の例で示すようにndenumerate()で順に要素を取り出すと、iには取り出し位置の(行, 列)、itemuに要素が入ります。

Python インタプリタ　多次元配列の要素を順に取り出す

```
>>> data = np.array([10, 20, 30, 40, 50, 60]).reshape(2, 3)
>>> print(data)
[[10 20 30]
 [40 50 60]]
>>> for i, item in np.ndenumerate(data):
...     print(i, item)
...
```

多次元配列から位置と要素を取り出します

`i`には(行, 列)のタプルが入ります

```
(0, 0)  10
(0, 1)  20
(0, 2)  30
(1, 0)  40
(1, 1)  50
(1, 2)  60
```

条件式で要素を抽出する

配列の中から条件に合う要素を抽出した配列を作ることができます。たとえば、比較演算子を使って大きさで値を抽出できます。次の例では配列 a に含まれる要素から 5 以上の値を取り出しています。

Python インタプリタ　5以上の値を抽出する
```
>>> a = np.array([3, 1, 4, 1, 5, 9, 2, 6, 5, 3, 5, 8, 9, 7, 9, 3])
>>> a[a>=5]          5以上の値を抽出した配列を作ります
array([5, 9, 6, 5, 5, 8, 9, 7, 9])
```

次の例では余りを求める % 演算子を使って、配列 a に含まれる要素を偶数と奇数に分けています。

Python インタプリタ　偶数、奇数を分ける
```
>>> a[a%2 == 0]        # 偶数        2で割った余りが0の値を抽出します
array([4, 2, 6, 8])
>>> a[a%2 == 1]        # 奇数
array([3, 1, 1, 5, 9, 5, 3, 5, 9, 7, 9, 3])
```

多次元配列の要素から値を抽出することもできます。次の例では 4×4 の配列に含まれる要素から 5 より大きな値を取り出しています。

Python インタプリタ　多次元配列から5より大きな値を抽出する
```
>>> b = a.reshape(4, 4)      # 4×4の配列にする
>>> b
array([[3, 1, 4, 1],
       [5, 9, 2, 6],
       [5, 3, 5, 8],
       [9, 7, 9, 3]])
>>> b[b>5]           4×4の配列から5より大きな値を抽出します
array([9, 6, 8, 9, 7, 9])
```

配列の要素へのアクセス | Section 15-2

▶ **論理演算式を利用する**

条件式で論理演算を行う場合は、標準のand、or、notではなく、&、|、~の論理演算子を使います。

Python インタプリタ 5以上の奇数
```
>>> a = np.array([3, 1, 4, 1, 5, 9, 2, 6, 5, 3, 5, 8, 9, 7, 9, 3])
>>> a[(a>=5) & (a%2 == 1)]    ——— 論理積（5以上かつ奇数）
array([5, 9, 5, 5, 9, 7, 9])
```

Python インタプリタ 2または3の倍数
```
>>> a[(a%2 == 0) | (a%3 == 0)]    ——— 論理和（2または3の倍数）
array([3, 4, 9, 2, 6, 3, 8, 9, 9, 3])
```

Python インタプリタ 3の倍数ではない値
```
>>> a[~(a%3==0)]    ——— 論理否定（3の倍数ではない）
array([1, 4, 1, 5, 2, 5, 5, 8, 7])
```

条件に合う要素を変更する

条件に合う要素を抽出するだけでなく、値を書き替えた配列を作ることもできます。次の例では配列aに含まれる値のうち、偶数は0、奇数は1に置き換えています。

Python インタプリタ 偶数は0、奇数は1に置き換える
```
>>> a = np.array([3, 1, 4, 1, 5, 9, 2, 6, 5, 3, 5, 8, 9, 7, 9, 3])
>>> a = a.reshape(4, 4)
>>> a
array([[3, 1, 4, 1],
       [5, 9, 2, 6],
       [5, 3, 5, 8],
       [9, 7, 9, 3]])
>>> a[a%2==0] = 0    # 偶数を0に置き換える
>>> a
array([[3, 1, 0, 1],
       [5, 9, 0, 0],    ——— 偶数が0に置き換わっています
       [5, 3, 5, 0],
       [9, 7, 9, 3]])
>>> a[a%2==1] = 1    # 奇数を1に置き換える
>>> a
array([[1, 1, 0, 1],
       [1, 1, 0, 0],    ——— 偶数は0、奇数は1になりました
       [1, 1, 1, 0],
       [1, 1, 1, 1]])
```

配列をソートする

配列の要素を並び替えるにはnumpy.ndarrayオブジェクトのsort()メソッドまたはNumPyのsort()関数を使います。sort()メソッドは対象の配列自身の要素を並べ替えますが、sort()関数は引数で与えた配列の要素をソートした新しい配列を作ります。

次の例では配列aの値を昇順に並べ替えています。aの要素が並び替わっている点に注意してください。

Pythonインタプリタ sort()メソッドで配列を昇順にソートする
```
>>> a = np.array([3, 1, 4, 1, 5, 9, 2, 6, 5, 3, 5, 8, 9, 7, 9, 3])
>>> a.sort()         ──── 配列を並べ替えるメソッドです
>>> a                ──── 元の配列を並べ替えます
array([1, 1, 2, 3, 3, 3, 4, 5, 5, 5, 6, 7, 8, 9, 9, 9])  ──── 要素が昇順に並びます
```

numpy.ndarrayのsort()メソッドにはリストのsort()と違ってreverseオプションがないため降順に並び替えることはできません。降順にした配列を作りたい場合は次のsort()関数とスライスの組み合わせを利用します。

▶ **ソート済みの配列を作る**

NumPyのsort()関数は引数の値からソート済みの配列を作る関数です。引数にはリスト、タプルそして配列を指定できます。ですから、最初からソートした配列を作りたい場合にはsort()関数が便利です。

Pythonインタプリタ sort()関数でリストからソート済みの配列を作る
```
>>> a = np.sort([4, 6, 3, 9, 1, 2, 5])   ──── リストからソート済みの配列を作る関数です
>>> a
array([1, 2, 3, 4, 5, 6, 9])   ──── ソート済みの配列が作られます
```

sort()関数には配列を引数として渡すこともできることから、既存の配列からも降順にソートした配列を作ることができます。並びを降順にするには、ソートした配列をスライスして逆順に並べ替えます。

Pythonインタプリタ 降順にソート済みの配列を作る
```
>>> a = np.array([3, 1, 4, 1, 5, 9, 2, 6, 5, 3, 5, 8, 9, 7, 9, 3])
>>> a_descend = np.sort(a)[::-1]    # ソートした後で逆順にスライスする
>>> a_descend
array([9, 9, 9, 8, 7, 6, 5, 5, 5, 4, 3, 3, 3, 2, 1, 1])
```

Section 15-3
配列の演算

NumPyの配列の演算はブロードキャストと呼ばれる機能により、行列に数値演算を行ったり、形状の異なる行列同士を演算したりできます。標準のリストにはない優れた機能が多くあることから、行列を多用する科学計算などで重宝される理由がわかります。

配列の演算

要素が数値の配列のとき、すべての要素に対するブロードキャスト（broadcast）という機能によって四則演算が簡単に行えます。また、配列の値の合計、最大値、最小値も手軽に求めることができます。

▶ 四則演算

次の例に示すように、数値が入った配列に数値を足すとすべての要素に値が加算されます。次のように2×2の配列Aがあるとき、A + 5を実行するとAのすべての要素に5が加算された配列が返ります。

Pythonインタプリタ　配列のすべての要素に5を足す

```
>>> import numpy as np
>>> A = np.array([10, 20, 30, 40]).reshape(2, 2)
>>> print(A)
[[10 20]
 [30 40]]
>>> B = A + 5          配列に5を足します
>>> print(B)
[[15 25]          すべての要素に5が加算されました
 [35 45]]
```

引き算、掛け算、割り算も同様に計算できます。リストではこのように簡単には行えません。

Pythonインタプリタ　配列に対して引き算、掛け算、割り算を行う

```
>>> print(A)
[[10 20]
 [30 40]]
>>> A - 5          配列のすべての要素から5を引きます
array([[ 5, 15],
       [25, 35]])
>>> A * 2          配列のすべての要素に5を掛けます
array([[20, 40],
       [60, 80]])
>>> A / 2          配列のすべての要素を2で割ります
array([[ 5.,  10.],
       [ 15.,  20.]])
```

▶ 2次元ベクトルへの応用

行列の四則演算を利用する例として平面幾何の2次元ベクトルで考えてみましょう。始点p0(1, 1)、終点p1(6, 4)のp0→p1のベクトルaがあるとします。

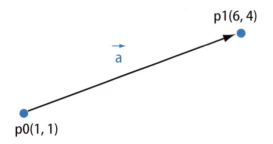

p0、p1を配列にするとベクトルaを表す行列Aをp1 - p0の式で求めることができます。

Python インタプリタ ベクトルaを行列Aで表す

```
>>> p0 = np.array((1, 1))   ──── 点p0の座標
>>> p1 = np.array((6, 4))   ──── 点p1の座標
>>> A = p1 - p0   ──── ベクトルaを示す配列になります
>>> A
array([5, 3])
```

ベクトルの長さ（絶対値）はnumpy.linalg.norm()という関数で簡単に求めることができるので、ベクトルaの長さは次のコードで求めることができます。

Python インタプリタ ベクトルaの長さ

```
>>> a_norm = np.linalg.norm(A)   ──── ベクトルの長さを求めます
>>> a_norm
5.8309518948453007
```

ベクトルaの2倍の長さのベクトルは配列Aを2倍にすればよいので、A*2で求めることができます。長さが2倍になっているかどうかをnorm()関数で確認してみましょう。

Python インタプリタ ベクトルaの2倍の長さのベクトル

```
>>> A2 = A*2   ──── ベクトルaの長さを2倍する
>>> A2
array([10, 6])   ──── ベクトルaを2倍にしたベクトルA2の値
>>> a2_norm = np.linalg.norm(A*2)
>>> a2_norm
11.661903789690601   ──── ベクトルaの2倍の長さになっています
```

配列の演算 | Section 15-3

▶合計、最大値、最小値、平均値

合計はsum()で求めます。sum()のように引数を指定しなければ配列の要素すべての合計、sum(0)ならば各列の合計の配列、sum(1)ならば各行の合計の配列のように結果が返ります。なお、sum(0)はsum(axis=0)、sum(1)はsum(axis=1)を省略した書き方です。

Pythonインタプリタ 配列の要素を合計する

```
>>> A = np.array([56, 45, 83, 67, 59, 41]).reshape(2, 3)
>>> print(A)
[[56 45 83]
 [67 59 41]]
>>> A.sum()        # 全体の合計
351
>>> A.sum(0)       # 各列の合計
array([123, 104, 124])
>>> A.sum(1)       # 各行の合計
array([184, 167])
```

同様に最大値はmax()、最小値はmin()、平均値はmean()で求めることができます。

Pythonインタプリタ 配列の最大値、最小値を求める

```
>>> A.max()        # 全体の最大値
83
>>> A.max(0)       # 各列の最大値
array([67, 59, 83])
>>> A.max(1)       # 各行の最大値
array([83, 67])
>>> A.min()        # 全体の最小値
41
>>> A.min(0)       # 各列の最小値
array([56, 45, 41])
>>> A.min(1)       # 各行の最小値
array([45, 41])
>>> A.mean()       # 全体の平均
58.5
>>> A.mean(0)      # 各行の平均値
array([ 61.5,  52. ,  62. ])
>>> A.mean(1)      # 各列の平均値
array([ 61.33333333,  55.66666667])
```

なお、ここでは配列のメソッドを使って計算しましたが、numpyにも同名の関数があります。関数を使う場合には、np.sum(A)やnp.max(A, 1)のように実行します。

Pythonインタプリタ numpyの関数を使う場合の書き方

```
>>> np.sum(A)        # Aの合計値
351
>>> np.max(A,1)      # Aの各行の最大値
array([83, 67])
```

▶標準偏差、偏差値

配列の要素の標準偏差は std() で求めることができます。この関数を利用して学年テストの標準偏差と偏差値を計算してみましょう。偏差値が意味のある結果になるのはデータが正規分布に近い場合なので、正規分布の乱数を作る関数を利用して 200 人分のデータを用意しておきます（☞ P.377）。

正規分布の乱数は random.randn() でつくることができます。次のコードでは 200 人分の得点のサンプルデータを random.randn() で作り、平均点と標準偏差を求めます。そして、キーボードから入力した得点の偏差値を計算して合わせて表示します。得点の偏差値は「10×(個の得点 - 平均点)/標準偏差 + 50」の式で計算します。

File 200 人分のデータの標準偏差と入力した得点の偏差値を求める

«file» std_randn.py

```python
import numpy as np
sigma = 3.5    # 分散
mu = 65        # 平均
# 点数のサンプルデータ（正規分布の乱数で作成する）
data = sigma * np.random.randn(200) + mu    # 点数が 200 個入った配列
x = float(input("得点は？:"))    # キーボードから得点を入力する
t_score = 10*(x - data.mean())/data.std() + 50    # 偏差値
print("平均点:", round(data.mean(),1))
print("標準偏差:", round(data.std(), 1))    # 標準偏差
print("偏差値:", round(t_score, 1))    # 小数点以下 1 位まで
```

では、コードを実行してみましょう。「得点は？:」と表示されるので、偏差値を調べたい点数を入力します。次の例では 62 と入力しています。偏差値は 41.8 になりました。

【実行】std_randn.py を実行し、62 点の偏差値を求める

```
$ python std_randn.py
得点は？:62    質問に回答します
平均点:65.0
標準偏差:3.6
偏差値:41.8
```

行列の比較演算

比較演算は個々の要素に対して演算が行われます。たとえば、行列 A に対して A>5 を実行すると 5 より大きな値が入っている位置を調べることができます。

Python インタプリタ 5 より大きい要素が入っている位置を調べる

```
>>> A = np.array([4, 6, 3, 1, 7, 3])
>>> B = (A>5)    # 5 より大きい要素が入っている位置を True にする
>>> print(B)
[False  True False False  True False]
```

行列同士の四則演算

　同じ行列数の配列同士の四則演算は、各要素同士の演算になります。次の例を見ると配列AとBの同じ位置にある要素同士を足した要素の配列Cが作られています。

Python インタプリタ　同じ行列数の配列の足し算

```
>>> A = np.array([1, 2, 3, 4]).reshape(2, 2)
>>> print(A)
[[1 2]
 [3 4]]
>>> B = np.array([10, 20, 30, 40]).reshape(2, 2)
>>> print(B)
[[10 20]
 [30 40]]
>>> C = A + B         # 同じ行列数の配列の足し算
>>> print(C)
[[11 22]
 [33 44]]
```

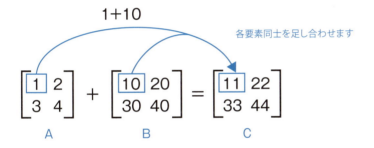

　掛け算、割り算を行った場合も同じ位置にある要素同士の掛け算、割り算になります。

Python インタプリタ　同じ行列数の配列の掛け算、割り算

```
>>> D = A * B         ── 要素同士の掛け算をします
>>> E = A / B         ── 要素同士の割り算をします
>>> print(D)
[[ 10  40]
 [ 90 160]]
>>> print(E)
[[ 0.1  0.1]
 [ 0.1  0.1]]
```

▶ベクトルの足し算と引き算

行列同士の演算を平面幾何の2次元ベクトルで使ってみましょう。まず、ベクトルaとベクトルbを足し合わせたベクトルcを求めます。図にすると次のようになります。

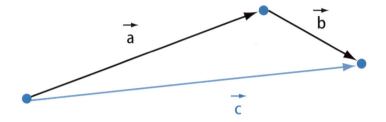

ベクトルa、bをそれぞれ配列A、Bにするとベクトルcの配列CはA + Bで求めることができます。次の例ではベクトルa は array([5, 3])、ベクトルb は array([4, -2]) にしています。

```
>>> A = np.array([5, 3])
>>> B = np.array([4, -2])
>>> C = A + B        ――― 配列をベクトルとして足し算を行います
>>> C
array([9, 1])
```

ベクトルaからベクトルbを引いたベクトルcを図にすると次の2通りの描き方があります。ベクトルは向きと大きさ（長さ）だけをもつものなので、ベクトルcはどちらも同じです。aに(-b)を足すと考えると左の図になります。

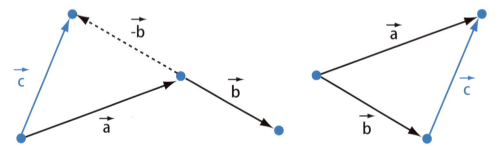

これを配列で計算するとベクトルcの配列CはA - Bで求めることができます。

```
>>> C = A - B
>>> C
array([1, 5])
```

行列数が異なる配列の四則演算（ブロードキャスト）

　行列数が異なる配列同士の演算では足りない行や列の値を補うブロードキャストが行われます。2×2の配列Aに対して1×2の配列Bを足した場合、Bの2行目が同じ値で補われて2×2同士の足し算になります。つまり、Aの各行に[100, 200]を足し合わせた結果になります。

Python インタプリタ　行数が足りない配列を足す

```
>>> A = np.array([1, 2, 3, 4]).reshape(2, 2)
>>> print(A)
[[1 2]
 [3 4]]         ── 2行2列の配列
>>> B = np.array([100, 200])
>>> print(B)
[100 200] ──── 1行2列の配列
>>> C = A + B    # 行数が足りない配列を足す
>>> print(C)
[[101 202]
 [103 204]]
```

$$\underset{A}{\begin{bmatrix} 1 & 2 \\ 3 & 4 \end{bmatrix}} + \underset{B}{\begin{bmatrix} 100 & 200 \\ \underline{100} & \underline{200} \end{bmatrix}} = \underset{C}{\begin{bmatrix} 101 & 202 \\ 103 & 204 \end{bmatrix}}$$

演算するために足りない行の値が補われます

　列数が足りない配列を足した場合も同様に足りない列が自動的に補われて演算されます。次の例では配列Bは1列しかありませんが、行列Aに合わせて1列目と同じ値で2列と3列が補われます。つまり、Aの1行目の要素には10、2行目の要素には20を足した値になります。

Python インタプリタ　列数が足りない配列を足す

```
>>> A = np.array([1, 2, 3, 4, 5, 6]).reshape(2,3)
>>> print(A)
[[1 2 3]
 [4 5 6]]       ── 配列Aは2行3列
>>> B = np.array([10, 20]).reshape(2,1)
>>> print(B)
[[10]
 [20]]          ── 配列Bは2行1列
>>> C = A + B    # 列数が足りない配列を足す
>>> print(C)
[[11 12 13]
 [24 25 26]]         ── Bの足りない列を補って計算しています
```

$$\begin{matrix} A & & B & & C \\ \begin{bmatrix} 1 & 2 & 3 \\ 4 & 5 & 6 \end{bmatrix} & + & \begin{bmatrix} 10 & 10 & 10 \\ 20 & 20 & 20 \end{bmatrix} & = & \begin{bmatrix} 11 & 12 & 13 \\ 24 & 25 & 26 \end{bmatrix} \end{matrix}$$

演算するために足りない列の値が補われます

ただし、ブロードキャストがうまくいくのは配列Bが1×1の場合、Bの行数、列数のどちらかがAと同じ場合です。

行列の内積と外積

配列を使った行列の内積はdot()関数で計算します。2×2の行列同士の内積は次の図に示すように計算します。内積を行うには、配列Aの列数と配列Bの行数が等しくなければなりません。

$$\begin{matrix} A & & B & & C \\ \begin{bmatrix} a & b \\ c & d \end{bmatrix} & & \begin{bmatrix} e & f \\ g & h \end{bmatrix} & = & \begin{bmatrix} (a \times e + b \times g) & (a \times f + b \times h) \\ (c \times e + d \times g) & (c \times f + d \times h) \end{bmatrix} \end{matrix}$$

具体的には次のように内積を計算します。

Python インタプリタ 行列の内積

```
>>> A = np.array([[1, 2],[3, 4]])
>>> B = np.array([[5, 6],[7, 8]])
>>> C = np.dot(A, B)         ——— 行列A、Bの内積を計算します
>>> print(C)
[[19 22]
 [43 50]]
```

$$\begin{matrix} A & B & np.dot(A,B) & & C \\ \begin{bmatrix} 1 & 2 \\ 3 & 4 \end{bmatrix} & \begin{bmatrix} 5 & 6 \\ 7 & 8 \end{bmatrix} & = \begin{bmatrix} (1 \times 5 + 2 \times 7) & (1 \times 6 + 2 \times 8) \\ (3 \times 5 + 4 \times 7) & (3 \times 6 + 4 \times 8) \end{bmatrix} & = & \begin{bmatrix} 19 & 22 \\ 43 & 50 \end{bmatrix} \end{matrix}$$

内積

▶ 仕事を計算する

物体に力をベクトルFをかけてベクトルSだけ動かしたときの仕事WはFとSのベクトルの内積dot(F, S)を使って計算できます。

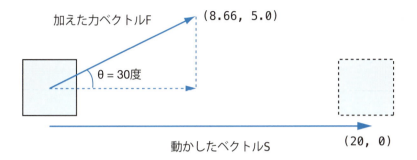

```
Pythonインタプリタ  仕事を内積dot()で計算する
>>> F = np.array([8.66, 5.0])    # ベクトルF
>>> S = np.array([20, 0])        # ベクトルS
>>> W = np.dot(F, S)             # 仕事（内積）を求める
>>> W
173.19999999999999
```

この結果が合っているかどうかを、仕事を求める式の「距離×力」、つまり|S||F|cos(θ)で計算してみます。なお、|S|はベクトルSの長さ、|F|はベクトルFの長さです。θはFとSがなす角度で30度です。この式に基づいて計算するコードは次のとおりです。誤差がありますが、計算は合っているのが確かめられました。

```
Pythonインタプリタ  dot()の結果を検算する
>>> f = np.linalg.norm(F)    # ベクトルFの長さ
>>> s = np.linalg.norm(S)    # ベクトルSの長さ
>>> rad = np.radians(30)     # 30度をラジアンに換算
>>> w = f*s*np.cos(rad)      # 仕事を計算する
>>> w
173.20127020319453
```

▶ 3次元ベクトルの外積

3次元ベクトル（3次元配列）の外積はcross()で求めることができます。次のようにベクトルa、bがあるとき、外積のベクトルcの長さはaとbが作る平方四辺形の面積に等しく、その向きはベクトルa、bが作る平面に対して直交するベクトルすなわち法線ベクトルです。なお、ab面に直交するベクトルは2方向有りますが、右手系（右手の親指a、人差し指b、中指c）のベクトルです。

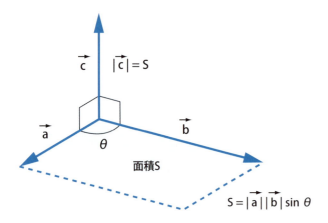

Python インタプリタ 3次元ベクトルa、bの外積となるベクトルcを求める

```
>>> a = np.array([1, 2, 0])
>>> b = np.array([0, 1, -1])
>>> c = np.cross(a, b)    # 外積
>>> c
array([-2,  1,  1])
```

配列を扱える数学関数

　NumPyの数学関数は配列やリストを扱うことができます。たとえば、mathモジュールにsin()、cos()といった三角関数がありますが、numpyモジュールにも同名の三角関数があります。しかし、math.sin()が計算できる数値は同時に1個だけで、リストに入った数値を一度に計算することはできません。その点、numpy.sin()は引数がリストや配列だったとき、その値をすべて計算できます。

　たとえば、次の例に示すように数値が入ったリストdataがあるとき、math.sin(data)はエラーになります。しかし、np.sin(data)ならば要素を個別にsin()で計算した結果を配列で返します。

Python インタプリタ math.sin()とnumpy.sin()の違い

```
>>> import math
>>> import numpy as np
>>> data = [0.0, 0.28, 0.57, 0.85, 1.14, 1.42, 1.71, 1.99, 2.28, 2.57, 2.85, 3.14]
>>> math.sin(data)          ── mathのsin()はリストの値を一度に計算できません
Traceback (most recent call last):
  File "<stdin>", line 1, in <module>
TypeError: must be real number, not list
>>> np.sin(data)            ── numpyのsin()はリストの値を一度に計算できます
array([ 0.        ,  0.27635565,  0.53963205,  0.75128041,  0.9086335 ,
        0.98865176,  0.9903268 ,  0.91341336,  0.75888071,  0.54097222,
        0.28747801,  0.00159265])
```

配列の演算 Section 15-3

次の例では配列Xに$-\pi \sim \pi$を180分割した値をlinspace()を使って作り、配列Yにそのsin()の値をnp.sin(X)で計算して入れています。そして、XとYに入った座標を前節で解説したmatplotlib.pyplotのplot()を使ってグラフに描いています。このようにplot()はリストと同じように配列も引数にとることができます（☞ P.321）。なお、linespace()は指定した区間を等分割した配列を作る関数です（☞ P.374）。

Python インタプリタ 配列の値でSinグラフを描く

```
>>> import matplotlib.pyplot as plt
>>> X = np.linspace(-np.pi, np.pi, 180)
>>> Y = np.sin(X)
>>> plt.plot(X, Y)      # グラフを作図する
>>> plt.show()
```

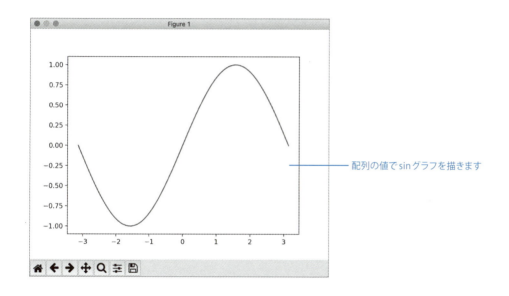

配列の値でsinグラフを描きます

Section 15-4

効率よく配列を作る

行列演算で利用するゼロ行列、単位行列のほか、乱数の配列などテスト用の配列を効率よく作るメソッドが多数用意されています。最後にその中からいくつかを紹介します。

範囲から配列を作る

arange()は組み込み関数のrange()に相当します。range()と同様にarange(開始値, 終了値, ステップ)の指定ができ、例題などでよく利用する連続番号の数値を要素とした配列を簡単に作ることができます。

> **書式** 範囲から配列を作る
> **numpy.arange(**start, stop, step, **dtype=**None**)**

引数のうち省略できないのはstopだけで、startを省略すると0、stepを省略すると1になります。dtypeは数値の型を指定しますが、省略するとstart、stop、stepに合わせて型が選ばれます。

まず、arange(10)のように引数を1個だけ指定した場合を試してみましょう。これはarange(0, 10, 1)を省略したことになり、0から9までの数値の配列を作ります。

> **Pythonインタプリタ** 0～9の配列を作る
```
>>> import numpy as np
>>> np.arange(10)
array([0, 1, 2, 3, 4, 5, 6, 7, 8, 9])
```

次の例ではreshape()と組み合わせてn行m列の配列を作っています。

> **Pythonインタプリタ** n×mの配列を作る
```
>>> n = 3     # n行
>>> m = 4     # m列
>>> np.arange(n*m).reshape(n, m)    ——— 0～11の数値から3行4列の配列を作ります
array([[ 0,  1,  2,  3],
       [ 4,  5,  6,  7],
       [ 8,  9, 10, 11]])
```

次の例では開始値、終了値、ステップを指定して10以上、20未満の偶数を順に配置した配列を作っています。

> **Pythonインタプリタ** 10以上、20未満の偶数の配列
```
>>> np.arange(10, 20, 2)    ——— 10から2ずつ増えるので偶数の配列になります
array([10, 12, 14, 16, 18])
```

効率よく配列を作る　Section 15-4

　次のコードは開始値を省略して、終了値とステップを指定した例です。step = 0.5の浮動小数点なので、すべての値がnumpy.float64になります。

Python インタプリタ　開始値は省略し、0.5刻みのステップを指定する
```
>>> np.arange(10, step = 0.5)
array([ 0. ,  0.5,  1. ,  1.5,  2. ,  2.5,  3. ,  3.5,  4. ,  4.5,  5. ,
        5.5,  6. ,  6.5,  7. ,  7.5,  8. ,  8.5,  9. ,  9.5])
```

> **ⓘ MEMO**
>
> **行列同士を比較する**
> 行列同士の論理演算も各要素同士の演算になります。たとえば、次のように行列AとBを比較すると各要素の値が同じかどうかを調べることができます。(A == B)を実行すると要素が同じ位置にTrue、違う位置にFalseが入った行列が作られます。
>
> **Python インタプリタ**　行列A、Bの要素が同じかどうかを比較する
> ```
> >>> A = np.array([1, 2, 3, 4, 5, 6]).reshape(2, 3)    ── 2行3列の配列を作ります
> >>> B = np.array([1, 2, 9, 4, 8, 6]).reshape(2, 3)
> >>> print(A)
> [[1 2 3]
>  [4 5 6]]
> >>> print(B)
> [[1 2 9]
>  [4 8 6]]
> >>> C = (A == B)         # AとBを比較した結果の配列Cを作ります
> >>> print(C)
> [[ True  True False]
>  [ True False  True]]    ── A、Bの要素を比較し、同じ位置はTrue、異なる位置にはFalseが入ります
> ```
>
> True、Falseを数値として扱うと0、1なので、numpyのsum()メソッドを使ってTrueの個数を数えることができます。(A != B).sum()ならば、AとBで要素が異なる数を数えます。次のA、Bでは値が違うところが2箇所あることがわかります。
>
> **Python インタプリタ**　行列A、Bを比較して要素が異なる個数を数える
> ```
> >>> A = np.array([1, 2, 3, 4, 5, 6]).reshape(2, 3)
> >>> B = np.array([1, 2, 9, 4, 8, 6]).reshape(2, 3)
> >>> n = (A != B).sum()        # 要素が異なる数を数える
> >>> print(n)
> 2
> ```

範囲を等分割した値の配列を作る

ある範囲を16分割したいといった場合に、arange()では分割の間隔がわかっていなければなりませんが、linspace()ならば分割数を指定すれば間隔は自動的に計算されます。

linspace()は値の範囲の開始値start、終了値stop、分割数numを指定すると開始と終了の範囲をnum分割した値の配列を作ります。endpoint = Falseにするとstopを含みません。また、retstep = Trueにするとステップ間隔を返します。

> **書式** 範囲を等分割した値の配列を作る
>
> **numpy.linspace(**start, stop, **num=**50, **endpoint=**True, **retstep=**False, **dtype=**None**)**

たとえば、次の例では0～120を16分割した配列を作ります。初期値のendpoint=Trueで計算すると両端の値も入ります。

> **Pythonインタプリタ** 0～120を16分割した配列を作る

```
>>> np.linspace(0, 120, 16)
array([  0.,   8.,  16.,  24.,  32.,  40.,  48.,  56.,  64.,
        72.,  80.,  88.,  96., 104., 112., 120.])
```

初期化していない行列を作る

empty()は要素を初期化していない行列を高速に作る関数です。初期化しない行列を作っていること示す目的でも利用します。第1引数で行列の大きさを(行数, 列数)、第2引数で要素の型を指定できます。次のコードは値がint型で3行2列の行列を作ります。埋まる値は乱数です。

> **Pythonインタプリタ** 値がint型で3行2列の行列を作る

```
>>> Data = np.empty((3, 2), dtype=int)
>>> Data
array([[ 7935409752710078788,  2916490259919613552],
       [ 2318273203453834024,  7955957722614690916],
       [-2305843009213027980, -2305843009213693952]])
```

単位行列を作る

単位行列はidentity()またはeye()で作ることができます。単位行列とは次に示すように右下がりの対角要素が1で残りが0の正方行列（行と列の数が等しい行列）です。引数で行列のサイズを指定します。次の例は、4行4列の単位行列を作ります。

効率よく配列を作る　Section 15-4

> **Python インタプリタ**　4行4列の単位行列を作る

```
>>> E = np.identity(4)
>>> print(E)
[[ 1. 0. 0. 0.]
 [ 0. 1. 0. 0.]  ──── 対角要素がすべて1の配列が作られます
 [ 0. 0. 1. 0.]
 [ 0. 0. 0. 1.]]
```

> **Python インタプリタ**　eye()を使って単位行列を作る

```
>>> E = np.eye(3)
>>> print(E)
[[ 1. 0. 0.]
 [ 0. 1. 0.]
 [ 0. 0. 1.]]
```

整数値の単位行列を作りたい場合には、identity()を使用し、第2引数でdtype=intを指定します。

> **Python インタプリタ**　整数値の単位行列を作る

```
>>> E = np.identity(3, dtype=int)
>>> print(E)
[[1 0 0]
 [0 1 0]  ──── 整数の単位行列になります
 [0 0 1]]
```

0または1で埋まった配列を作る

ゼロ行列はzeros()でも作れます。引数で0の個数を指定し、第2引数でdtype=intを指定すれば整数値になります。第1引数を(行数, 列数)のように与えると多次元配列になります。

> **Python インタプリタ**　0が10個埋まった配列を作る

```
>>> ZERO = np.zeros(9, dtype=int)
>>> ZERO
array([0, 0, 0, 0, 0, 0, 0, 0, 0])
```

同様に1で埋まった配列をones()で作ることができます。

> **Python インタプリタ**　1が10個埋まった配列を作る

```
>>> ONE = np.ones(10)
>>> ONE
array([ 1., 1., 1., 1., 1., 1., 1., 1., 1., 1.])
```

次の例ではすべてが整数1の2行3列の配列を作っています。

> **Python インタプリタ** すべてが整数1の2行3列の配列を作る

```
>>> ONE = np.ones((2, 3), dtype=int)
                    └─ 作成する配列のサイズ
>>> ONE
array([[1, 1, 1],
       [1, 1, 1]])
```

要素を繰り返す

ある要素の並びを繰り返した配列を作りたい場合はrepeat()を利用します。まず繰り返したい要素の配列を作っておき、その配列をrepeat()で繰り返します。

> **Python インタプリタ** 要素を3回ずつ繰り返した配列を作る

```
>>> data = np.array([1, 2, 3])
>>> data.repeat(3) ──── 各要素を3回ずつ繰り返します
array([1, 1, 1, 2, 2, 2, 3, 3, 3]) ──── [1, 2, 3, 1, 2, 3, 1, 2, 3]とはなりません
```

次の例ではreshape()を活用して、同じ値の行を作っています。

> **Python インタプリタ** 各行の値が同じ配列を作る

```
>>> data = np.array([1, 2, 3])
>>> data.repeat(3).reshape(3, 3)
array([[1, 1, 1],
       [2, 2, 2],
       [3, 3, 3]])
```

repeat()の第2引数でaxis=0を指定すると行の要素を繰り返し、axis=1を指定すると列の要素を繰り返します。初期値では列の要素を繰り返しています。

> **Python インタプリタ** 繰り返す方向を指定した例

```
>>> data = np.arange(6).reshape(2, 3)
>>> data
array([[0, 1, 2],
       [3, 4, 5]])
>>> data.repeat(2, axis=0)    # 行を2回繰り返す
array([[0, 1, 2],
       [0, 1, 2], ──── 行を繰り返します
       [3, 4, 5],
       [3, 4, 5]])
>>> data.repeat(2, axis=1)    # 列を2回繰り返す
array([[0, 0, 1, 1, 2, 2],
       [3, 3, 4, 4, 5, 5]])
        └─ 列を繰り返します
```

乱数の配列を作る

乱数の配列はrandom.rand()で作ることができます。引数で与えた個数の乱数（0.0〜1.0）が生成されます。次のコードでは乱数の配列X、Yを作り、前節で説明したmatplotlib.pyplotモジュールを利用して散布図で表示しています。（☞ P.329）

File 乱数の配列を散布図で表示する

«file» pyplot_rand.py

```
import matplotlib.pyplot as plt
import numpy as np
X = np.random.rand(100)      # 乱数の配列を作る
Y = np.random.rand(100)      # 乱数の配列を作る
plt.scatter(X, Y)            # グラフを描く
plt.show()                   # 表示する
```

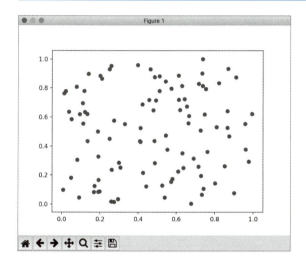

NumPyには乱数の配列を作るメソッドが使用する分布関数によって数種類が用意されています。たとえば、正規分布の乱数はrandom.randn()、random.binomial()は二項分布、random.poisson()はポアソン分布から乱数を作ります。

正規分布のrandn()の引数には乱数の個数を入れます。多次元配列にしたい場合は行列サイズを入れます。次の例では正規分布の2×3の配列を作っています。

Python インタプリタ 正規分布の乱数

```
>>> sigma = 2.5    # 分散
>>> mu = 50        # 平均
>>> data = sigma * np.random.randn(2, 3) + mu     ── 正規分布の乱数
>>> data
array([[ 51.4707051 ,  51.23454256,  50.9649874 ],
       [ 52.01890519,  51.6713482 ,  48.55149492]])
```

次は二項分布の乱数です。引数のnは試行回数、pは確率です。sizeを省略すると乱数が1個返ります。

Pythonインタプリタ 二項分布の乱数
```
>>> np.random.binomial(n=100, p=0.1, size=(2, 3))
array([[12, 18, 10],
       [15, 13,  5]])
```

次はポアソン分布の乱数です。引数のlamは平均値（中央値）、sizeは作成する行列サイズか個数を指定します。

Pythonインタプリタ ポアソン分布の乱数
```
>>> np.random.poisson(lam=10, size=(10))
array([18,  6, 10, 14,  7, 10,  9, 14,  4, 16])
```

では、平均値50、1000個のポアソン分布をヒストグラムで表示してみましょう。ヒストグラムはmatplotlib.pyplotモジュールのhist()で作ることができます。引数のbinsは値をまとめるビンの個数（表示する棒の数。階級数）です。戻り値のbins_edgesは各ビンの左辺の値で、最後は右端のビンの右辺の値です。countは各ビンに入っている個数です。

File ポアソン分布をヒストグラムで表示する

«file» poisson_histgram.py
```python
import numpy as np
import matplotlib.pyplot as plt
# ポアソン分布（平均50、1000個）
data = np.random.poisson(lam=50, size=1000)
count, bins_edges, patches = plt.hist(data, bins = 100)    # ヒストグラム
plt.grid()
plt.show()
```

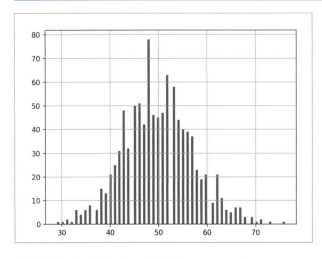

同じ乱数を再現する

同じ乱数を使って繰り返しテストしたい場合があります。そのような場合には乱数を発生させる前に、random.seed(数値)で同じランダムシードを設定します。引数で同じ数値を使えば同じ乱数が発生します。

Pythonインタプリタ 同じランダムシードで同じ乱数を作る

```
>>> np.random.seed(10)          # ランダムシードを設定する
>>> np.random.randn(3)          # 乱数を発生
array([ 1.3315865 ,  0.71527897, -1.54540029])
>>> np.random.seed(10)          # 同じランダムシードを設定する ── seed(10)の同じ乱数が作られます
>>> np.random.randn(3)          # 同じ乱数が作られる
array([ 1.3315865 ,  0.71527897, -1.54540029])
```

要素をシャッフルする

random.shuffle()関数を使うと配列の要素をシャッフルできます。引数で与えた配列の要素を直接並び替えるので注意してください。

Pythonインタプリタ 配列の要素の並びをシャッフルする

```
>>> data = np.arange(9).reshape(3, 3)    ── 0～8の配列を作ります
>>> np.random.shuffle(data)
>>> data
array([[6, 7, 8],
       [0, 1, 2],          ── 並びがシャッフルされました
       [3, 4, 5]])
```

csvファイルから読み込む

NumPyにはテキストファイルを読み込んで配列を作るloadtxt()があります。区切り文字の初期値は空白ですが delimiter = "," を指定すればcsvファイルを読み込めます。配列は要素の型を混在できないので、例のように1行目に文字列のヘッダ行がある場合はskiprows=1で読み込まないように指定します。

●読み込むcsvファイル（data.csv）

```
A,B,C,D          ── ヘッダ行があります
10,8,12,13
9,6,3,8
8,10,41,26
```

data.csvを読み込むコードは次のとおりです。dataには3行4列の配列で入ります。

> **Python インタプリタ**　data.csv を読み込んで配列を作る

```
>>> import numpy as np
>>> data = np.loadtxt("data.csv", delimiter=",", skiprows=1)
>>> data
array([[ 10.,   8.,  12.,  13.],
       [  9.,   6.,   3.,   8.],
       [  8.,  10.,  41.,  26.]])
```

- `skiprows=1` → 1行目を読み込みません
- `delimiter=","` → カンマ区切りを読み込みます

▶ pandas モジュールを利用する

　ヘッダ行も読み込みたい場合には pandas モジュールを利用すると簡単です。pandas モジュールは Anaconda に含まれています。pandas モジュールの read_csv() で読み込んだデータ df は DataFrame 型になり、ヘッダ行は df.columns.values、ヘッダ行を除いたデータ部分は df.values で取り出せます。

> **Python インタプリタ**　pandas モジュールを使って CSV ファイルを読み込む

```
>>> import pandas as pd            ── pandas モジュール
>>> df = pd.read_csv("data.csv")   # CSV ファイルを読み込む
>>> header = df.columns.values     ── ヘッダ行
>>> data = df.values               ── データ部分
>>> header
array(['A', 'B', 'C', 'D'], dtype=object)
>>> data
array([[10,  8, 12, 13],
       [ 9,  6,  3,  8],
       [ 8, 10, 41, 26]])
```

Part 3　応用：科学から機械学習まで

Chapter 16

機械学習を試そう

本書の最後のまとめとして、Python を使った機械学習（マシーンラーニング）をとりあげます。初心者のために用意されているいくつかの代表的な学習データの中から、1. 手書き数字のデータセット、2. アヤメの花びら計測値のデータセット、3. ボストン市の住宅価格のデータセットを使って機械学習プログラムを試します。本格的な機械学習プログラミングを学ぶ前の入門として、機械学習の概要と手順を説明します。

Section 16-1　機械学習入門
Section 16-2　手書き数字を分類する
Section 16-3　3 種類のアヤメを分類する
Section 16-4　ボストンの住宅価格を分析する

Chapter 16　機械学習を試そう

Section 16-1
機械学習入門

機械学習の概要を知らずに機械学習のコードを見ると、コードは読めてもそれがいったい何を行っているのかを理解できません。この節では機械学習のプログラミングを始めるにあたって、機械学習の種類や手順などの概要を説明します。

機械学習の概要

現在、人工知能AIはさまざまな場面で活用されています。メールのスパム判定、画像の顔認識、iPhoneのSiriやGoogle Assistant、MicrosoftのCortanaといった音声アシスタント、車の自動運転、ロボット制御、医療、農業など、AIは確実に身近なものになりつつあります。AIは膨大なデータやセンサー技術などが組み合わさって実現されますが、その根幹となる技術の1つが機械学習（Machine Learning）です。

機械学習は「教師あり学習」、「教師なし学習」、「強化学習」の3つに大きく分けることができます。

機械学習の方法

▶ 教師あり学習

　教師あり学習では、問題と解答が揃っているデータを使って学習を行います。たとえば、手書き文字を読めるAIを作るならば、手書き文字の画像とそれが何という文字かの正解のデータを使って学習を行います。教師あり学習は、画像データなどを分類／識別したり、株価や天気などを予想するといった目的に向いています。

▶ 教師なし学習

　教師なし学習では、対象となるデータだけがあってその解答である教師データがありません。いったいどのようなものかと言えば、多くのデータから何らかの特徴を抽出してグループ分け（クラスタリング）を行ったり、複雑なデータを単純化（次元削減）するといったことを行います。

▶ 強化学習

　強化学習では、動物にエサを与えて芸を仕込むように、よい結果には報酬があるアルゴリズムを使います。これにより、学習を重ねるごとに自然とよい結果を導き出すようになります。強化学習はロボットやゲームなどで採用されています。

教師あり学習の手順

次節以降では教師あり学習の機械学習プログラミングを行います。そこで、教師あり学習のプログラミングの概要を簡単に説明します。教師あり学習の機械学習プログラミングは、次のような手順で行います。

1 学習データを訓練データとテストデータに分ける

データの分類を行う機械学習プログラムでは、まず最初に学習データを訓練データとテストデータに分けておきます。

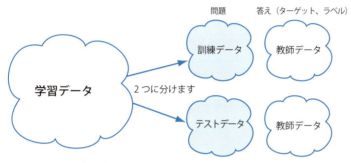

学習データを訓練データとテストデータに分けます。

2 訓練データと教師データで学習済みモデルを作る

次に訓練データを使って学習器で訓練した学習済みのモデル（分類器）を作ります。解答がわからなければ学習が進まないので、訓練データに対応する教師データ（ターゲット、ラベルと呼びます）も合わせて学習器に渡して学習を行います。

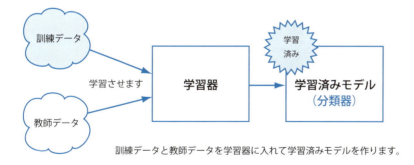

訓練データと教師データを学習器に入れて学習済みモデルを作ります。

3 学習済みモデルを使って、テストデータと教師データで性能を試す

学習済みモデルにテストデータと教師データを入れて分類などを行い、その結果を評価して性能を試します。性能がよくない場合は学習時のオプションを変更したり、学習器のアルゴリズムを交換して性能が高い学習モデルを作ります。

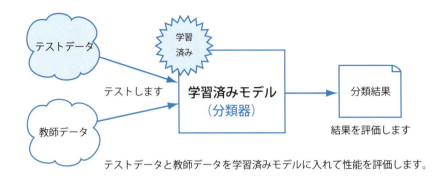

テストデータと教師データを学習済みモデルに入れて性能を評価します。

学習器のアルゴリズム

　機械学習プログラムでは、学習器のアルゴリズムに何を使うかが最大の課題になります。そうは言っても学習器のプログラムを書くには多くの経験と知識が必要です。しかし、うれしいことに高度なアルゴリズムのライブラリを無償または有償で利用することができます。

　本書では、Pythonで機械学習を学ぶ人が利用できるオープンソースのscikit-learn（サイキットラーン）のライブラリを使います。scikit-learnのライブラリはNumPy、SciPy、matplotlibといった外部ライブラリと組み合わせて使うことになりますが、scikit-learnも含めて必要なライブラリはAnacondaにすべて含まれています。Anacondaがインストールされていれば、すぐに機械学習プログラミングをはじめることができます。

●機械学習ライブラリ scikit-learn（サイキットラーン）
http://scikit-learn.org/stable/

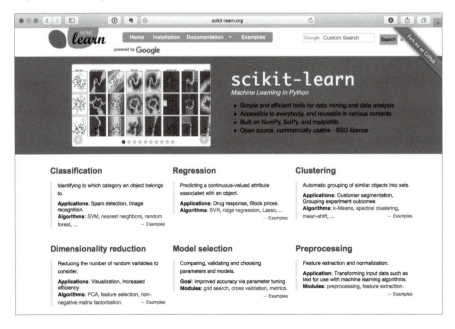

▶学習データセット

機械学習プログラミングを試すには、大量の学習データも必要です。学習データにも機械学習を学ぶ人のために、データを公開しているサイトがあります。

●scikit-learnの学習データセット
http://scikit-learn.org/stable/auto_examples/index.html

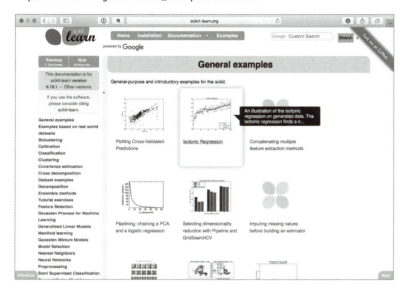

scikit-learnには教材としてのトイデータセット、ダミーの学習データを作るモジュールなどと合わせてサンプルコードがあります。

●UCI Machine Learning Repository
http://archive.ics.uci.edu/ml/index.html

さまざまな学習データが多数揃っており、新しいデータも追加されています。

Chapter 16　機械学習を試そう

●THE MNIST DATABASE
http://yann.lecun.com/exdb/mnist/

大量の手書き数字の学習データがあります。これを独自のアルゴリズムで分類した結果とアルゴリズムの解説が掲載されています。

Section 16-2
手書き数字を分類する

機械学習の最初の例として、手書き数字の画像データを学習し、画像から書いてある数字を判読するモデル（分類器）を作成する方法を説明します。scikit-learnのライブラリとデータセットを利用する方法は共通しているので、ここでその方法を覚えましょう。

データセットを読み込む

Pythonで機械学習の教材として広く利用されている機械学習ライブラリscikit-learnのトイデータセットにある手書き数字データセットを使って、0〜9の手書き文字データを学習し、手書き文字データから数字を判別し分類してみましょう。

▶手書き数字データセットを読み込む

scikit-learnにあるデータセットを読み込むには、まず、sklearnパッケージのdatasetsモジュールをインポートします。続いて利用する手書き数字データセットをload_digits()で読み込みます。

Pythonインタプリタ　手書き数字データセットを読み込む

```
>>> from sklearn import datasets        ── scikit-learnのデータセットを利用開始する
>>> digits = datasets.load_digits()     ── 手書き数字のデータセットを読み込む
```

> **❶ MEMO**
> **トイデータセット**
> scikit learnにはトイデータ（Toy datasets）というくくりで、サンプル数の少ないデータセットがいくつか用意されています。これらのデータセットはネットからダウンロードする必要がない状態で提供されます。データ数が少ないので、学習してよい結果を出したモデルであっても実社会で通用するとは限りません。

▶データセットの情報を調べる

読み込んだdigitsデータセットにどのようなものが含まれているかをdir(digits)で調べてみましょう。すると、次のように5種類のデータが入っていることがわかります。

Pythonインタプリタ　データセットに納められているものを調べる

```
>>> dir(digits)
['DESCR', 'data', 'images', 'target', 'target_names']
```

名前	データの内容
'DESCR'	データセットの説明文
'data'	画像データ（特徴量：訓練とテスト用のデータ）
'images'	画像データを8行8列にしたもの
'target'	画像データに対応する数字（ターゲット：教師と検証用のデータ）
'target_names'	targetデータの名前（書いた数字の種類）

DESCRには、このデータセットの説明文が入っています。print(digits.DESCR)で出力すると内容を読むことができます。

Pythonインタプリタ	digitsデータセットの説明文を読む

```
>>> print(digits.DESCR)
Optical Recognition of Handwritten Digits Data Set
===================================================

Notes
-----
Data Set Characteristics:
    :Number of Instances: 5620
    :Number of Attributes: 64
    :Attribute Information: 8x8 image of integer pixels in the range 0..16.
    :Missing Attribute Values: None
    :Creator: E. Alpaydin (alpaydin '@' boun.edu.tr)
    :Date: July; 1998

This is a copy of the test set of the UCI ML hand-written digits datasets
http://archive.ics.uci.edu/ml/datasets/Optical+Recognition+of+Handwritten+Digits

The data set contains images of hand-written digits: 10 classes where
each class refers to a digit.
```

▶ データの構造を調べる

データセットには画像データ（特徴量）とそれぞれの画像データの正解である数字がターゲット（教師データ）として入っています。画像データはdigits.data、これに対応する教師データはdigits.targetで取り出すことができます。

まず、データの構造をshapeで調べてみましょう。画像データdataは1797行64列、画像に対応するターゲットデータtargetは1次元配列で要素数が1797であることがわかります。

Pythonインタプリタ	データの構造を調べる

```
>>> digits.data.shape
(1797, 64)          1797×64の2次元配列
>>> digits.target.shape
(1797,)             要素が1797個の1次元配列
```

手書き数字データセットは手書き文字の画像ファイルではありません。DESCRのAttribute Informationに書いてあったように、画像データは8×8ピクセルの16階調のグレイスケール画像をピクセルごとに薄い～濃いを0～16の数値で表したデータです。

8×8ピクセルなので、1行64列でちょうど1文字分のデータになります。これが1797行あるので、このデータセットには1797文字分の画像データが入っているわけです。そして対応するターゲットデータを見れば、1文字目の画像データは「0」、2文字目は「1」、・・・・1797文字目は「8」のように正解の数字がわかります。

手書き数字を分類する | Section 16-2

▶ データの中身を見てみる

では実際にどのようなデータが入っているか見てみましょう。digits.dataを出力すると次のように表示されます。行数、列数ともに多いので途中が省略されて表示されます。

> **Python インタプリタ** 数字の画像データを確かめる

```
>>> digits.data
array([[  0.,   0.,   5., ...,   0.,   0.,   0.],
       [  0.,   0.,   0., ...,  10.,   0.,   0.],    ← 1行が1文字分（64ピクセル）のデータです
       [  0.,   0.,   0., ...,  16.,   9.,   0.],
       ...,
       [  0.,   0.,   1., ...,   6.,   0.,   0.],
       [  0.,   0.,   2., ...,  12.,   0.,   0.],
       [  0.,   0.,  10., ...,  12.,   1.,   0.]])
```

画像データに対応するターゲットdigits.targetも同様に出力してみましょう。

> **Python インタプリタ** 正解の数値が入ったターゲットデータを確かめる

```
>>> digits.target
array([0, 1, 2, ..., 8, 9, 8])    ← 画像データはこの数字と対応しています
```

▶ 数字を画像表示して確認する

最初の1文字目のデータを取り出してみましょう。1文字目の数字は次のデータです。このデータが手書きの0〜9のどれかを表しているわけです。

> **Python インタプリタ** 1文字目の画像データ

```
>>> digits.data[0]
array([  0.,   0.,   5.,  13.,   9.,   1.,   0.,   0.,   0.,  13.,
        15.,  10.,  15.,   5.,   0.,   0.,   3.,  15.,   2.,   0.,  11.,
         8.,   0.,   0.,   4.,  12.,   0.,   0.,   8.,   8.,   0.,   0.,
         5.,   8.,   0.,   0.,   9.,   8.,   0.,   0.,   4.,  11.,   0.,
         1.,  12.,   7.,   0.,   0.,   2.,  14.,   5.,  10.,  12.,   0.,
         0.,   0.,   0.,   6.,  13.,  10.,   0.,   0.,   0.])
```

これではわかりにくいので、digits.images[0]を見てみましょう。するとピクセルと同じ並びの8行8列になったデータを見ることができます。数字が大きいほど黒いグレイスケールなので（0が白、15が黒）、数字の並びを見るとどのような画像なのかだいたい想像できます。

Part 3 応用：科学から機械学習まで
Chapter 16 機械学習を試そう

Python インタプリタ　1文字目の画像データを8行8列で見てみる

```
>>> digits.images[0]        #1文字目の画像データ
array([[  0.,   0.,   5.,  13.,   9.,   1.,   0.,   0.],
       [  0.,   0.,  13.,  15.,  10.,  15.,   5.,   0.],
       [  0.,   3.,  15.,   2.,   0.,  11.,   8.,   0.],
       [  0.,   4.,  12.,   0.,   0.,   8.,   8.,   0.],
       [  0.,   5.,   8.,   0.,   0.,   9.,   8.,   0.],
       [  0.,   4.,  11.,   0.,   1.,  12.,   7.,   0.],
       [  0.,   2.,  14.,   5.,  10.,  12.,   0.,   0.],
       [  0.,   0.,   6.,  13.,  10.,   0.,   0.,   0.]])
```

　この行列データを使って、実際の画像に復元してみましょう。画像の描画にはグラフ作成で利用したmatplotlib.pyplotモジュールのmatshow()を使います。結果を見るとこの画像データが「0」の手書き文字らしいことがわかります。（cmap ☞ P.332）

Python インタプリタ　画像データから手書き文字を復元する

```
>>> import matplotlib.pyplot as plt
>>> plt.matshow(digits.images[0], cmap="Greys")
>>> plt.show()              1文字目のデータを画像にします
```

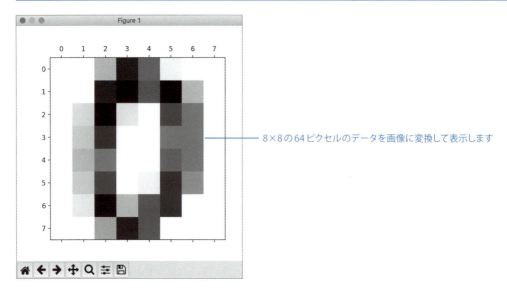

8×8の64ピクセルのデータを画像に変換して表示します

　本当に「0」を書いた手書き文字なのかどうかを対応するdigits.target[0]を調べてみましょう。すると確かに「0」を書いた文字だとわかりました。

Python インタプリタ　ターゲットデータで正解を調べてみる

```
>>> digits.target[0]        #1文字目のターゲットデータ
0                           1文字目の正解（教師データ）を取り出します
```
　正解は「0」でした

機械学習を行う

手書き数字データセットの中身がわかったところで、これを使って手書き数字を読めるようになるように機械学習を行っていきましょう。いまから行うことを簡単に整理すると次のようになります。いま、1の「データセットを読み込む」を行ったところです。

1. データセットを読み込む
2. 訓練データとテストデータを分ける
3. 学習器（識別器、分類器）を用意する
4. 訓練データと教師データを学習器にかけてモデルを作る
5. テストデータで結果を評価する

▶ 訓練データとテストデータを分ける

それでは訓練データとテストデータを用意しましょう。使う学習データは読み込んだデータセットだけなので、これを訓練データとテストデータに分けて使います。訓練データには文字画像データのX_trainと正解の教師データy_trainのペア、同様にテストデータは文字画像データのX_testと正解のy_testのペアを用意します。ここでは読み込んだデータセットの2/3を訓練データにし、残りをテストデータとして使います。

データの総数はlen(digits.data)なので、len(digits.data)*2//3が訓練データに割り当てる個数n_trainです。割り算では/3では割り切れないので整数になる演算子//を使います。訓練データに使う個数はn_trainなので、訓練データのX_trainはdata[:n_train]のようにスライスしてdataの前半2/3を取り出し、教師データのy_trainにはtarget[:n_train]のようにスライスしてtargetの前半2/3を取り出します。

同様にテストデータはdata[n_train:]でdataの後半の残りを取り出し、y_testにはtarget[n_train:]でtargetの後半の残りを取り出します。

Python インタプリタ　訓練データとテストデータを用意する

```
>>> n_train = len(digits.data)*2//3     # データの2/3の個数
>>> X_train = digits.data[:n_train]     # dataの前半2/3      ┐
>>> y_train = digits.target[:n_train]   # targetの前半2/3    ┴ 訓練用
>>> X_test = digits.data[n_train:]      # dataの後半1/3      ┐
>>> y_test = digits.target[n_train:]    # targetの後半1/3    ┴ テスト用
```

では、それぞれのデータの行列数を確認しておきましょう。結果のとおり訓練データは1198個、テストデータは599個に分かれています。

> **Pythonインタプリタ** 構造を確認する
> ```
> >>> print([d.shape for d in [X_train, y_train, X_test, y_test]])
> [(1198, 64), (1198,), (599, 64), (599,)]
> ```
> リストから順にdに取り出します

▶ 分類器を作って学習したモデルを作る

訓練データができたので、いよいよ機械学習を行います。学習器（識別器、分類器）はsvm（サポートベクターマシーン）のSVCというアルゴリズムを使います。そのためにsklearnモジュールからsvmをインポートします。そして学習器clf（classification）を作り、fit()メソッドに訓練データX_trainと教師データy_trainを引数で与えて学習器clfの学習を行います。

> **Pythonインタプリタ** 学習器SVMで学習を行う
> ```
> >>> from sklearn import svm       # svm をインポートする
> >>> clf = svm.SVC(gamma=0.001)    # 学習器
> >>> clf.fit(X_train, y_train)     # 訓練データと教師データで学習する
> ```
> 訓練用のデータ

テストデータで評価する

それでは、テストデータを使って訓練済みのモデルclsがどれぐらい正しく手書き画像を分類できるかを評価してみたいと思います。評価する方法はいろいろありますが、まずscore()で評価してみましょう。

訓練させたclsを使ってclf.score(X_test, y_test)のようにテスト用の画像データX_testとターゲットデータy_testを与えます。これでclsがX_testを識別した結果とy_testを比較します。返り値はその正答率が表示されます。ここでは96.3%の正答率が得られました。

> **Pythonインタプリタ** テストデータで正答率を調べる
> ```
> >>> print(clf.score(X_test, y_test))
> 0.9632721202
> ```
> テスト用のデータ

▶ テストデータで分類した結果を確認する

学習器clsにclf.predict(X_test)のように実行すると学習済みのモデルclfを使ってテストデータを分類した結果predictedが返ってきます。これを正答のy_testと比較することで誤った箇所が分かります。

y_testとpredictedはどちらもnumpyの配列なので簡単に要素同士を比較できます。(y_test != predicted)で誤った箇所がTrueになり、(y_test != predicted).sum()で誤った箇所の個数を合計できます（配列を比較する☞P.373）。

| Python インタプリタ | 学習済みモデルが誤って分類した個数を調べる |

```
>>> predicted = clf.predict(X_test)          —— 分類結果を取り出します
>>> (y_test != predicted).sum()              —— 正解と分類結果が一致しなかった数を合計します
22                    # 間違った個数
```

▶ 学習結果をレポートする

　学習結果の評価にはsklearnモジュールのmetricsのメソッドも利用できます。metricsのメソッドのmetrics.classification_report()を使うと各文字の正解率などがわかります。一番左の列がターゲットラベルで、上から0、1、2・・・、9とあるように、各行が数字ごとの検証結果です。

　レポートにはprecision（適合率）、recall（再現率）、f1-score（F値）といった指標が表示されます。この指標の意味は、たとえば「3」であると分類して実際に「3」であった適合率が0.96、「3」の画像を「3」だと正しく分類できた再現率が0.81です。F値は適合率と再現率の調和平均です。F値が高いほど分類の結果がよいと言えますが、適合率と再現率のどちらを重視するかは分類している内容によって判断が異なります。

　最後のsupportは分類した個数です。y_testには「0」が59個、「1」が62個、・・のように画像データが含まれていて、合計599個のデータを分類しています。

| Python インタプリタ | 学習結果の評価レポート |

```
>>> from sklearn import metrics
>>> print(metrics.classification_report(y_test, predicted))
             precision    recall  f1-score   support
              適合率       再現率      F値        個数
          0     1.00      0.98      0.99        59
          1     0.97      1.00      0.98        62
          2     1.00      0.98      0.99        60
          3     0.96      0.81      0.88        62
          4     0.98      0.95      0.97        62
          5     0.95      0.98      0.97        59
          6     0.98      0.98      0.98        61
          7     0.95      1.00      0.98        61
          8     0.89      0.98      0.93        55
          9     0.95      0.97      0.96        58

avg / total     0.96      0.96      0.96       599
```

▶ 間違った文字を確認する

　metrics.confusion_matrix()では、各数字ごとに正解した数とどの数字と読み間違ったといったことを知ることもできます。1行目は「0」の読み取りです。58個正解し、1個だけ「4」と読み誤っています。もっと誤答が多いのは上から4行目の「3」の読み取りです。2個を「5」と間違い、3個を「7」、7個を「8」と間違えてます。

Part 3 応用：科学から機械学習まで
Chapter 16 機械学習を試そう

> **Python インタプリタ** 数字ごとに正解数と読み間違えた数字を調べる

```
>>> print(metrics.confusion_matrix(y_test, predicted))
[[58  0  0  0  1  0  0  0  0  0]      ──「0」は58個正解し、1個だけ「4」と間違えています
 [ 0 62  0  0  0  0  0  0  0  0]
 [ 0  0 59  1  0  0  0  0  0  0]
 [ 0  0  0 50  0  2  0  3  7  0]      ──「3」と正しく分類できたのは50個で、12個を間違えています
 [ 0  0  0  0 59  0  0  0  0  3]
 [ 0  0  0  0  0 58  1  0  0  0]
 [ 0  1  0  0  0  0 60  0  0  0]
 [ 0  0  0  0  0  0  0 61  0  0]
 [ 0  1  0  0  0  0  0  0 54  0]
 [ 0  0  0  1  0  1  0  0  0 56]]
```

▶ 画像で確認する

テストデータの400番目あたりに間違った分類が多かったので数字と分類結果、そしてその画像を表示してみましょう。ここでは画像表示に imshow() を使います。

> **Python インタプリタ** 画像イメージと分類結果（404〜415の12文字を表示）

```
>>> import matplotlib.pyplot as plt          ──画像データ  ──正解  ──分類結果
>>> imgs_yt_preds = list(zip(digits.images[n_train:], y_test, predicted))
>>> for index, (image, y_t, pred) in enumerate(imgs_yt_preds[404:416]):
...     plt.subplot(3, 4, index + 1)         # 3×4で表示する
...     plt.axis('off')
...     plt.tight_layout()
...     plt.imshow(image, cmap="Greys", interpolation="nearest")  ──画像を表示します
...     plt.title(f'{y_t}  pre:{pred}', fontsize=12)     # 正解と分類結果
...                                          ──画像の上のタイトル
>>> plt.show()
```

404〜415の12個を並べた結果が次の図です。画像タイトルの数字は、t:が正解、pre:が分類結果です。実際の画像を見ると「3」の分類で誤答が多いのもしかたないように思えます。

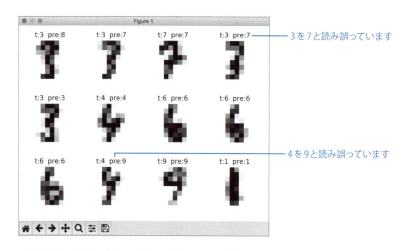

完成したコード

手書き数字データセットを読み込んで機械学習で分類し、評価するをコードは次のようになります。全体の流れをあらためて確認してください。

File 手書き数字データを機械学習で分類する

«file» sklean_digits.py

```python
from sklearn import datasets
from sklearn import svm, metrics
import matplotlib.pyplot as plt

# 手書き数字データセットを読み込む
digits = datasets.load_digits()
X = digits.data         # 手書き数字データ
y = digits.target       # ターゲット
n_train = len(X)*2//3   # データの2/3の個数

# 訓練データ
X_train, y_train = X[:n_train], y[:n_train]       # 前半 2/3
# テストデータ
X_test, y_test = X[n_train:], y[n_train:]         # 後半 1/3

# 学習器の作成と学習
clf = svm.SVC(gamma=0.001)          # 学習器
clf.fit(X_train, y_train)           # 訓練データと教師データで学習する

# モデルの学習結果を評価する
accuracy = clf.score(X_test, y_test)        # テストデータで試す
print(f"正答率 {accuracy}")
predicted = clf.predict(X_test)              # テストデータの分類結果
n_error = (y_test != predicted).sum()        # 正解と分類結果を比較する
print(f"誤った個数:{n_error}")

# 詳しいレポート
print("classification report")
print(metrics.classification_report(y_test, predicted))
print("confusion matrix")
print(metrics.confusion_matrix(y_test, predicted))

# 画像イメージと分類結果 (404〜415の12文字を表示)
imgs_yt_preds = list(zip(digits.images[n_train:], y_test, predicted))
for index, (image, y_t, pred) in enumerate(imgs_yt_preds[404:416]):
    plt.subplot(3, 4, index + 1)        # 3×4で表示する
    plt.axis('off')
    plt.tight_layout()
    plt.imshow(image, cmap="Greys", interpolation="nearest")
    plt.title(f't:{y_t}  pre:{pred}', fontsize=12)   # 正解と分類結果
plt.show()
```

- 訓練データとテストデータを用意します
- 訓練データで学習します
- テストデータで試します

Part 3 応用：科学から機械学習まで

Chapter 16 機械学習を試そう

> **❶ MEMO**
>
> **SVCのパラメータを確認する**
>
> SVC（Support Vector Machine）のインスタンスを出力すると設定されているプロパティの値を確認できます。svm.SVC()のように作成するとすべて初期値が設定されますが、各値を引数で指定することで学習器の精度を調整できます。Cは誤分類を許容する範囲を決める値で、この値が小さいほど誤分類を許容します。gamma（ガンマ）は値が大きいほど境界が複雑になります。kernel（カーネル）は分類に使うアルゴリズムで、'linear'、'poly'、'rbf'、'sigmoid'、'precomputed'、コール関数を選ぶことができます。
>
> **Pythonインタプリタ** SVCのパラメータを確認する
>
> ```
> >>> from sklearn import svm
> >>> clf = svm.SVC(gamma=0.001)
> >>> clf
> SVC(C=1.0, cache_size=200, class_weight=None, coef0=0.0,
>   decision_function_shape=None, degree=3, gamma=0.001, kernel='rbf',
>   max_iter=-1, probability=False, random_state=None, shrinking=True,
>   tol=0.001, verbose=False)
> ```

Section 16-3

3種類のアヤメを分類する

この節では3種類のアヤメのがく片と花弁の長さと幅を計測したデータを機械学習し、それらのデータからアヤメの種を分類します。学習データの分類方法についても取り上げます。

データセットを読み込む

アヤメ（Iris）のデータセットも前節の手書き文字データセットと同様に機械学習ライブラリscikit-learnのトイデータセットに含まれています。まず、sklearnモジュールのdatasetsをインポートし、続いて利用するデータセットをロードします。アヤメのデータセットはload_iris()で読み込みます。

Pythonインタプリタ　アヤメのデータセットを読み込む
```
>>> from sklearn import datasets
>>> iris = datasets.load_iris()
```

▶データセットの情報を調べる

読み込んだirisデータセットにどのようなものが含まれているかをdir(iris)で調べてみましょう。すると、次のように5種類のデータが入っていることがわかります。

Pythonインタプリタ　irisデータセットに納められているものを調べる
```
>>> dir(iris)
['DESCR', 'data', 'feature_names', 'target', 'target_names']
```

iris.DESCRを出力してデータセットの説明文を見ておきましょう。この説明を読むとclassにあるようにSetosa、Versicolour、Virginicaの3種類のアヤメ（Iris）のデータが50個ずつ計150入っています。

Pythonインタプリタ　irisデータセットの説明文を読む
```
>>> print(iris.DESCR)
Iris Plants Database
====================

Notes
-----
Data Set Characteristics:
    :Number of Instances: 150 (50 in each of three classes)
    :Number of Attributes: 4 numeric, predictive attributes and the class
    :Attribute Information:
        - sepal length in cm  ──── がく片の長さ
        - sepal width in cm   ──── がく片の幅
        - petal length in cm  ──── 花弁の長さ
```

```
            - petal width in cm  ────── 花弁の幅
            - class:
                  ┌─────────────────────┐
                  │  - Iris-Setosa      │
                  │  - Iris-Versicolour │ ────── 3種類のアヤメ
                  │  - Iris-Virginica   │
                  └─────────────────────┘
    :Summary Statistics:

    ============== ==== ==== ======= ===== ====================
                    Min  Max   Mean    SD   Class Correlation
    ============== ==== ==== ======= ===== ====================
    sepal length:   4.3  7.9   5.84   0.83    0.7826
    sepal width:    2.0  4.4   3.05   0.43   -0.4194
    petal length:   1.0  6.9   3.76   1.76    0.9490   (high!)
    petal width:    0.1  2.5   1.20   0.76    0.9565   (high!)
    ============== ==== ==== ======= ===== ====================
```

▶ **データの構造を調べる**

データセットには3種類のアヤメの計測データ（特徴量）とそれぞれがどの花なのかを示す数字がターゲット（教師データ）として入っています。訓練とテストに使う計測データXはiris.data、これに対応する教師データyはiris.targetで取り出すことができます。まず、データの構造をshapeで調べてみましょう。計測データXは150行4列、対応するターゲットデータyは1次元配列で要素数が150であることがわかります。

| Pythonインタプリタ | データの構造を調べる |

```
>>> X = iris.data         # 計測データ
>>> y = iris.target       # ターゲットデータ
>>> X.shape
(150, 4)
>>> y.shape
(150,)
```

では実際にXとyにどのようなデータが入っているか見てみましょう。まずは訓練とテストに使うXデータです。データは次のように150行4列の配列になっています。

| Pythonインタプリタ | 訓練とテストに使う計測データ |

```
>>> X
array([[ 5.1,  3.5,  1.4,  0.2],
       [ 4.9,  3. ,  1.4,  0.2], ──── 各行に1本の花の4つの計測データ
       [ 4.7,  3.2,  1.3,  0.2],       （特徴量）が入っています
       [ 4.6,  3.1,  1.5,  0.2],
       ....
       [ 6.3,  2.5,  5. ,  1.9],
       [ 6.5,  3. ,  5.2,  2. ],
       [ 6.2,  3.4,  5.4,  2.3],
       [ 5.9,  3. ,  5.1,  1.8]])
```

各の列の属性はiris.feature_namesで調べることができます。sepal length（がく片の長さ）、sepal width（がく片の幅）、petal length（花弁の長さ）、petal width（花弁の幅）の4つの属性があり、この属性を元にアヤメの種類を分類するというデータセットです。

| Python インタプリタ | 学習データの属性 |

```
>>> iris.feature_names
['sepal length (cm)', 'sepal width (cm)', 'petal length (cm)', 'petal width
(cm)']
```

ターゲットのyを出力して確かめると0、1、2の数字が入っています。0がsetosa、1がversicolor、3がvirginicaです。

| Python インタプリタ | 教師データ（ターゲット） |

```
>>> print(y)
[0 0 0 0 0 0 0 0 0 0 0 0 0 0 0 0 0 0 0 0 0 0 0 0 0 0 0 0 0 0 0 0 0 0 0
 0 0 0 0 0 0 0 0 0 0 0 0 0 0 0 1 1 1 1 1 1 1 1 1 1 1 1 1 1 1 1 1 1 1 1
 1 1 1 1 1 1 1 1 1 1 1 1 1 1 1 1 1 1 1 1 1 1 1 1 1 1 1 1 1 1 2 2 2 2 2 2 2 2
 2 2 2 2 2 2 2 2 2 2 2 2 2 2 2 2 2 2 2 2 2 2 2 2 2 2 2 2 2 2 2 2 2 2 2 2 2 2 2 2
 2 2]
```

▶ データをプロットする

訓練とテストに使う計測データXを散布図にプロットして、データの分布を可視化してみましょう。Xには4種類の属性がありますが、sepal length（がく片の長さ）をx軸、sepal width（がく片の幅）をy軸に取ってプロットします。

先のターゲットデータyの出力結果でわかるように3種類のアヤメのデータは50個ずつ並んでいるので、50個ずつにスライスして色とマーカーの形を変えて区別します。たとえば、最初の"setosa"ならば、がく片の長さはX[:50, 0]、がく片の幅はX[:50, 1]で取り出すことができます。

| Python インタプリタ | がく片の長さと幅の値で3種類のアヤメをプロットする |

```
>>> import matplotlib.pyplot as plt
>>> # setosa:0 ～ 49、versicolor:50 ～ 99、virginica:100 ～ 149
>>> plt.scatter(X[:50, 0], X[:50, 1], color='r', marker='o', label='setosa')
>>> plt.scatter(X[50:100, 0], X[50:100, 1], color='g', marker='+', label='versicolor')
>>> plt.scatter(X[100:, 0], X[100:, 1],color='b', marker='x', label='virginica')
>>> plt.title("Iris Plants Database")
>>> plt.xlabel('sepal length(cm)')
>>> plt.ylabel('sepal width (cm)')
>>> plt.legend()
>>> plt.show()
```

0列目（がく片の長さ）、1列目（がく片の幅）

プロット結果を見るとわかるように、がく片の長さと幅の値を比較するだけでも3種類のアヤメをだいたい分類できるようです。

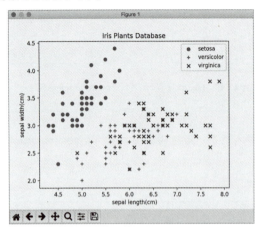

なお、データをプロットしている3行コードは次のように書くこともできます。zip()は引数で与えた複数のイテレータを並行処理できる便利な関数です（☞ P.172）。Xから50個ずつスライスするのではなく、X[y==i]で種類ごとに要素を取り出している点にも注目してください。iには[0,1,2]から順に数字が入ります。色clとマーカーmkの指定にも、それぞれ'rgb'と'o+x'から1文字ずつ取り出されて渡されます。

Pythonインタプリタ 3種類のアヤメをプロットするコード

```
>>> for i, cl, mk, lb in zip([0,1,2], 'rgb', 'o+x', iris.target_names):
...     plt.scatter(X[y==i][:,0], X[y==i][:,1], color=cl, marker=mk, label=lb)
...
```

機械学習を行う

では、このデータセットを使って機械学習を行っていきます。学習の目標は、がく片の長さと幅、花弁の長さと幅の4つの属性で3種類のアヤメを正しく分類することです。前節の手書き数字データセットの機械学習と同じようにコードを書きます。

Pythonインタプリタ モデルclfを作って訓練データで学習する

```
>>> from sklearn import datasets
>>> from sklearn import svm
>>> iris = datasets.load_iris()    # アヤメのデータセットを読み込む
>>> X = iris.data       # データ
>>> y = iris.target     # ターゲット
>>> n_train = len(X)//2      # データの半分の個数
>>> X_train, X_test = X[:n_train], X[n_train:]    # 訓練データ
>>> y_train, y_test = y[:n_train], y[n_train:]    # 教師データ
>>> clf = svm.SVC()       # モデルを作る
>>> clf.fit(X_train, y_train)       # 学習する
```

▶ テストデータで評価する

では、さっそくテストデータで学習済みモデルの学習結果を評価してみましょう。結果を見るとこの学習モデルの正答率は33.3%です。

| Pythonインタプリタ | テストデータで評価する |

```
>>> print(clf.score(X_test, y_test))
0.333333333333         ——— 結果がよくありません
```

アヤメは3種類ですから、33.3%の正答率は当てずっぽうに判断しているのと変わりません。なぜこのように悪い結果になったのでしょうか。正答率が上がるようにコードを見直してみましょう。

データセットの分割方法を変える

正答率が低い原因はどこにあるのでしょうか？もっとも大きな原因は訓練データにあります。訓練データのX_trainは全体データiris.dataの前半分のデータです。

| Pythonインタプリタ | データの前半分を訓練データにする |

```
>>> n_train = len(X)//2        # データの半分の個数
>>> X_train, X_test = X[:n_train], X[n_train:]    # 訓練データ
```

ここで全データのiris.dataの中身がどのような並びだったかを思い出してください。ターゲットyの中身を出力して確認したように（ターゲットy ☞ P.399）、iris.dataは3種類のアヤメのデータは50個ずつ並んでいるものでした。これを2つに分けて前半を訓練データと後半をテストデータにしたのですから、訓練データにはsetosaのデータ50個とversicolorのデータ25個が入って、virginicaのデータは1個もありません。この訓練データを使って学習してもvirginicaを見分けられるはずがありません。

▶ データをシャッフルして分割する

前節の手書き数字データセットでは2/3を訓練データにし、残りの1/3をテストデータにしました。今回のアヤメのデータセットでは前半の1/2を訓練データ、後半の1/2をテストデータにしました。このように学習データをある比率で分割する分け方を「ホールドアウト（hold out）」と呼びますが、アヤメのデータセットのようにデータの並びが均一ではない場合は通常のホールドアウトではよい学習効果を出せません。

次の例ではShuffleSplitクラスを使って訓練データとテストデータを作ります。ShuffleSplitはデータを分割する際に要素のシャッフルを行います。次のコードでは訓練データ60%、テストデータ40%の比率で分割します。random_stateの値はシャッフルの再現用のコードです。同じ数字を指定すれば同じようにシャッフルされるので、学習器のオプションを試す場合などで同じデータで繰り返し検証することができます。

Chapter 16 機械学習を試そう

> **Pythonインタプリタ**　分割比率を設定したShuffleSplitクラスのインスタンスを作る
> ```
> >>> from sklearn.model_selection import ShuffleSplit
> >>> ss = ShuffleSplit(train_size=0.6, test_size=0.4, random_state=0)
> ```

分割比率を設定したShuffleSplitのインスタンスssを作ったならば、next(ss.split(X))を実行すると訓練データとテストデータのインデックス番号の配列が作られます。これを使って訓練データと教師データ、テストデータとターゲットデータを作ります。

> **Pythonインタプリタ**　訓練データとテストデータのインデックスを作り分割する
> ```
> >>> train_index, test_index = next(ss.split(X))    # 分割するインデックス番号
> >>> X_train, y_train = X[train_index], y[train_index]    # 訓練データ
> >>> X_test, y_test = X[test_index], y[test_index]    # テストデータ
> ```

学習データを訓練データとテストデータに分けることができたので、これを使って訓練とテストを行ってみましょう。テストした結果は0.95となり飛躍的に正答率が上がりました。

> **Pythonインタプリタ**　変数の学習器を作って訓練する
> ```
> >>> clf = svm.SVC()          # 学習器を作る
> >>> clf.fit(X_train, y_train)          # 訓練する
> >>> print(clf.score(X_test, y_test))          # 正答率を調べる
> 0.95 ——— 正答率が上がりました
> ```

> **ⓘ MEMO**
> **クロスバリデーション**
> データを分割する方法はいろいろあります。クロスバリデーション（cross validation）はデータ全体を複数に分割し、訓練に使うデータとテストに使うデータを少しずつ入れ替えて繰り返し訓練する方法です。
> たとえば、全体をA、B、C、Dに4分割したとするならば、1回目は「訓練データABC、テストデータD」に分けて訓練とテストを行い、2回目は「訓練データABD、テストデータC」に分けて訓練とテストを行うというように繰り返します。この方法を使うことで、全体のデータ数が十分ではないときに手元のデータを有効に活用できる利点があります。この節で利用したShuffleSplitクラスはクロスバリデーションを行うことができるクラスの1つです。

完成したコード

コードをまとめると次のとおりです。ShuffleSplitクラスを使って訓練データとテストデータに分割することで、規則的に並んでいたデータをシャッフルした状態で利用できるようになりました。

File ShuffleSplitを使って学習データを分割する

«file» iris_shuffle_svc.py

```
from sklearn import datasets
from sklearn import svm
from sklearn.model_selection import ShuffleSplit
# アヤメのデータセットを読み込む
iris = datasets.load_iris()
X = iris.data
y = iris.target
# データを分割するインデックスを作る
iris_ss = ShuffleSplit(train_size=0.6, test_size=0.4, random_state=0)
train_index, test_index = next(iris_ss.split(X))
# データを分割する
X_train, y_train = X[train_index], y[train_index]    # 訓練データ
X_test, y_test = X[test_index], y[test_index]        # テストデータ
clf = svm.SVC()          # モデルを作る
clf.fit(X_train, y_train)       # 訓練する
print(clf.score(X_test, y_test))      # 正答率を調べる
```

学習器のアルゴリズムを変える

高い学習効果を得るには学習器（分類器）のアルゴリズムも重要です。これまでの2つの例ではSVMという学習器を使ってきましたが、このほかにも多くの学習器があります。また、それぞれに機能オプションがあるため、その調整も大事です。

たとえば、linear_modelモジュールのLogisticRegressionという学習器を試すには、モジュールをインポートし、あとはlinear_model.LogisticRegression()で学習器clfを作って入れ替えるだけです。

Pythonインタプリタのインタラクティブモードでコードを試してきているならば、次の4行を実行すれば新しい学習器でテストできます。正答率は91.7%なので先のsvm.SVC()のほうが結果がよいようです。

Pythonインタプリタ 学習器をLogisticRegressionに取り替えて試してみる

```
>>> from sklearn import linear_model
>>> clf = linear_model.LogisticRegression()     ――― 学習器のアルゴリズムを変更してみる
>>> clf.fit(X_train, y_train)
>>> print(clf.score(X_test, y_test))
0.916666666667
```

Part 3 応用：科学から機械学習まで
Chapter 16 機械学習を試そう

Section 16-4
ボストンの住宅価格を分析する

先の2つの例ではデータの分類を行いましたが、この節では属性の相関関係を予想する「回帰」を行う例を示します。ボストンの住宅価格を決めるデータセットの中から部屋数と住宅価格の関係を予想します。

データセットを読み込む

この節ではボストンの住宅価格のデータセットを使って、回帰（線形回帰）モデルの機械学習を試してみます。ボストンの住宅価格のデータセットも機械学習ライブラリscikit-learnのトイデータセットに含まれています。まず、sklearnモジュールのdatasetsをインポートし、続いてload_boston()でデータセットを読み込みます。

Pythonインタプリタ ボストンの住宅価格のデータセットを読み込む
```
>>> from sklearn import datasets
>>> boston = datasets.load_boston()
```

▶データセットの情報を調べる

読み込んだbostonデータセットにどのようなものが含まれているかをdir(boston)で調べてみましょう。すると、次のように4種類のデータが入っていることがわかります。

Pythonインタプリタ データセットに納められているものを調べる
```
>>> dir(boston)
['DESCR', 'data', 'feature_names', 'target']
```

boston.DESCRを出力してデータセットの説明文を見ておきましょう。この説明のAttributeの表にあるように、14種類の特徴のデータが入っています。データ数は506個で、属性（特徴）は13種類あり、14番目のMEDVがターゲットすなわち住宅価格です。

Pythonインタプリタ bostonデータセットの説明文を読む
```
>>> print(boston.DESCR)
Boston House Prices dataset
===========================

Notes
------
Data Set Characteristics:

    :Number of Instances: 506
```

```
:Number of Attributes: 13 numeric/categorical predictive

:Median Value (attribute 14) is usually the target

:Attribute Information (in order):
    - CRIM     per capita crime rate by town
    - ZN       proportion of residential land zoned for lots over 25,000 sq.ft.
    - INDUS    proportion of non-retail business acres per town
    - CHAS     Charles River dummy variable (= 1 if tract bounds river; 0 otherwise)
    - NOX      nitric oxides concentration (parts per 10 million)
    - RM       average number of rooms per dwelling
    - AGE      proportion of owner-occupied units built prior to 1940
    - DIS      weighted distances to five Boston employment centres
    - RAD      index of accessibility to radial highways
    - TAX      full-value property-tax rate per $10,000
    - PTRATIO  pupil-teacher ratio by town
    - B        1000(Bk - 0.63)^2 where Bk is the proportion of blacks by town
    - LSTAT    % lower status of the population
    - MEDV     Median value of owner-occupied homes in $1000's
```

各属性は次のような数値です。

属性	説明
CRIM	人口 1 人当たりの犯罪発生数
ZN	25,000 平方フィート以上の住居区画の占める割合
INDUS	小売業以外の商業が占める面積の割合
CHAS	チャールズ川の周辺 (1: 川の周辺 , 0: それ以外)
NOX	NOx 濃度
RM	平均部屋数
AGE	1940 年より前に建てられた物件の割合
DIS	5 つのボストン市の雇用施設からの距離
RAD	環状高速道路へのアクセスしやすさ
TAX	$10,000 ドルあたりの不動産税率の総計
PTRATIO	町毎の児童と教師の比率
B	町毎の黒人 (Bk) の比率
LSTAT	給与の低い職業に従事する人口の割合 (%)
MEDV	住宅価格（単位：$1000)

▶ pandasのDataFrameに変換する

このデータセットをpandasモジュールのDataFrame型に変換するとデータを扱いやすいので、Dataframe(boston.data)で変換したboston_dfを作ります。DataFrameは2次元配列と似たデータ型です。

boston.feature_namesに入っている属性名をboston_dfの列ラベルに設定し、boston_dfに住宅価格（boston.target）を追加して1個のデータフレームにまとめます。実際の処理ではこのようにする必要はないのですが、これをprint()で出力すると住宅価格も含めたすべての値が入った表データを見ることができます。

Pythonインタプリタ データセットをDataFrame型に変換し出力する

```
>>> from pandas import DataFrame          ——— pandasモジュールを利用します
>>>
>>> boston_df = DataFrame(boston.data)                 # DataFrame 型にする
>>> boston_df.columns = boston.feature_names    # 列名を設定する ——列データを名前で
>>> boston_df["Price"] = boston.target          # 住宅価格を追加する  取り出せるようになります
>>> print(boston_df[:5])         # 最初の 5 行だけ
```

最初の5行だけ出力した結果は次のようになります。

出力結果

```
      CRIM    ZN  INDUS  CHAS    NOX     RM   AGE     DIS  RAD    TAX  \
0  0.00632  18.0   2.31   0.0  0.538  6.575  65.2  4.0900  1.0  296.0
1  0.02731   0.0   7.07   0.0  0.469  6.421  78.9  4.9671  2.0  242.0
2  0.02729   0.0   7.07   0.0  0.469  7.185  61.1  4.9671  2.0  242.0
3  0.03237   0.0   2.18   0.0  0.458  6.998  45.8  6.0622  3.0  222.0
   PTRATIO       B  LSTAT  Price
0     15.3  396.90   4.98   24.0
1     17.8  396.90   9.14   21.6
2     17.8  392.83   4.03   34.7
3     18.7  394.63   2.94   33.4
```

RM → 部屋数
Price → 住宅価格

機械学習を行う

このデータセットを使って、データソースから取り出した部屋数のデータと住宅価格を使って回帰モデルを作ります。これまではデータセットを訓練データとテストデータに分割して学習器を訓練しましたが、今回は回帰モデルを作るのに使用する部屋数のデータを抜き出すところから始めます。

先のコードでboston_df.columnsに列名を設定したので、部屋数のデータはDataFrame(boston_df["RM"])で取り出すことができます。住宅価格はターゲットデータなのでboston.targetです。回帰モデルmodelをLinearRegression()で作成し、2つの比較する値を引数にして訓練します。

Section 16-4 ボストンの住宅価格を分析する

Pythonインタプリタ 回帰モデルを作って部屋数と価格の訓練データで訓練する

```
>>> rooms_train = DataFrame(boston_df["RM"])      # 部屋数のデータを抜き出す
>>> y_train = boston.target       # ターゲット（住宅価格）
>>> model = linear_model.LinearRegression()       # 回帰モデルを作る
>>> model.fit(rooms_train, y_train)       # 訓練する
```

テストデータで回帰直線を引く

訓練したモデルで回帰直線を引いてみましょう。テストに使うデータrooms_testはrooms_trainの最小値と最大値の間を0.1刻みでプロットするデータを作成します。そして、rooms_testの部屋数での住宅価格がいくらになるかを、訓練済みのモデルを使って求めてprices_testに入れます。グラフにプロットすると回帰直線が引かれます。

Pythonインタプリタ 予想価格をモデルを使って計算する

```
>>> # 部屋数のテストデータを作る
>>> rooms_test = DataFrame(np.arange(rooms_train.values.min(), rooms_train.values.max(), 0.1))
>>> prices_test = model.predict(rooms_test)        # モデルを使って住宅価格を予想する
```

最後に実際の部屋数rooms_trainと価格y_trainを散布図で表示し、部屋数rooms_testと予想価格prices_testで回帰直線を引きます。実際の価格と予想の回帰直線を見るとだいたい傾向が一致しています。

Pythonインタプリタ 実際のデータと回帰直線をグラフ表示する

```
>>> plt.scatter(rooms_train.values.ravel(), y_train, c= "b", alpha = 0.5)      # 訓練データ
>>> plt.plot(rooms_test.values.ravel(), prices_test, c = "r")        # 回帰直線
>>> plt.title("Boston House Prices dataset")
>>> plt.xlabel("rooms")        # x軸のラベル
>>> plt.ylabel("price $1000's")        # y軸のラベル
>>> plt.show()
```

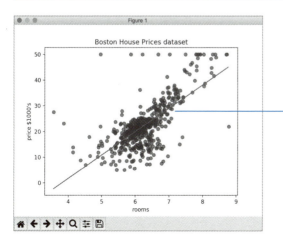

部屋数と住宅価格の関係がある程度わかります

完成したコード

これまでのコードをまとめると次のようになります。訓練用とテスト用にデータを分割して学習を行うのではなく、データセットにあるデータの中から属性を選んで回帰モデルを作成しています。この例では部屋数という1個の属性しか考慮しない「単回帰分析」と呼ばれる単純な線形回帰ですが、複数の属性を組み合わせて回帰モデルを作っていく「重回帰分析」もあります。その場合、各要素の大きさが同様に扱われるように正規化するといった作業を行う必要があります。

File 部屋数から住宅価格を予想する回帰分析を行う

«file» boston_regression.py

```python
from sklearn import datasets
from sklearn import linear_model
import numpy as np
import matplotlib.pyplot as plt
from pandas import DataFrame

# データセットを読み込む
boston = datasets.load_boston()            # ボストン市の住宅価格と関連データ
boston_df = DataFrame(boston.data)         # DataFrame 型にする
boston_df.columns = boston.feature_names   # 列名を設定する
boston_df["Price"] = boston.target         # 住宅価格を追加する
print(boston_df[:10])       # 最初の 10 行だけ
# 訓練データを作る
rooms_train = DataFrame(boston_df["RM"])   # 部屋数のデータを抜き出す
y_train = boston.target      # ターゲット (住宅価格)
model = linear_model.LinearRegression()    # 回帰モデルを作る
model.fit(rooms_train, y_train)    # 訓練する

# 部屋数のテストデータを作る
rooms_test = DataFrame(np.arange(rooms_train.min(), rooms_train.max(), 0.1))
prices_test = model.predict(rooms_test)      # モデルを使って住宅価格を予想する
# グラフ表示する (部屋数と住宅価格)
plt.scatter(rooms_train.values.ravel(), y_train, c= "b", alpha = 0.5)    # 訓練データ
plt.plot(rooms_test.values.ravel(), prices_test, c = "r")      # 回帰直線
plt.title("Boston House Prices dataset")
plt.xlabel("rooms")       # x 軸のラベル
plt.ylabel("price $1000's")      # y 軸のラベル
plt.show()
```

MEMO

seabornモジュールを使って回帰直線を引く

seabornモジュールのlmplot()を利用するとデータフレームの値の散布図と回帰直線を簡単に引くことができます。seabornモジュールのグラフは見た目が美しいのが特長です。

File seaborn モジュールを使って散布図と回帰直線を引く

«file» **boston_seaborn.py**

```
from sklearn import datasets
from pandas import DataFrame
import matplotlib.pyplot as plt
import seaborn as sns
# データセットを読み込む
boston = datasets.load_boston()
boston_df = DataFrame(boston.data)
boston_df.columns = boston.feature_names      # 列名を設定する
boston_df["Price"] = boston.target       # 住宅価格を追加する
# 部屋数と住宅価格から回帰直線を引く
sns.set_style('whitegrid')
sns.lmplot(x = "RM", y = "Price", data = boston_df)
plt.show()
```

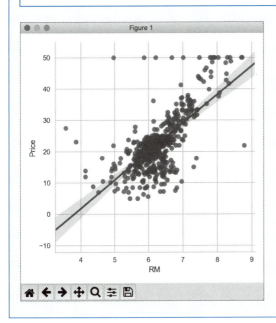

INDEX

記号

__int__	276
__ からはじまる変数	295
-	54
-（集合）	205, 209
-=	71
-=（集合）	208
;	44
!=	62
!=（集合）	210
?:	109
...	45
' ~ '	55
''' ~ '''	47, 56
" ~ "	55
""" ~ """	47, 56
(,)	184
[: :]	161, 355
[:]	160
[ ]	59, 145
[for in]	173
{ : }	214
{ : for in }	220
{ }	195, 219
{ for in }	201
{ for in if }	175, 201
@classmethod	283
@property	296
@プロパティ名.setter	296
*	54
*（リスト）	144
*（文字列）	57
**	54
**=	71
**kwargs	247
*=	71
*args	246
/	54
//	54
//=	71
/=	71
\	45, 55
\'	56
\"	56
\\	56
\n	49, 56
\r	56
\t	56

&	65
&（集合）	204
&=（集合）	208
#	46
%	54
%=	71
^	65
^（集合）	206
+	54
+（タプル）	185
+（リスト）	159
+（文字列）	57
+=	71
+=（タプル）	185
+=（リスト）	159
<	62
<<	66
<=	62
<=（集合）	211
==	62, 164, 191
==（集合）	209
>	62
>=	62
>=（集合）	212
>>	66
>>> プロンプト	29
> プロンプト	35
|	65, 202
|=	207
|=（集合）	207
~	65
$ プロンプト	36
¥	45, 55

番号

0、1を論理式で使ったとき	64
0b	52
0o	52
0x	52
1行ずつ読み込む	308
1次元配列を多次元配列に変換	348
2進数	52, 68
3次元ベクトルの外積	369
8進数	52, 68
16進数	52, 68

A

add_subplot()	335
Anaconda Navigator	17, 23
Anacondaをインストールする（Windows）	12
Anacondaをインストールする（macOS）	19
and	63, 105
and 演算を簡略化	109
append()	151, 160, 349
arange()	372
argv	305
array()	344
askopenfilename()	307
asksaveasfilename()	313
astype()	356
Atom	40
axis()	394

B

bar()	327
barh()	328
bin()	52, 66, 68
binomial()	378
bool	61
bool()	68
break	113, 125

C

capitalize()	86
chdir()	253
choice()	180
class	275, 289
classification_report()	393
clear()	220
close()	304, 311
cls	283
cmap	332
complex()	53
confusion_matrix()	393
continue	117, 127
copy()	166, 221
cos()	323
cos グラフ	323
CotEditor	41
count()	86, 179
cross()	369
csv ファイル	379

D

data	388, 398
DataFrame	380, 406
datasets	387
datetime	290, 312

INDEX

def	232, 264, 276, 280
del	156, 220
delete()	351
dict	214
dict()	216
difference()	205
difference_update()	208
dir()	387
docstring	254
dot()	368

E

edgecolors	331
empty()	374
encoding	303
enumerate()	172, 189
except	133
except as	139
Exception	139
exists()	315
exit()	312
extend()	159
eye()	374

F

f1-score	393
False	61
False と見なされる値	107
feature_names	399
figure()	335
filedialog	307
FileNotFoundError	132
fillter()	262
finally	134
find()	87, 309
fit()	392
flatten()	348
float	67
float()	68
for in	121, 171, 188, 225, 357
for in enumerate	309
format()	90
for 文のネスティング	123
fromkeys()	217, 222
frozenset()	200
f"{ 値 }"	90
F"{ 値 }"	90
F 値（調和平均）	393
f プリフィックス	90

G

get()	224
getcwd()	253
grid()	320

H

help()	254
hex()	68
hist()	378

I

identity()	374
if	96
if ~ elif ~ else	101
if ~ else	99, 110
if 文のネスティング	103
imag	53
importlib	251
imshow()	394
in	177, 190, 196, 224
index()	178, 260
IndexError	132, 150
input()	115
insert()	151, 350
int	67
int()	68
intersection()	204
intersection_update()	207
is	164, 191
isdigit()	239
isdisjoint()	210
isinstance()	125, 175
is not	164
issubset()	211
issuperset()	212
items()	226
iter()	263

J

j（虚数）	52
join()	158

K

KeyError	223
keys()	225

L

lambda	259
legend()	325
len()	149, 195, 215
linear_model	403
LinearRegression()	406
linewidths	331
linspace()	371, 374
list()	144
lmplot()	409
load_boston()	404
load_digits()	387
load_iris()	397
loadtxt()	379
LogisticRegression	403
lower()	86, 170

M

makedirs()	315
map()	261
marker	320
matplotlib	318, 390
matshow()	390
max()	181, 190, 363
mean()	363
metrics	393
min()	181, 190, 363
MNIST	386
mode	303

N

NameError	33, 132
ndarray	345
ndenumerate()	357
next()	263, 309
norm()	369
not	63
not in	196, 224
now()	290, 312
np	344
numpy	344
numpy の三角関数	370

O

oct()	68
open()	302, 311
or	63, 106
ord()	221
os	253, 315

P

pandas	380, 406
pass	237
pie()	334
plt	318
poisson()	378
pop()	152, 199, 227
popitem()	228
pprint()	222
precision	393
predict()	392
print()	34, 49

INDEX

property() 300
pyplot 318, 390
Python 2.7 の環境を作る 25
Python インタプリタ 28
Python の実行を中断する 33
Python ファイル 34
Python ファイルを実行する 35
Python を起動する 16, 22, 28, 40
Python を終了する 16, 23

R

radians() 321
rand() 377
randint() 102
randn() 364, 377
random 377
range() 122, 186
range() からリストを作る 145
ravel() 348
read() 304, 307
read_csv() 380
readline() 308
real 53
recall 393
reload() 251
remove() 154
repeat() 376
replace() 88, 157
reshape() 348
return 232, 238
reverse() 169
rfind() 88
rstrip() 89, 304

S

savefig() 322
scatter() 329, 399, 407
scikit-learn 384
score() 392
seaborn のグラフ 409
seed() 379
self 276, 279
send() 270
set() 196
setdefalt() 218
set_title() 336
shape 348, 388, 398
show() 318
shuffle() 170, 379
ShuffleSplit 401
sin() 321
Sin グラフ 321

size 349
sort() 168, 260, 360
sorted() 169, 260
split() 156, 304
std() 364
str 67
str() 67
strip() 89
subplot() 394
sum() 181, 190, 363
super() 291
SVC のパラメータ 396
svm 392
swapcase() 86
switch 文 108
symmetric_difference() 206
symmetric_difference_update() 208
sys 305
sys.argv 249

T

tab コード 56
target 388, 398
TextIOBase 307
tick_label 327
tight_layout() 336
title() 86, 320
tkinter 306, 313
tolist() 352
transpose() 352
True 61
True、False を数値式で使ったとき 64
try 150, 223
try ～ except 133
tuple() 186
type() 67, 84
TypeError 57
T プロパティ 352

U

UCI 385
union() 202
update() 207, 219
upper() 85, 86

V

ValueError 132
values() 226

W

while 111
while ～ else 118
with open as 304, 312

write() 311, 312

X

xlabel() 320
xticks() 328

Y

yield 264
yield from 271
ylabel() 320

Z

ZeroDivisionError 132, 137
zeros() 375
zip() 172, 191, 216, 394, 400

あ

値がタプルに含まれているか 190
値への参照 72
値を出力する 48
値を比較する 62
値を表示する 48
余り 54
アヤメのデータセット 397

い

位置引数 243
イテラブル 173, 263
イテラブルの要素に順に関数を実行 ... 261
イテレータ 263, 309
イテレート 173
イミュータブル 59, 166, 186
インスタンス変数 277
インスタンスメソッドを実行する 281
インスタンスメソッドを定義 280
インスタンスメンバー 282
インスタンスを作る 275
インデントの空白数 98

う

上書きするかどうか確認 316
上書きモードで開く 311

え

エスケープシーケンス 55
エディタ 40
エラーが発生するケース 132
円グラフ 334
エンコーディング 303

お

オーバーライド 291
オープンダイアログ 306

INDEX

大文字小文字の変換	86
大文字と小文字の区別	47
同じ構造の辞書を作る	222
同じ乱数を再現する	379
オブジェクトの型	84
オブジェクトの仕様を定義	276
オブジェクトのメソッド	83
オブジェクトを参照	165
折れ線グラフ	318

か

回帰直線を引く	407
回帰モデル	406
改行コード	55
返り値	232
学習器	383
学習器を作る	392
学習データ	383
掛け算	54
画像表示	390, 394
型を調べる	67
型を変換する	67
可変長の引数	246
カラーマップ	332
空の辞書	219
空のリスト	145
カレントディレクトリ	277
カレントディレクトリの確認	253
カレントディレクトリを移動する	37
関数オブジェクト	256
関数の説明を help() で表示	254
関数閉包	258
関数を実行する	233
関数を途中で抜ける	238

き

キーがあるかどうか	224
キーの値を調べる	223
キーワード引数	243
キーワード引数を辞書で受ける書式	247
機械学習の概要	382
機械学習を行う手順	391
逆順に並べる	169
強化学習	382
教師あり学習	382
教師あり学習の手順	383
教師なし学習	382
行列	347
行列同士の四則演算	365
行列同士を比較する	373
行列の比較演算	364
曲線のグラフ	321

く

空集合	196
空白、改行を取り除く	89
クラス定義	275
クラスとインスタンス	274
クラス変数	282, 283
クラスメソッドを定義する	283
クラスメンバー	282
グラフのタイトル	320, 336
グラフの背景色	336
グラフを重ねる	323
グラフを画像保存	322
グラフを左右に並べる	335
グラフを上下に並べる	336
繰り返し実行する	111, 121
繰り返し文字	58
繰り返しをスキップ	117, 127
繰り返しを中断	113, 125
グリッド	320
クロージャ	258
グローバル変数	241
グローバル変数を使う注意	241
クロスバリデーション	402
訓練データ	383

け

継承とは	288
ゲッター	296
現在の日時	290, 312

こ

合計	181, 190
合計（配列）	363
降順	168
コードをファイルに書く	34
コマンドプロンプトを起動する	14
コマンドライン引数	249, 305, 312
コメント	46

さ

再現率	393
最小値	181, 190
最小値（配列）	363
最大値	181, 190
最大値（配列）	363
差集合	205, 208
サブジェネレータ	271
サブセット	211
サブプロット	335
サポートベクターマシーン	392
三項演算子	109
参照（reference）	165

散布図	329, 399, 407

し

シーケンス	122
ジェネレータ	264
ジェネレータ式	269
ジェネレータ内包表記	269
ジェネレータに値を送る	270
式を再入力する簡単な方法	32, 37
軸の最大値、最小値	340
軸ラベル	320
軸を共有する	341
辞書から要素を抜き取る	227
辞書とは	214
辞書内包表記	220
辞書に要素を追加する	218
辞書の値のリスト	226
辞書のキーのリスト	225
辞書の初期値	217
辞書の要素の参照と更新	218
辞書の要素を削除する	220
辞書の要素をタプルにする	226
辞書を作る	214
辞書を複製する	221
指数表記	51
指定回数繰り返す	121
指定文字数ずつ読み込む	307
集合演算	202
集合とは	194
集合に含まれているか	196
住宅価格のデータセット	404
上位集合	211
条件に合う間繰り返す	111
条件に合うとき実行	96
条件に合う要素だけを抜き出す	262
条件に合わないとき実行	99
昇順	168
商の整数値	54
剰余	54
初期化メソッド	276
初期値がある引数	244
処理を分岐する	96

す

数値	50
数値演算子	54
数値かどうか判断する	125
数値と文字列を連結する	57, 67
数値を文字列に変換する	67
スーパークラスとサブクラス	288
スーパークラスの初期化メソッド	293
スーパークラスのメソッドを上書きする	291

413

INDEX

スーパークラスを参照する 291, 293
スーパーセット 211
ステートメント 44
ステートメントの改行 45
ステートメントの区切り 44
すべての値を順に取り出す 225
すべての要素を順に取り出す 171
スライス（文字列） 60
スライス（リスト） 160
スライス（タプル） 187
スライス（配列） 355

せ

正規分布の乱数 364, 377
整数を浮動小数点にする 68
正答率 392
積集合 204, 207
セッター 296
セットから要素を1個取り出す 199
セットから要素を削除 198
セット内包表記 201
セットに要素を追加 198
セットの包含関係 211
セットを更新する 207
セットを作る 195
セットを比較する 209
セパレータ 156
ゼロ行列 374
ゼロの割り算 137
線グラフ 318
線の色 324
線の種類 324

そ

ソート 168
ソート関数を作る 260
ソートで使う比較関数 170

た

ターゲット 383, 388
ターミナルを起動する 21
ダイアログで選ぶ 306
対称差集合 206, 208
代入するとは 72
対話型インタプリタ 28
多次元行列 347
多次元配列から要素を順に取り出す ... 357
多次元配列を1次配列に戻す 348
多次元リスト、多重リスト 147
足し算 54
タプルから辞書を作る 216
タプルのアンパック 189

タプルのスライス 187
タプルの要素を取り出す 188
タプルを作る 184
タプルを比較する 191
タプルを連結する 185
単位行列 374

つ

追記モードで開く 312
積み上げ棒グラフ 328

て

定数 69
ディレクトリを移動する 253, 277
データセットの説明文 388
データセットの分割方法 401
データセットを読み込む 387
データの構造 388
手書き数字を分類 387
適合率 393
テキストデータを読み込む 304
テキストファイルに書き出す 311
テキストファイルを読み込む 302
テストデータ 383
テストデータで評価する 392

と

特殊メソッド 276
特徴量 388
匿名関数 259

な

内包表記（リスト） 173, 309
内包表記（セット） 201
内包表記（辞書） 220
内包表記（ジェネレータ） 269
内積と外積 368

に

二項分布の乱数 378

は

パイグラフ 334
排他的論理和 65
配列から条件で抽出 358
配列の型を変換する 346
配列の構造を調べる 348
配列の次元を上げる 352
配列の四則演算 361
配列のスライス 355
配列の転置 352
配列の要素の個数 349
配列の要素の参照と更新 353

配列の要素の追加、挿入、削除 349
配列の要素を条件で変更 359
配列をソートする 360
配列を作る 344, 372
配列をリストに変換する 352
パスが存在するか 315
パッケージを追加する 26
範囲から配列を作る 372
範囲を等分割した値の配列 374
凡例を表示する 325

ひ

比較演算子 62
比較関数 260
引き算 54
引数 48
引数がある関数 234, 243
引数がない関数 232
引数の個数を固定しない 246
ヒストグラム 378
左シフト 65
ビット演算子 65
ビット反転 65
ビットマスク 66
標準偏差 364

ふ

ファイルオブジェクト 304, 312
ファイルが存在するか 315
ファイルに追記する 312
ファイルを閉じる 304
ファイルを開く 302
ファイルを開くモードの種類 303
ブール値 61
フォルダを作成 315
複合代入演算子 71
複数行の文字列 56
複素数（虚数） 52
浮動小数点の計算 51
浮動小数点を整数にする 68
部分集合 211
部分文字列 60
ブロードキャスト 367
プログラムを中断 312
プロパティ 296
プロンプト 14, 21
分類器 383
分類器を作る 392
分類した結果を確認 392

へ

平均値（配列） 363

INDEX

べき乗	54
偏差値	364
変数	31
変数の型	70
変数の有効範囲	240
変数への代入とは	165
変数名	47, 69
変数を作る	69
変数を非公開にする	295

ほ

ポアソン分布の乱数	378
棒グラフ	327
ホールドアウト	401
ボストンデータセット	404
保存先をダイアログボックスで指定	313

ま

マーカー	320
マーカーの色	331
マーカーのサイズ	331
マーカーの種類	325
マーカーの透明度	331
末尾のカンマ、ピリオドを取り除く	89

み

右シフト	65
ミュータブル	186

む

無限ループを止める	113
無名関数	259

め

メソッドを実行する	84
メンバーを動的に追加する	286

も

モジュールをインポートする	250
モジュールを再読込する	251
モジュールを追加する	26
文字列	55
文字列演算子	57
文字列からセットを作る	197
文字列から文字を取り出す	59
文字列に値を埋め込む	90
文字列のスライス	60
文字列の連結	57, 72
文字列を検索する	86
文字列を数値にする	68
文字列をセパレータで分ける	156
文字列をタプルに分ける	186
文字列を置換する	88

文字列を分割してリストにする	145
文字列を論理値にする	68
モデル	383
戻り値	232
戻り値がある関数	232
戻り値がない関数	236

ゆ

ユーザ定義関数	232
ユニコード	221
ユニバーサル改行モード	312

よ

要素の個数	149, 195, 215
要素のラベル（グラフ）	327
要素を繰り返す配列	376
要素を繰り返すリストを作る	144
要素をシャッフルする	379
要素を順に取り出す	188, 357
横棒グラフ	328
余分な文字を取り除く	89
読み込みモードで開く	303

ら

ライブラリのバージョンを更新する	18, 24
ラベル	383
ラベルを回転して表示	328
ラムダ式	259
乱数	102
乱数（正規分布）	364, 377
乱数（ポアソン分布）	378
乱数（二項分布）	378
乱数の配列	377
ランダムシード	379
ランダムに取り出す	180
ランダムに並べ替える	170

り

リードオンリーのプロパティ	299
リストから辞書を作る	216
リストから重複を除外する	197
リストから要素を抜き取る	152
リストとタプルの違い	186
リスト内包表記	173, 309
リストに要素を追加	151
リストのスライス	160
リストの長さ	149
リストの要素の参照	146
リストの要素を削除	152
リスト要素を連結して文字列を作る	158
リストを検索する	177
リストをソートする	168
リストをタプルにする	186

リストを作る	142
リストを比較する	162
リストを複製する	166
リストを連結する	159
リテラル	72
リファレンス	72

る

累乗	54
ループカウンタ	172

れ

例外処理	132, 223
例外の種類を振り分ける	136
連続番号が入ったタプルを作る	186
連続番号が入ったリストを作る	144

ろ

ローカル変数	240
論理演算子	63
論理積	65
論理値	61
論理和	65

わ

和集合	202, 207
割り算	54

415

著者紹介

大重美幸（おおしげよしゆき）

日立情報システムズ、コミュニケーションシステム研究所を経て独立。コンピュータ専門誌への寄稿から開始し、CD-ROM ゲーム開発、Web コンテンツ制作、教材開発、セミナー講師を行う。HyperCard、ファイルメーカー、Excel、Director、ActionScript、Objective-C、Swift、PHP、Python などに関する著書多数。趣味はトレイルランニング、サーフィンなど。http://oshige.com/

近著

▶詳細！入門ノートシリーズ／ソーテック社
- 詳細！Python 3 入門ノート（本書）
- 詳細！Swift iPhone アプリ開発 入門ノート iOS 12+Xcode 10 対応
- 詳細！PHP 7 + MySQL 入門ノート
- 詳細！Objective-C iPhone アプリ開発入門ノート
- 詳細！ActionScript3.0 入門ノート

▶その他
- Objective-C iPhone アプリ開発スタートブック／ソーテック社
- Flash ActionScript スーパーサンプル集／ソーテック社
- Excel スーパーリファレンス／ソーテック社
- ActionScrpt 3.0 辞典／翔泳社
- Lingo スーパーマニュアル／オーム社
- Director スーパーマニュアル／オーム社
- Lingo ハンドブック／ BNN
- HyperTalk ハンドブック／ BNN
- ファイルメーカー Pro 入門／ BNN
- NeXT ファーストブック／ソフトバンク
- デスクアクセサリブック／日本実業出版社
- 初心者のための Full Impact 入門／ビジネスアスキー
- ほか多数（合計 73 冊）

詳細！Python 3 入門ノート

2017 年 5 月 30 日　初版　第 1 刷発行
2024 年 9 月 30 日　初版　第 16 刷発行

著者	大重美幸
装丁	INCREMENT-D 廣鉄夫
発行人	柳澤淳一
編集人	久保田賢二
発行所	株式会社　ソーテック社
	〒 102-0072　東京都千代田区飯田橋 4-9-5　スギタビル 4F
	電話（注文専用）03-3262-5320　FAX03-3262-5326
印刷所	株式会社シナノ

©2017 Yoshiyuki Oshige
Printed in Japan
ISBN978-4-8007-1167-0

本書の一部または全部について個人で使用する以外、著作権法上、株式会社ソーテック社および著作権者の承諾を得ずに無断で複写・複製することは禁じられています。
本書に対する質問は電話では受け付けておりません。また、本書の内容とは関係のないパソコンやソフトなどの前提となる操作方法についての質問にはお答えできません。内容の誤り、内容についての質問がございましたら切手を貼った返信用封筒を同封の上、弊社までご送付ください。
乱丁・落丁本はお取り替え致します。

本書のご感想・ご意見・ご指摘は
http://www.sotechsha.co.jp/dokusha/
にて受け付けております。Web サイトでは質問は一切受け付けておりません。